园林与景观设计资料集

护岸与亲水设计

主　编　薛　健
副主编　井　渌　汤丽青

③

内容提要

本套资料集是国内第一套采用铜版纸彩色版印刷的园林与景观专业工具书。

与以往出版的黑白资料集相比，本套资料集除了有同类资料集所具备的图量大、数据全和各种参数丰富的特点外，其论述中的引证、举例和实例多为现场拍摄的彩色照片，因而，相较同类的黑白资料集，本套资料集具有更丰富的直观、形象和实证性。此外，本套资料集特别注重设计理论与实际应用、艺术表现与工程技术的有机结合，是国内第一部内容全面、系统、丰富的大型园林与景观系列工具书。

本套资料集内容的全面性体现在不同的层面：从传统园林到现代景观设计；从园林设计原理、方法到工程技术和做法；从古代到当今设计的演变发展。本套资料集各分册既单独成册，又相互有联系，整套资料集脉络清晰，资料翔实；内容极为丰富、涉及面极为广泛，涵盖了园林与景观设计的所有门类，其中包括：园林与城市空间，景观与绿化设计、水景与水环境设计、园林道路设计与铺装、景观设施与标志、园林景观建筑、雕塑与小品、园林光环境与景观照明以及护岸驳岸与亲水设计等等。为了更紧密地联系实际，本套资料集的编撰者在每一章节后都附有设计施工实例。

本套资料集十分注重专业理论和工程实践的结合，是一部设计人员的案头必备工具书，既适用于园林与景观专业的设计人员、工程技术人员，也面向环境艺术、建筑设计、城市景观规划以及城市水利、水利景观的设计人员，同时还可以用作高等院校园林与景观专业、建筑专业和室内外环境艺术设计专业的教学参考书。

《护岸与亲水设计》（第3辑）的主要内容有：护岸与亲水设计的原则和方法；河湖与边岸形态的演变与护岸原理；生态护岸做法与材料应用；垂直护岸的结构类型与做法；铺砌护岸的形式特征与施工；护坡结构类型和稳定性设计；亲水设计的形式与方法；亲水设施的类型及做法；城市河道整治与滨水环境设计实例。

责任编辑：张宝林　阳　淼
文字编辑：莫　莉

图书在版编目（CIP）数据

护岸与亲水设计/薛健主编. —北京：知识产权出版社，2010.1
（园林与景观设计资料集）
ISBN 978-7-80247-212-9

Ⅰ.护… Ⅱ.薛… Ⅲ.①护岸-设计-资料②理水(园林)-景观-园林设计-资料 Ⅳ.TV861-67 TU986.4-67

中国版本图书馆CIP数据核字（2009）第237935号

园林与景观设计资料集
护岸与亲水设计
主编　薛　健　副主编　井　渌　汤丽青

知识产权出版社（北京市海淀区马甸南村1号；电话：010-82005070）
北京画中画印刷有限公司印刷
889mm×1194mm　16开　19.75印张　831千字
2010年1月第1版　2010年1月第1次印刷
印数：0001-2000册
定价：128.00元
ISBN 978-7-80247-212-9
TV·291

版权所有·侵权必究

《园林与景观设计资料集》丛书编辑委员会

主　任　　薛　健
副主任　　毛培琳　彭春生　刘晓明　周长积　付淑珍
委　员　　薛　健　毛培琳　彭春生　刘晓明　付淑珍
　　　　　周长积　唐开军　戴向东　邱　松　陆作兴
　　　　　刘传民

《护岸与亲水设计》编辑委员会

主　编　　薛　健
副主编　　井　渌　汤丽青
编　委　　薛　健　井　渌　汤丽青　付淑珍　胡树森

参编本丛书工作人员

李　扬	蔡长海	付淑珍	胡树森	吴力克	赵　莹
刘　阳	辛　华	薛　原	付克亚	储庆华	陆作兴
刘传民	袁灿国	王素霞	付　波	滕　青	陈　超
薛　勇	李敏秀	金　辉	江敬艳	霍东林	刘小明
陈占峰	苏小黎	阮　雯	邱　文	丁彩英	戴向东
周长积	唐开军	王庆人	侯　宁	符兴源	洪　艳
邱　松	李跃进	苏卫国	赵知英	江　南	冯　敏
陈立伟	朱红军	周红霞	马　建	汪惠宾	谢小燕
万　芳	朱桂侠	周　越	刘一进	付　强	薛　瑶

图书策划　　欧　剑　薛　健

图片摄影　　薛　健

法律顾问　　刘梦林

薛 健

薛健环境艺术设计研究所主持人、教授、著名设计师，中国环境艺术设计专业的开拓者及学术带头人之一。兼任中国矿业大学艺术设计学院教授、山东建筑大学艺术设计学院客座教授。

20世纪80年代以来，长期从事建筑和环境艺术理论与实践的研究，充分发挥自己长期身处设计、施工第一线的实践经验，并及时总结、深入分析研究，取得了丰富成果。特别是在设计与应用、材料与构造和作法等方面具有独特建树，创新了多项施工作法。2000年以来，开始关注和探索研究中国与欧美环境设计的比较研究。先后六次出国，考察了21个国家，出版多部介绍欧美、澳洲设计发展状况和最新设计作品的专著。近年来，在设计、施工、科研和教学等方面拥有诸多成果，在解决当前设计教育脱离实际问题以及设计、科研、教学相互关系和有机结合等方面上成效显著。

主要设计作品：北京长城饭店分店室内外设计、北京亚运村宾馆室内设计及园林设计、中国国际贸易中心商场室内设计、南京金谷大厦室内设计、江苏银河乐园环境设计、江苏副食品大楼室内外设计、北京紫竹宾馆室内及园林设计、北京光大购物商场室内设计。此外，还主持或参与设计了雾灵山森林公园园林设计、北京云岫山庄古建装修及庭园设计和多个大型住宅区的环境设计等大型项目。

主要著作：《装饰装修设计全书》、《室内外设计资料集》、《装修设计与施工手册》、《易居精舍》、《景观建筑》、《国外室内外环境设计丛书》、《世界园林、建筑与景观丛书》和《景观与环境设计》等。

井 渌

1968年10月生，中国矿业大学艺术与设计学院院长、教授、景观设计研究所所长。

长期从事景观设计、城市设计领域的研究与教学工作，曾主持多项大型工程设计项目，出版专著两部，参编两部，发表论文十余篇，其中多篇发表在核心刊物或被EI检索。兼任江苏省艺术设计专业学士学位授予权评审专家、全国高职高专院校人才培养工作水平评估专家。受教育部青年骨干教师培训计划和中国矿业大学国际合作交流等项目资助，多次到欧美国家考察访问。

汤丽青

1962年生于江苏金坛，园林高级工程师、副教授。1988年毕业于南京林业大学园林专业，获学士学位。曾任徐州园林风景管理局规划科技处处长，园林设计院院长、总工程师等职。

现为中国矿业大学环境艺术设计系副教授，主讲"景观设计"、"园林工程施工与管理"等课程，撰写论文十多篇。长期以来主要从事园林规划设计与施工管理工作，近来主持和承担的主要规划与设计项目有：第三届江苏省园艺博览会"寿彭石园"景区设计、云龙湖东岸杏花村景观设计、云龙湖小南湖景观设计、华东输油管理局休闲广场设计、徐州凤凰山康居小区环境设计以及沂淮、连徐、京福高速公路景观设计等几十项省市重点工程。

主要社会兼职有：江苏省风景园林协会会员、江苏省风景园林协会赏石艺术委员会委员、江苏省花卉盆景协会会员等。

前　言

　　中国经济的发展促进了设计的进步。设计作为新兴行业的兴起得益于20世纪80年代的改革开放。追溯历史，从西方到中国，"设计"的演变可以看出其自身的发展和社会的认知度：美术—工艺美术—商业美术—美术设计—艺术设计—设计。从工艺美术到设计概念的转化在20世纪经历了繁杂并混沌的过程。除建筑设计外，室内设计也经历了从室内装饰—室内设计—环境艺术的演变；20世纪90年代初，现代景观设计的引入，使传统意义上的园林设计陷入尴尬。

　　实践证明，在没有弄清环境艺术和景观设计的真正内涵和找准在中国的对应学科之前，就仓促引入，以至于引入后又被不恰当地滥用，导致对环境艺术和景观设计的理解出现混乱，并在业内引发无休止的争论。根据著名环境艺术理论家多伯（Richard P. Dober）对环境艺术比较全面、准确的定义，环境艺术"作为一种艺术，它比建筑艺术更巨大，比规划更广泛，比工程更富有感情。这是一种重实效的艺术，早已被传统所瞩目的艺术。环境艺术的实践与人影响其周围环境功能的能力，赋予环境视觉次序的能力，以及提高人类居住环境质量和装饰水平的能力是紧密地联系在一起的。"尽管多伯声言这只是从艺术角度讲的，是"作为艺术的环境艺术定义"，但它的核心应是人与周围、人类生活环境和活动场所相互作用的艺术。由此可见，环境艺术是一种场所艺术、关系艺术、对话艺术和生态艺术。包括城市规划、城市设计、建筑设计、室内设计、城雕、壁画和小品等都属于环境艺术范畴。

　　遗憾的是，环境艺术首次被国内引入使用竟是在室内设计专业。上世纪80年代末，清华大学美术学院（原中央工艺美术学院）室内设计系为赶时髦，将系名由定义准确、内涵清晰的"室内设计"改成了内容广泛的"环境艺术设计"，而其原有课程设置丝毫没变。一时间，全国众多设计院校步其后尘、纷纷效法。改名称成了时尚，一阵风似的，很少有人冷静思考。加之环境艺术又常常被简称为"环艺"，以致有许多学生毕业了出去找工作，人家总要问：你们学环艺的是干什么的呀？有的甚至问：你们是搞环保的吗？

　　景观设计的引入与中国传统的风景园林设计直接碰撞和冲突。自从1998年北京大学开设"景观设计"专业以来，景观建筑或景观学这个专业已经在许多学校成立。据说是Landscape Architecture（简称LA）的对口，我们在此且不论其汉译名称是否准确，单就"景观设计"专业引入后所开设的课程看，与中国原有的风景园林专业相同的多、区别的少。而景观所涵盖的设计内容又很难界定，以至于学术界就其名称及与风景园林的关系争论不休，分歧甚大。其实，人们常将景观设计称为现代景观设计，以区别于传统园林。这个由西方引入的新兴学科确实带给我们许多变化：首先是观念上的，相对传统园林来说，现代景观设计更具有宏观的、生态的观念，强调构成、文脉和民众的参与等等；在设计创作方法上，具有清晰的创意—布局—空间—构图的设计路线和区域—边界—路线—节点的思维方式；表现技法多用马克笔、油画棒和CAD的表现方法；表现材料更倾向于金属、玻璃、拉膜、塑料等现代材料和木材、岩石、黏土、乡土植物等原始材料的大量使用，以及反映现代科技的声、光、水、电技术的广泛应用等等；所有这一切又都掺杂着现代西方流行过的结构的、解构的、极简的、高技等流派和主义，为景观设计，特别是城市景观设计提供了广泛的创造性。

　　面对时尚的、现代色彩浓厚的景观设计，曾经创造过世界最高水平的中国传统园林，越来越不适应社会实践发展的需要，显得有些老气横秋。中国的风景园林需要在广泛地汲取世界各地文化精华后，抓住中国经济、文化长时间高速发展的罕有机遇，开创出景观建设的一片新天地。有学者认为是"唯审美"论，主观上限制了中国风景园林学科的发展，因为风景园林设计专注于人居环境中的以审美为主要目的的规划，使园林成为营造风景的艺术，局限在构筑"景色"、"景物"和"风景"之类的追求"艺术"和"美化"表象层面上，而没有致力于改善人居环境。在强调生态、环保和新技术应用的今天，中国的风景园林确实不具有生态性、生物多样性，也无法用环保的科学标准或科技的先进性来衡量。

　　然而，现代景观设计在处理城市环境时存在明显的不足，景观设计师接到工程后，设计方案通常在设计室里构想和表现，即使去现场往往也是走马观花，偏好新奇的创意、精致的平面构图和漂亮的技法表现。而不是像中国传统造园那样讲求实地踏勘(叫作"相地"),纸上表现只是整个设计过程的最后一步,因而设计者多在现实空间中发挥想象,把心思放在营建的本质内容上,比如何处应高,何处要低,何处可凭,何处可借。宜亭则亭,宜榭则榭,这叫作"立基"。接下来则是在现场进行更深入的观察和构思,例如如何做到步移景异,如何互为因借,如何起承转合,如何组织旷奥变化等。构思细微到将厅堂、掇山、铺地、栽花、种树、题词、作赋等事项贯穿其中,形成一个有机整体。有着"人性"、"生态"标签的现代景观设计,构筑的大量城市绿地、广场并不尽如人意,为了表现"新奇"和"生态",硬是在城市公园或道路两旁种上芦苇和野草,有时不惜把优美的缓坡改造成大规模的平台和阶梯。设计大广场更离谱,我所在的城市修建的市中心大广场,完全是大连的克隆版,十几公顷的广场上竟见不到一棵能为市民遮雪蔽日的树,据说是为了景观的需要,白天空无一人,成了名副其实的市民"晨练广场"。后来又不得不在广场上补栽树木,但由于最初的方案设计没有考虑树木的布置,因而即使补栽也显得极为勉强。人类之所以要在各领域持续不断地发展,是因为它们仍有需要完善的地方。比较而言,观赏园艺失却了空间,传统园林失却了生态,景观设计失却了生命,环境艺术失却了科学,城市设计失却了文化,国土规划失却了艺术。

于是,有人提出将园林、景观和环境三学科结合起来,这样就能扬各学科之所长,或一主一辅,为主的一方对应于完整的LA学科,为辅的一方对应于LA学科的一个局部。实际上,当专家学者还在喋喋不休地争论时,社会早就根据大众的理解将这些名称组合起来并广泛使用了,"园林景观"、"环境景观"、"园林环境"、"景观环境"等叫法见诸专业报刊、杂志、书籍和网站。知识产权出版社与薛健环境艺术设计研究所共同策划的这套大型资料集系列,内容涉及园林、景观、环境艺术和公共艺术领域,故将丛书名定为《园林与景观设计资料集》。

组建于20世纪80年代末的薛健环境艺术设计研究所,是中国第一批成立的、真正致力于环境艺术设计与研究的民营研究所,现已成为中国最具影响力的民营设计研究机构之一。20年来,主持设计并施工完成了数十项大型工程,部分被评为优质工程和样板工程。与国内一般的设计院和设计施工公司不同的是,薛健环境艺术设计研究所采取设计、施工、科研与教学相互穿插、有机结合的方式,从自己设计施工第一线的实践中及时总结、系统分析并作深入研究,取得了丰富的成果。《园林与景观设计资料集》丛书的出版是研究所在城市公园、绿地广场、住宅区、城市街区、环境设施和建筑小品等方面的设计和研究总结。

为使该资料集丛书的内容更全面、丰富,而且信息量更大、资料性更强,我们组织了清华大学、北京林业大学、中南林业学院、深圳大学、北京建筑工程学院、山东建筑大学和中国矿业大学等八所院校,以及部分设计院所和设计公司的几十位专家学者,共同倾注心血编写完成。该资料集丛书包括《城市空间与景观设计》、《水体与水景设计》、《园林道路设计与铺装》、《人性化设施与景观标志》、《植物空间与绿化设计》、《景观建筑与景观雕塑》、《光环境与照明》和《护岸与亲水设计》共八本,预计每年出两本。

《护岸与亲水设计》一书,由薛健环境艺术设计研究所与中国矿业大学联合编写,薛健担任主编,井渌、汤丽青担任副主编。各章节编写分工如下:第1章、第2章、第3章、第4章、第5章、第6章由薛健编写;第7章由井渌、汤丽青编写。本书彩色图片除署名者外,均由薛健拍摄。

由于资料集丛书工程巨大,涉及面又广,加之时间仓促,肯定会有疏漏和错误,真诚希望广大读者、有关专家和同仁予以指正,以便今后再版时进一步修订。

薛　健
写于2009年初夏

目 录

1 护岸与亲水设计的原则与方法　1

基本概念　1
　护岸　1
　亲水　1
　历史演进　2
基本原则　3
　护岸设计的原则　3
　亲水设施设计的原则　5
护岸类型　6
　按使用材料分类　6
　按断面形式和结构分类　6
　按铺砌施工分类　8
　河湖护岸形式的比较与选用　9
设计规模与景观尺度　10
　护岸的高度　10
　护岸与水面的高度　11
　护岸的坡度　12
　护岸的长度　13
　护岸水际线　14
护岸的色彩与质感　16
　护岸的色彩设计及应用　16
　护岸的质感　18
　对比和变化　23
护岸设计程序与方法　26
　规划与初步设计　26
　现场调研与分析　26
　初步方案的选择　34
　方案遴选　35

2 河湖与边岸形态的演变及护岸原理　38

河湖形态　38
　自然河湖（塘、潭）的形态　38
　影响河湖形态、干扰水岸生态的因素　40
　城市化及人工河渠形态　42
边岸形态及不稳定因素　43
　地貌的演变与人为的冲刷　43

　河渠形态及边岸构造　44
边岸受冲刷原因及过程　45
　边岸的冲刷原理　45
　流水引起的冲刷　45
　波浪引起的冲刷　47
河湖边岸的坍塌　52
　坍塌的成因　52
　河湖边岸坍塌的类型　53
　坍塌土力学参数　56
　稳定分析　57
　清除大体积崩坍堆积物　59

3 天然材料生态护岸　60

概述　60
　天然材料护岸的特性与应用　60
　地域与环境关系　60
　维护与管理　61
设计程序和方法　62
　设计要求　62
　设计方法　62
　植物护岸的功能及其要点　63
活性天然材料及其应用　64
　边岸环境与分带　64
　挺水植物护岸　66
　灌木和乔木护岸　70
　草花及草皮护岸　76
木材、石材及其应用　86
　木质材料的应用　86
　木质护岸　86
　石材、石料的应用　94
　石材护岸　94
综合材料的护岸　106
　设计应用　106
　应用实例　107

4 垂直护岸　113

概述 113
　　　　形式与特点 113
　　　　设计程序、步骤与方法 114
　　　　材料应用与结构类型 116
　　挡土墙 117
　　　　挡土墙的设计 117
　　　　重力挡土墙的构造特征 118
　　　　悬臂式挡土墙的设计构造特征与做法 121
　　　　箱笼挡土墙 123
　　　　直立式浆砌石挡土墙 126
　　　　挡土墙遭受破坏的成因 127
　　其他护岸形式 128
　　　　板桩护岸 128
　　　　塑竹、塑木护岸 131
　　　　山石、叠石护岸 133
　　　　黄石护岸 136
　　　　复式亲水护岸 138
　　实例 140

5 铺砌护岸与护坡工程 159

　　概述 159
　　　　形式与特点 159
　　　　构造与组成 159
　　　　护岸面层的类型 160
　　　　设计步骤和方法 160
　　　　铺砌护岸的渗透率和水力坡降 161
　　护岸结构和稳定性设计 162
　　　　护面层的稳定性设计 162
　　　　垫层设计 163
　　块石铺砌护岸 166
　　　　砌石类型与特点 166
　　　　材料 166
　　　　块石铺砌护岸的设计要点及适用范围 167
　　　　构造与做法 168
　　　　常用的几种铺砌护岸及其施工做法 169
　　预制混凝土块护岸 173
　　　　类型与特性 173
　　　　护岸构造 173
　　　　材料 174
　　　　护岸类型功能及抗冲性能分析 175
　　　　预制混凝土块工程现场实铺示例 177
　　　　其他混凝土铺砌护岸 185
　　实例 187
　　护脚(趾)及细部节点设计 194

6 亲水设计与设施 197

　　概述 197
　　　　人的亲水天性 197
　　　　亲水设计的概念和内容 198
　　　　亲水的文化与传统 199
　　亲水的设计原则 202
　　　　舒适性 202
　　　　生态性 202
　　　　安全性 203
　　　　合理性 207
　　亲水栈道与平台 211
　　　　功能与特点 211
　　　　主要类型及构造 212
　　　　实例 213
　　阶梯与踏步 226
　　　　功能与特点 226
　　　　设计资料及参数 227
　　　　实例 229
　　戏水溪 234
　　　　功能与特点 234
　　　　实例 236
　　亲水散步道与游憩路 241
　　　　设计要点 241
　　　　设计资料及参数 242
　　　　实例 244
　　缓坡与广场 248
　　　　功能与特点 248
　　　　设计资料及参数 251
　　　　实例 252

7 城市河道整治与滨水环境设计实例 258

　　苏北故黄河徐州段治理工程 258
　　　　概述 258
　　　　河道治理与亲水护岸 259
　　　　故黄河公园及广场 270
　　　　百步洪公园及广场 283
　　　　显红岛公园 293
　　泰州凤城河治理及景观工程 297
　　　　概述 297
　　　　东河滨水公园 298
　　　　坡子街绿地广场 303

主要参考书目 306

我们知道，从两河流域的古巴比伦文明到长江黄河的华夏文明，世界四大文明毫无例外地发源于江河水边。在悠悠的人类岁月中，水边孕育了人类的文明和民族风土，水边的景色是人类最早认识和接受的自然景观。

一、护岸

护岸就其狭义上讲，是保护河岸、湖岸使其免受水浪的冲击、侵蚀而构筑的水边设施。现代护岸设计的内容要广泛得多，首先是已将它纳入园林和景观设计的重要范畴，在满足技术和功能需要的前提下，更强调它的景观性、亲水性和生态性。护岸与滨水的亲水设施一道成为内容涉及水利、土木工程、园林景观和艺术的综合性的水边环境设计，是科学与艺术完美结合的一门新兴设计学科。

护岸的科学性一方面是指护岸设计要符合防洪抗汛的水利要求，保证水流安全下泄，湖岸要经得起波涛的冲击，以满足安全的需要。另一方面是指在护岸设计时，还要了解水系特征和水生态，比如，采用什么样的护岸材料、护岸类型更有利于生态环境，以及水中生物的存活。此外，还应最大限度兼顾水的开发利用，发挥水的养殖、观赏和娱乐功能。

护岸的艺术性是将护岸作为园林景观的重要组成部分而言的。简言之，就是要美，要与园林景观融为一体，要具有较好的观赏性，与岸边植物构成多层次的带状水边景观。当人们伫立水边欣赏水景时，所能看到的除了碧波的水面、水中植物，就是水边的水际线、岸坡、堤防、水岸背景的建筑和山峦、丛林等，其中，犹以护岸最为明显。这些从下往上层叠的、与水面呈垂直方向的带状组合，构成了水岸的景观，见图1和图2。

二、亲水

喜水是人的天性，不仅少年儿童喜好亲水活动，大人们有时也乐此不疲。因而，受现代人文主义影响的景观设计，特别是现代滨水景观设计，较之传统园林能更多地考虑人的与生俱来的亲水特性。

"亲水"一词较之曾广泛使用的"滨水"，更具体、准确、生动，更能表达人与水的交流和人与生物的微妙关系。狭义概念上的"亲水"一词倾向于接触水、接近水，即作为人们活动意义上的、具有戏水、垂钓等娱乐和休闲功能的具体含义；而广义上的概念则更多是指通过滨水生态的恢复和保护以及亲水景观和设施的设计，使人们在这里能够获得心理上、情感上的满足，见图3~图6。

设计学上的亲水概念则是广义的和深层的，它首先强调的是建立良好的生态的水环境，注重人的需要和人性的发挥，反对为亲水而亲水，将亲水局限在某一地段或某一小品中。主张纵观整体，巧妙利用水域与周边环境的关系，并充分利用水的多样性、可塑性、多角度、多视觉、多层次地建立亲水空间。在实际设计中，要因地制宜，合理利用水的流动、涨落、渗透、聚散和多变的特性，营造出动静相宜、虚实相映、声色相衬和形影相依的亲水效果，彻底改变以往人、水、景分离的做法，在实现安全、便利的要求时，最大限度满足人的亲水需求，实现人、水、景的有机结合，让人在水与景的体会中使人性得到完全的恢复，感悟生活的美好。

我们知道，园林景观设计的终极目的是协调人与土地和环境

1 美丽的河川风光和护岸景观与城市景观融为一体

2 将昔日泄洪河道整治为既有高标准防洪功能，又有优美河川景观的滨水公园

的关系，而滨水和亲水设计则是协调人与水的关系。从这个意义上说，护岸和亲水就不可能只是水上岸边的事了，更不只是弄出个亲水平台、亲水栈桥这样简单，因为没有一个生态良好的水环境就不可能建立一个生态化的水陆边界。亲水设计是跨越园林、水体生态学和水利设计的交叉学科。因而，亲水设计又称为水利景观设计，是一门兼顾水利工程、水体保护和亲水景观的新兴学科，它能够综合运用工程、物理、生物的多种手段修复水体，将以往工程治水转

变为生态治水,利用各营养生物种群间的生态关系,控制某些种群的增加、减少或引入,改善水生生态系统的结构和功能,从而达到水生生态系统平衡的目的。

亲水设计是滨水景观设计中的核心内容和重要手法,它不仅要完成诸如亲水广场、亲水平台、亲水台阶、亲水栈桥等的水岸设施,还应负责种植水生植物,比如美人蕉、旱伞草、万寿菊等高等水生植物,在水陆交界配以其他水生植物,包括湿生植物、挺水植物和浮水植物等,以实现生态性的亲水环境和一个人性化的、安全且美观的护岸,为大众提供休闲娱乐的生活空间和亲近自然的场所。

三、历史演进

无论是人或动物都是在水边进化、繁育的,人类很早就知道要保护河岸和其他水域的岸坡。从多次的教训中,人们知道如果不阻止河岸的崩塌和冲刷,不及时加固堤防,他们的生产就会再次受到破坏,生存就会受到威胁。为适应这种需求,经过多年实践——从尧、舜、禹的治水护岸,到李冰父子筑堤修堰,已发展了多种成熟的护岸方式。

我们今天广泛采用的方式方法,虽然被称为现代护岸亲水设计,其实更多地延用了古人的做法和材料,增加的是适应现代需要的现代化的材料和工程系统。必须承认,古人的传统护岸方法在漫长的历史中发展与改进的不多,艺术性大于科学性,并且广泛采用天然材料,但在使用天然材料的方式上又有很大的地域差别,使得传统的方法能够极好地与当地环境结合起来——这正是我们现在所缺乏的。

随着社会的发展,人们逐渐要求护岸在具备安全性的条件下,应该具有景观效果、消除人与水的隔离以及与生物共存等多种功能。传统的固土护岸从而演变为亲水、生态和优美的景观护岸。此外,随着组织结构的变化以及现代设计和护岸工程对费用和效益的要求,传统方法在某种程度上受到了严峻挑战。随着新材料的不断涌现和新方法的不断发展,未来的护岸会更安全优美,亲水将更美妙浪漫。

4 为喜爱钓鱼者设计的垂钓亲水平台

5 贴近水面的平台和自雨亭的水空间,让人们随心所欲地戏水

3 为方便近水、触水而设置的石滩和水边马道,不仅对孩子们有极大的吸引力,大人们也乐于走近

6 既可观景又可戏水的架设在水滩中心的栈道

一、护岸设计的原则

护岸设计的原则

名称		基本原则要求
护岸与景观的视点选择	水流的轴向景观	水流的轴向景观是针对流水的河川护岸而言的,尽管从任何地方眺望都可以看到河流及护岸,但最佳观赏位置可能只有几个。岸边和桥上是眺望这种流水河川护岸景观的理想之处。在这些地方可以看到的景物很有纵深感,也容易使人看到护岸和亲水的平面形状,见图1
	对岸的景观效果	河流和湖泊能得到对岸的景物时,就具有观赏对岸景观的特性。这是人们从水边等处沿着与河流垂直方向眺望对岸看到的景物类型。并呈横长带状重叠的多层次景观线,护岸和景观规模也显而易见,见图2
	水上眺望景观效果	大型河流和湖泊具有的景观特性,是搭乘在水上移动的船只所观赏不断变化的岸边景物;也就是可以近距离观赏堤防和护岸形成的景观,也更容易观察到护岸形态的细微之处,因此,要特别注意护岸材料的选择和施工的工艺,见图3
	俯瞰景观下的效果	俯瞰下的景观效果是站在高处远眺河流、湖泊及其周围滨水区域而形成的景观类型,可以欣赏河流的整体形态及其与周围的关系,具有雄浑和壮观的美感。河流成为这一区域的水空间环境,见图4
护岸具有的景观特性	决定水边形态	我们知道,水面的形状,是由水际线的变化决定的,而护岸的形式则决定了水边的形态。由于护岸处于水陆交界处,它的形态变化异常敏感,成为决定水面和陆地形态的要素,它具有醒目的轮廓线功能,见图5和图6
	成为水边活动的设施场所	护岸在具有保护河岸功能的同时,它又是一种设施。亲水的平台、阶梯与栈桥与护岸一起成为人们开展水边娱乐休闲活动的场所,也成为人们与水接触和交流的地方,见图7
	最引人注意的水边设施	构筑于水际线上的连续护岸,不仅被看成是与人们进行各种活动的场所,还是最引人注意的设施。在设计中,不仅要考虑护岸的形态和规模,还必须兼顾亲水的活动空间,见图7
	具有醒目作用的	广告、标志牌常常竖立在街边,为的是引人注目。护岸也是个竖立的垂直面,是园林景观中比较醒目的设施之一。因此,在进行设计时,一定要意识到护岸的这种醒目特性,见图8
护岸设计基本事项	景观的整体性要求	做护岸设计时,不能只考虑护岸本身,而应将包括护岸、沿岸植物、亲水在内的水域整体作为设计的对象,因为护岸本身无法成景,要和水边植物、建筑、山峦等一起才能构成水景。也就是说要先构思成熟河流景观的整体要素,再去构思整体要素中的护岸形态,见图9

续表

名称		基本原则要求
护岸设计基本事项	定位常水态下的设计	有些河流湖泊受季节性水位涨落的影响较大,而为了洪水安全下泄的需要,护岸兼顾高水位当然是十分必要的,但人们一般说的滨水景观并非是高水位时的景观,而应是平时的景观。护岸景观的设计应依据平时的水体状态,既不是高水位也非枯水位,见图10
	初步设计应从平面到立体	护岸设计不能仅以平面图和立面图作为表现方案,要充分重视景观的透视形态,以透视将设计对象空间确认为立体形态,因为水体在平面图和立体透视图中的差异很大,例如,河流在平面上并不显得很弯曲,而在透视表现时,却显弯曲的较大
	注重地域性和场所性	江河湖泊具有灵性,而且全世界没有相同的溪流和水域。在进行护岸景观设计时,要牢记这一地域性和场所性原则,要充分考虑所进行的护岸设计的场所特性,不能照搬照抄别处的护岸设计。那样既不能有效发挥护岸治水的功能,也营造不出因地制宜的景观
	不要喧宾夺主	值得注意的是,护岸尽管十分重要——没有作为水际线形态的护岸的存在,水流、水体和优美的河川景观很难形成,但主角毕竟是水体和岸上景观,人们喜欢到水边也是因为水和岸边景色,而并不是护岸本身。护岸只是河湖景观的诸多要素之一
护岸的安全性和可靠性	护岸设计与施工的安全可靠性	要保证护岸设计的合理、构造的可靠和施工的规范,所用护岸材料一定要符合设计要求和质量标准,把护岸设计看作是关系到人的生命安全和水利安全的大事,使护岸具有安全性、耐久性、坚固性和实用性,同时兼顾观赏性、亲水性和自然生态性。所以,要因地制宜,刚性与柔性相结合,营造安全性与景观性和自然生态相结合的护岸亲水环境
	抗水流冲刷和侵蚀	水流随季节和风向以不同的角度和冲力对护岸长期冲刷和侵蚀,暴涨的河水、高的水流有时会使修筑的堤防禁不起冲刷,见图11。有的护岸本身很坚固,但护岸底泥沙容易被冲刷,使护岸整体斜倾甚至垮塌,见图12。因而,有防洪要求或水流冲刷的堤岸要按防洪标准设计护岸,使河岸能够长期经受水体的冲刷和侵蚀。设计达不到要求的,应按水文要求进行防洪加固和堤岸整治措施
	水位的确定及护岸安全原则	护岸工程一般以枯水位为界分为两部分,枯水位以上称为护坡工程,以下称为护脚工程。枯水位确定的标准通常取多年平均最低水位。我国的传统经验及历年护岸形成的原则是先护脚(底)后护坡。堤底不稳,则堤坡难立。尽管护岸的形式多种多样,可用材料颇多,但无论何种形式和材料都应确保水流作用下的结构安全和施工可靠。当然,并不提倡盲目地追求护岸的安全性和耐久性,导致余量过剩造成不必要的浪费,而是要选择能够适应河湖长期演变的结构形式

1 护岸与亲水设计的原则与方法·基本原则

1 视点为桥、水中平台纵向观景,水流轴向呈现出河川的纵深景观,也容易观望到护岸的平面形状

5 整齐规则的护岸

6 形态自然、富于变化的护岸

2 护岸具有对岸的观赏性,在此岸观彼岸更能看到带状重叠的全部景观。与水流轴向相比,对岸景缺乏纵深感

7 护岸环境已成为人们与河湖交流的场所,更是吸引人的活动设施

3 由于乘舟在水上观景,视点较低,通常为平视或仰视护岸与堤上景观,但观赏的位置较近,容易看到护岸的细部

8 城市景观河岸的垂直立面具有引人注目的标识作用

4 远眺河岸及滨水区域的景观,其视点较高,能够看到河岸整体形态及其与周边环境的关系

9 河湖景观仅靠护岸是没有生气和美感可言的,应将沿岸灌乔木、建筑和堤岸统筹考虑,才能营造出整体而完美的河岸景观

护岸与亲水设计的原则与方法·基本原则

二、亲水设施设计的原则

1. 整体性的规划与设计 亲水设施及活动的引入，使滨水环境的功能范围扩大，且更具有人性化，但不能成为脱离河湖大环境、为亲水而亲水的独立设计。应将亲水活动的设施纳入到河湖的整体环境中去考虑，使其成为滨水整体景观规划中的一部分。

2. 对自然生态的影响 以亲水活动为特征的亲水设施，在引入前，应谨慎评估其对河湖生态自然特征或对自然生态恢复的影响，特别是重点风景区和脆弱的生态环境区内的亲水设施，应评估人类亲水活动的干扰对水体生态的影响，包括分散式的亲水活动和集中式的亲水活动，以及人们接近水域的娱乐方式和亲水设施的位置等，比如垂钓、戏水、划船或水边野营。总之，必须确保人们的亲水活动不会对生态环境造成破坏，亲水设施的规划设计应力求体现河湖原本的自然生态特征，见图13。

10 正常水位下的草皮护岸，呈现出日常的河岸景观

11 护岸的高度和宽度禁不住暴涨湖水和风浪的冲刷

13 生态环境比较敏感的国家森林公园，湿地与水环境不允许涉入，只能近距离观赏自然生态景观，为此而建的木结构亲水设施，不会对脆弱的生态环境造成破坏

3. 亲水活动与设施的安全性 虽然亲水设施的安全问题被反复强调，但随着大中城市亲水设计热潮的出现，水边安全事故仍不断发生。安全性作为亲水设施设计中最基本的注意事项，有被管理者和设计者忽视的倾向，他们往往只注意从利用水环境角度考虑水设施，更重视亲水设施的便利性和舒适性。然而公共水体设施的安全措施是否到位，关系到亲水设施设计的成功与否。因此，在亲水设施的规划设计时，应将防止水边事故的发生以及在设施周边采取必要的安全措施作为重要的内容来考虑。

4. 亲水设施的维护与管理 长期以来，城市景观设计普遍存在重建设轻维护的现象，护岸和亲水设计的此类现象尤为突出。总好像一朝建成，百年无忧，有的地方甚至将护岸亲水景观当作政绩工程，热衷于开工建设，建成后又急于向公众开放，并不注重亲水设施的安全验收，也没有相应的配套管理措施，致使亲水设施及环境毁坏严重，大大缩短设施的使用寿命，同时也人为地增加了水边的安全隐患。

12 由于护底不够，岸底泥沙受到长期冲刷，致使护岸倾斜、垮塌

一、按使用材料分类

1. 天然材料护岸 护岸按采用的材料和方式分类主要有：草皮护岸，合成材料加固的草护岸，芦苇护岸，柳、杨和其他树木护岸，木结构护岸，灌木护岸等，见图1和图2。

天然材料护岸又被称为自然生态式护岸，是保护水岸、水体和自然生态水环境恢复的最理想方法。比如草皮和灌木护岸在一些生态保护较好的西方国家应用广泛，犹以荷兰和英国使用较为成熟，见图3。草皮和灌木护岸是在堤坡表面的粘土层上种植草皮或灌木进行堤防坡面保护，对堤防免受水浪冲刷侵蚀效果较好。这种植物护坡的原理和作用部分是由于植株之间的相互交叠，在坡面水流通过时，可以保护土粒不会流失，而植株根系的生长蔓延和根瘤的分枝加固了堤岸土体。

1 这是采用草皮、灌木和乔木组成的层叠复合式的生态护岸

2 草皮与木结构结合护岸　　3 荷兰广泛采用的草皮护岸

只有水面波浪荷载太大或防洪要求较高，无法满足保护堤岸要求时，才考虑使用硬质护岸的方法。此外，草皮和其他植物护岸不仅可以抵抗水浪侵蚀，在农业发展和自然生态方面起到很大作用，还能营造自然的生态景观。

2. 硬质及现代材料护岸 硬质护岸材料主要有石块、砖、预制混凝土块、现浇混凝土板和加筋土结构等，见图5和图6。现代护岸材料及形式有钢板桩、钢和石棉水泥沟槽板以及各种二维织物等。

硬质材料和现代材料之所以应用广泛，主要是工程建设周期短，见效快，河床和堤岸采用硬质材料可减少水的渗漏，有利节水。光滑的硬质堤坡还可以减少表面糙率，提高输水效率。在护岸和亲水安全方面，硬质材料更抗水浪冲击和水的侵蚀，同时，又具有耐久性好的特点。

硬质材料修筑的硬质护岸，往往为了城市防洪安全的需要，不断加高河堤，并大量建设钢筋混凝土、块石等直立式护岸，致使河湖完全被人工化、渠道化。浆砌硬质护岸，也容易使河湖变成单一生硬的断面形式，还隔绝了水体与土体的交融，不利于各类生物的繁衍栖息和水生态系统的自净能力。

二、按断面形式和结构分类

1. 垂直式护岸 垂直式护岸又称为直立式护岸，由于能够节约大量土地，堤岸结构简单实用，并具有工程造价低、施工周期短的特点，因而应用十分广泛，也是河湖护岸最常见的类型之一，见图4~图7。按材料和砌筑方式分，垂直式护岸主要有直立式半浆砌块石、直立式混凝土块（或空箱）护岸，钢筋石笼和混凝土异型块护岸，钢板桩和木桩护岸以及石笼护岸等。

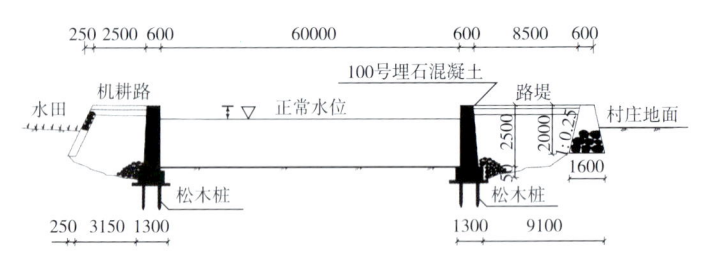

4 垂直式护岸

5 与图4断面形式对应的垂直式护岸实例

6 随形砌筑的块石护岸　　7 规则式错缝的浆砌块石护岸

直立式半浆砌块石护岸具有强度高、稳定性好、施工方便的特点。砌块石的可塑性较大，外形相对美观，维护简便，维修工程量也较小。直立式混凝土空箱护岸是一种新型的护岸结构形式，预制的混凝土空箱，内填以实土，使工程造价降低，也解决了大量的石料采购运输的困难。其外观整体美观，施工砌筑简便，稳定性也较好。钢筋石笼和混凝土异型块护岸特别适宜于迎流顶冲的崩岸强度大的堤岸。

在许多垂直式护岸的形式和结构中，石笼和木桩是最具生态式的护岸。石笼和木桩护岸具有较好的柔韧性、透水性、耐久性和抗浪冲刷能力，由于材料和结构的特点，都能进行自身适应性的微调。石笼不会因不均匀沉陷而产生沉陷缝隙，整体结构也不会遭到破坏。由于石笼的间隙较大，因此可以在石笼上覆土或填塞缝隙以及各种生物在岁月的积累下，形成松软且富含营养成分的表土，以实现多年生草本植物自然循环的目标。

2. 斜坡式护岸 斜坡式护岸按其构造和断面形式可分为岸堤斜坡护岸和坝堤斜坡护岸；按斜面角度可分为缓坡式护岸和陡坡式护岸；按使用材料可分为植被式护岸和硬质材料斜坡护岸，见图8～图11。斜坡式护岸有利于覆盖植物进行护面，更能减少堤岸的硬化白化面积，减少护岸工程建设对河岸自然面貌和生态环境的破坏。而斜坡坡度的选择应因地制宜，从有利于植物生长、堤防管理和防止水土流失等方面综合评测后确定。

8 极缓的斜坡护岸

9 极陡的斜坡护岸

10 缓坡式护岸的河川效果

11 坡度适中的坝堤斜坡护岸

植被的缓冲护岸随水岸形成连绵的草地，随坡起伏，带状斜坡绿茵自然延伸入水，形成极具景观效果的护岸风景线。在倡导亲近自然、恢复城市河湖生态环境的今天，多用缓坡、减少直立式护岸是未来的发展趋势。采用亲近自然的缓坡式护岸，可以促进地表水和地下水的交换，恢复水边动植物的生长，也有利于两栖爬行动物的繁衍，见图12。这种护岸既能稳定河床，又能改善生态和美化环境，避免硬质材料和混凝土工程带来的负面作用，使河岸趋于自然形态。

12 缓坡式护岸最有利于为生物提供丰富多样的生存环境，使河道成为水生态的重要载体，为水生和两栖动物创造栖息环境

一些有地理位置限制的城市河道，或是受水冲严重和防洪要求较高的河段，不允许采取如图12所示的生态型缓坡式护岸的，应选择人工和生态相结合的方式进行护岸设计。例如，可以采取宽缝隙干砌石护岸法，施工完成后，石缝内可以填土种草；还可以采取植被护坡与砌石和木桩护底相结合的办法，以及选用毛石、乱石堆砌斜坡，以增加水生动物的生存空间。水岸石缝间、木桩内形同筑砌的鱼巢蟹穴，为鱼儿、虾蟹、螺蛳和青蛙提供栖息、产卵、繁衍的场所，从而更好地形成河湖生物链，见图13。同时，又可削减水浪和行船尾波对坡岸的冲刷，对岸坡保护和水边生态环境的改善作用很大。

13 植被护坡与砌石护底相结合的湖堤护岸，在水边形成丰富的土石空腔，成为水生动物产卵、繁衍的巢穴。由于砌石基本没于常水位线下，极大地减弱了硬质材料的影响

3. 复合式护岸 复合式护岸是将直立式护岸、斜坡式护岸和亲水平台、亲水廊道结合起来的护岸形式，其中，采用下直上斜的复合形式较为普遍。复合式护岸更适于城市河段的堤防，能够结合亲水、绿化和市政滨水建设，使河道堤防单调划一的生硬形态与园林景观更好地结合起来，并与周围自然环境相和谐，图 14 为复合式护岸断面形式一，图 17 为实例。

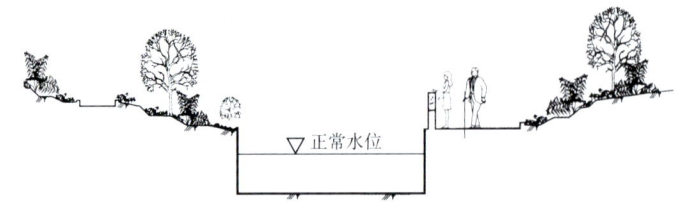

14 复合式护岸断面形式一

有些直立式护岸和斜坡式护岸有效结合后，其结合部被布置成二级亲水平台式的步道，还有些局部地段设计成了台阶式护岸和伸入水面的亲水平台，以增强其亲水性；沿岸进行立体绿化，局部地段扩大绿化范围，以增加景观节点；在护岸亲水平台步道以上斜坡种植草皮和灌木，既保护河岸不受冲刷，又增加河道景观，保护生态。图 15 为复合式护岸断面形式二，图 18 为实例。

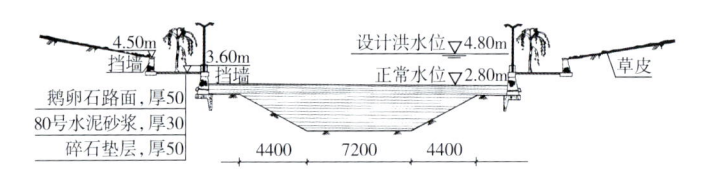

15 复合式护岸断面形式二

有的城市河道复合式护岸设计，在亲水平台式人行步道两侧种植垂柳、小叶榕、香樟等小乔木，间隔布置休息平台和花架花廊。有些小型城市河道受河岸土地面积限制，将临水的垂直护岸顶部作为亲水步道，斜坡种植草皮和疏林，见图 18，从而营造集防洪绿化、景观和休闲、旅游于一体的城市复合景观生态系统，见图 16。

16 垂直式护岸顶部为亲水步道、草坡为疏林的复合式护岸

17 与图 14 对应、带亲水步道的复合式护岸

18 与图 15 对应、间隔布置有休息亲水平台的复合式护岸

三、按铺砌施工分类

铺砌护岸是一种覆盖性的护岸方式，将不同材料的覆盖层修筑在倾斜的堤岸上，以保护和稳定堤岸表面，抵抗水流和波浪引起的冲刷。铺砌护岸的工程造价偏高，一旦损坏又很难修复。一些湿作业施工，如坞工、灌浆、现浇混凝土和碎石沥青等，施工周期长，工效低；而干砌石护岸虽平整美观，但所用石料又很普通，常被误解为一种简便低廉的护岸方式。其实砌石的石料尺寸要求较高，施工砌筑复杂，要求严格，且石料利用率低，还费工费时。由于铺砌护岸与前面所讲内容多有相同，因而在此只做简单介绍。

除了已谈过的砌石护岸外，还有抛石、石笼沉排和石笼格网护垫等。先说抛石，它的特点是容易抛投，可置于水下，具有极高的水力糙率，可以减少波浪和水流作用，便于维护且具有耐久性等。由于抛石护岸具有控制和稳定水下边坡的特点，特别适宜与景观草皮护坡组合施工，特别是一些植被生态斜坡中受水流冲击较大的急弯段，在深泓线离枯水位岸边抛至深泓。但应注意抛石范围和坡度，边岸一般在 1∶1.5～1∶2.0 为宜。抛石范围一般至河床横向坡度 1∶3～1∶4 处或一定深槽高程处，相应抛石休止角基本范围在 35°～45°间。

石笼沉排是一种较薄、较软的石笼，一般是用铁丝编织而成的，尺寸可根据需要定制，为防锈蚀，面层可进行电镀或涂上 PVC。石笼格网护垫是一种网箱结构，厚度一般在 0.15～0.30m，主要用于河道、坡岸的拦护。这种结构不仅可以避免河岸遭受水流、风浪的侵袭破坏，而且还能保持水体与坡下土体之间的自然交流，增添绿化，营造生态景观环境。

土工织物沉排，又称为土工织物软体排，是一种可替代传统柴排的新型护岸类型。它是以土工织物作为基本材料缝制而成的大面积排体，单排是用土工织物缝接成所需尺寸的排体，并在四周和中间每隔一段距离布置隔网，这样既加大了排体强度，又便于施工。排体上抛填块石、石笼等压重材料或铺设混凝土连锁板。双片排是用土工织物缝制的带状体，其中充填透水材料作为压重。

土工网垫草皮护坡，一种为岸坡植被生态环境而设计的护岸形式，它是将草的根系固土作用和土工网垫固草防冲相结合，也是一种复合型的护坡技术。它类似于丝瓜瓤网络的三维结构，并加入碳黑的尼龙丝经过工艺处理，并在接点上相互熔合粘接而成。使用它后，比一般草皮护坡具有更高的抗冲击能力，非常适用于各种地形下的护坡。土工网疏松柔韧，90%的孔隙可以填土、砾石和其他材料。草根系和尼龙丝互相交织在一起，形成一层坚韧的表皮，使网垫牢固地贴在土壤上。草种应选择那些适应性强并耐盐、耐碱、耐旱、耐涝且根系发达的品种。土工网垫草皮护坡不仅成本低、施工方便，更重要的是可以美化环境、恢复植被，建成一个自然生态的护岸景观环境，见图19。

此外，铺砌护岸还有土工网罩、土工模袋混凝土板、土工织物、土工膜和碎石沥青等，就不一一阐述了。

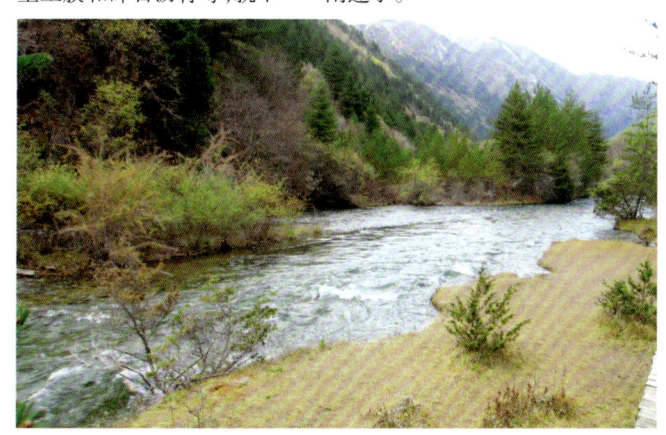

19 自然生态公园使用土工网垫草皮护坡的河流

四、河湖护岸形式的比较与选用

前面已从材料和断面形式分类上，对常见的护岸方式作了详细叙述，以下将就主要护岸形式的特点、性能和适用场所作详细对比，以便专业人士在实际工作中参考选用。

1. 垂直式护岸 又称为直立式护岸，传统上又称为挡土墙护岸。常见护岸类型主要为历史悠久的干砌石、浆砌重力式护岸和近代出现的混凝土成形的扶壁式及悬臂式护岸，以及西方国家目前盛行的蜂巢挡土墙护岸等，垂直式护岸中各种形式护岸的主要性能和优缺点对比见表1。

从表1中我们可以看出垂直式护岸的各种形式之所以在城市中应用广泛所具有的优势：一是防洪、抗冲刷、控制河势较好，又可避免水土流失。由于洪水凶猛，对河床河岸冲刷较为严重，加之洪水期间潮起潮落，使得河势不稳定，影响河湖和沿岸居民安全。而垂直式护岸是防洪防潮的坚固屏障，可以有效控制河势。二是在城市拥挤地带能减少工程占地与房屋拆迁，增加土地使用面积，从而降低占地拆迁成本。此外，又能有效保护河道宽度，制约两岸占地和违章建筑的侵入。

从表1中还反映出造价最高的是混凝土护岸，其透水性和柔韧性也最差，施工的复杂性是其需配筋架模而使施工难度大、周期长；再加上地基不均匀沉降更造成它致命的弱点。然而它依靠自身厚度小、自重轻、强度高而达到较大高度的优势，仍在不少地方体现出它的使用价值。混凝土护岸在诸多类型中是抵抗冲刷能力最强的，耐久性也是最长的。表1中综合性能最好的应是蜂巢格网护岸了，作为一种来自欧洲的环保水土保持新工艺、新技术和新材料，已经开始得到广泛的应用。

2. 斜坡式护岸 在倡导城市生态可持续发展理念的今天，斜坡式护岸在城市中的应用越来越广泛。斜坡式护岸通常不改变原河道走向，护岸呈自然的曲线形，保持天然形态，减少人工雕琢的痕迹，营造自然的生态环境。斜坡式护岸多采用植被覆面，为防止植物未扎根前的水土流失，可覆盖一层薄型土工织物，加强护坡稳定和抗冲能力。

斜坡式护岸能有效改善水质，因为堤坡砂石及植被对河水有过滤净化作用，同时可满足周边亲水近水的要求。但斜坡式护岸因要满足放流而相对河面宽度加大，两岸放坡也使占地面积增大，城市繁华地段很难接受。斜坡式护岸中各种形式护岸的综合性能和优缺点比较见表2。

垂直式护岸中的主要类型比较 表1

护岸结构类型	透水性	柔韧性	抗冲刷	稳定性	抗拉性	生态效应	施工性	造价
干砌石护岸	一般	较差	一般	较差	最差	好	方便	最低
浆砌石护岸	较差	较差	较好	一般	较差	一般	一般	较低
混凝土护岸	最差	最差	好	一般	较好	较差	复杂	高
蜂巢格网护岸	好	好	一般	好	好	好	简单	一般

斜坡式护岸中的主要类型比较 表2

护岸结构类型	透水性	柔韧性	抗冲刷	稳定性	抗拉性	生态效应	施工性	造价
天然材料护岸	好	–	最差	最差	–	好	简单	最低
硬质材料护岸	最差	最差	好	一般	一般	差	一般	较高
半硬质材料护岸	较差	较差	一般	一般	一般	一般	复杂	一般
柔性护岸	好	好	好	好	好	较好	一般	一般

1 护岸与亲水设计的原则与方法·设计规模与景观尺度

河湖的规模和尺度不像建筑、街道那样是根据人的体态尺度和行为方式制定的，而是结合自然地形、水文、防洪和城乡用水量决定的，而护岸与亲水设计则是根据规模已定的河湖形态及其他参数和要求完成的。因而护岸设计总是随着河湖形态和规模的不同而变化着，所以护岸设计很难制定一个统一的、符合实际需要的尺度标准。

尽管如此，这并不意味着河湖护岸的规模、尺度不存在，亦或无规律可循。我们从多年的水景、水环境设计实践中得知，各类河湖的护岸尺度与环境和景观关系密切，而且有规律可循。例如一个城市的景观护岸设计，其堤岸在达到防洪水位要求后，至于坡度多大和高度如何，对水利就几乎没有影响，但对景观和环境的影响就很大。因此，我们认为应从护岸的高度、坡度和长度的比例关系上找到设计需要的尺度。图1 所示为一个城市集亲水、护岸与景观于一体的设计规模及尺寸。

一、护岸的高度

从环境与景观的角度上看，护岸的高度对人视觉和环境的协调影响最大。护岸高度较大，视觉高度也就随之增大，便会让人产生压倒周围一切景物存在的感觉，这在整个滨水环境中十分突出。当我们不再把护岸当作单纯的防洪水利设施，而是将其作为景观来看待时，我们就很容易把握护岸在滨水景观中的高度。一般情况下，在满足防洪安全的要求下，应尽量将护岸实体压低，最大限度减少对景观的影响，见图2 ~ 图5。

当护岸的绝对高度受安全因素的影响而无法降低时，我们可以通过掩盖视觉高度或错觉来实现。比如，在不改变护岸绝对高度的前提下，调节视觉高度给人的印象。可以将护岸肩部位和水线部位做一些处理，或用绿化种植法等，将这些要素融入到整个滨水景观之中，还可以将视觉较高的护岸沿水平方向间隔分成若干台阶，这样既增加了亲水设计，又降低了视觉高度。这是一举两得的方法，在实际中这种例子经常可以见到，见图6 ~ 图10。

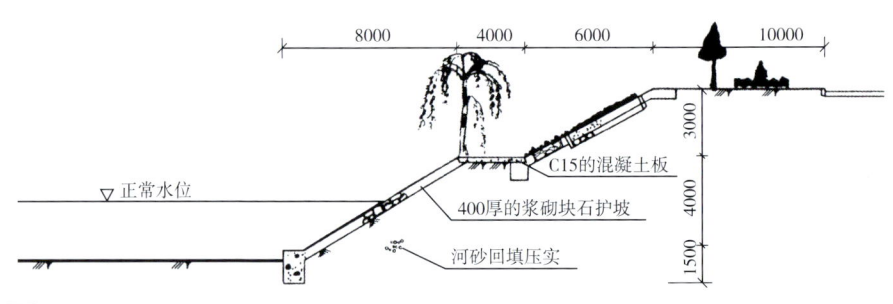

1 城市景观护岸的规模与尺度举例

2 护岸做得过高，看上去太显眼，不仅严重影响景观效果，也突显河渠的人工化痕迹

3 单侧截面较高的护岸看上去显得尤为突出，成为具有支配地位的环境主体，堤岸上的园林景观被大大减弱了

4 过高的垂直式护岸，既使岸线很长，也无法减低它在景观中的视觉影响

5 岸高体大的闸坝护岸，冲淡了优美的背景

6 亲水台阶使护岸的视觉高度降低

7 多层次的景观设计和绿化，使视觉高度降低

8 虽然护坡规模较大，但如果将上部大面积绿化，也有较好的视觉效果

9 高高的直立墙护岸，确实有碍观瞻，但立体绿化减弱了视觉高度，也软化了混凝土堤墙

10 砌石墙的高度与边岸绿化丛的比例适中

11 过高而呆板的垂直式护岸，加上隔离的石栏，让人感觉很难接近水边

二、护岸与水面的高度

以往的河湖护岸工程受传统思维影响，加之采用的是传统设计方法和技术，过多考虑的是河湖的安全性和耐用性，以及行洪排涝功能，大量采用硬质直立式护岸，片面追求河岸的硬化覆盖。而没有充分认识到对河湖环境及生态的影响，把河湖堤岸看作危险之地，将人与水岸隔离，彻底断绝了人与水的亲近联系，因此，河岸也就失去了它的吸引力。

1. 护岸的亲水要素 其实，河岸湖边、水景风光之所以让人神往，除赏景因素外，更重要的是给人们提供近距离与水接触的场所，也就是说，护岸是一种亲水性较高的景观设计。亲水的实现依赖各种必要的条件，其中，决定水际线状态的护岸设计起着重要的作用，比如护岸的高度与滨水整体环境的关系、护岸高度怎样适应亲水设施的构筑要求等。

此外，亲水的实现还与护岸的类型、形态和坡度有关，但最直接的影响是护岸与水面之间的连接关系和高度差。也就是说，护岸的视觉高度，主要是堤岸上人们能活动的部分与水面的高度比较出来的。因此，应控制护岸的高度和坡度以实现其亲水性，见图16、图19和图20。

2. 护岸高度的控制点 从亲水的角度和要求来说，首先确定护岸高度的量化控制点，即当护岸坡度为1∶2时，护岸与水面的高度差为2m，设计者将这一数值作为临界点，用以检测护岸设计能否满足亲水性的要求。如果设计超过这一数值，则应采取设置台阶等手段来修改设计。而将台阶与水面的高度差控制在1m以内时，能增强护岸与水边的整体感。

3. 控制护岸坡度 对护岸与亲水的关系产生较大影响的除了护岸高度之外，还有护岸的坡度。从亲近自然和有利于人们与水的接触角度看，护岸坡度越缓越好，值得注意的是，如果岸坡过缓，就会使护岸表面过于开敞，坡幅显得过大。根据测算，在满足堤防安全的前提下，要方便人们在迎水面活动、亲水，建议坡度不小于1∶2。

有关护岸与水面的连接关系及高度差见图11～图20。

12 走进河岸,却无法接近水边

13 过缓的单调坡岸,水际部位杂乱无序又无护基时,会产生无亲水性的逆反效果

15 这个草皮护岸的高度和坡度虽然很具有亲水性,但水中植物与草坡连成一体,使水际线模糊,让人不敢接近

14 尽管使用天然石材,且随形自然砌筑,堤岸植物景观颇佳,但过高的护岸仍让人有很难接近水的印象

16 平缓的沙坡,护岸突出水面不多,成为极好的亲水性的空间

三、护岸的坡度

1. 坡度角度的利弊 护岸坡度大小的选择是最能体现事物矛盾性的辩证关系,也是最让决策者和设计者难以取舍的。采取缓坡,具有亲水的方便性,能提高人们的亲水兴致,有利于植被生长,能够营造亲近自然的护岸和维护河湖自然面貌,改善生态环境。

但是,缓坡比直坡更能直接导致护岸面积的增大,坡度过缓,占用的土地面积也更大,也使护岸在河湖景观中太过显眼。当然,坡度直立的垂直式护岸能彻底解决上述问题,但却没有了人们渴望的亲水性,亲近自然的生态环境将无从建立。

2. 斜坡式护岸的理想坡度 有两种选择,一种是从亲水的角度考虑,方便人们接近水边,可以将坡度确定在 1∶2.5 左右。如果大于这一数值太多,可能会使护岸变得过于平缓。值得注意的是,当护岸的垂直高度大于2m,或坡面超过6m时,护岸坡度的平缓化会使护岸外观更显单调和显眼,并使人产生很大的压迫感。

17 平缓草坡,卵石护底,成为亲水性极好的护岸空间

19 有护底的草皮护坡,水际线清晰,给人容易接近水的印象

18 水边设置台阶,让人感觉容易到达水边,提高护岸景观的亲水性

20 混合土加碎石夯实的护岸,坡度平缓入水,水际线清晰,很容易接触水

另一种是从防洪安全和节约土地方面考虑,在满足堤坝稳定的前提下,建议坡度在 1:1.75～1:2 之间。如果迎水面为块石护岸,为方便管理人员进入清理杂草和垃圾,建议坡度不要小于 1:1.75。当迎水坡在正常水位以上或背水坡采用植被护坡时,为防止水土流失,且易于植被生长,建议坡度不小于 1:2。

有关护岸坡度的实例比较见图 21～图 23。

四、护岸的长度

1. 长度与形状的关系 我们在观察街景时知道,如果同一景物或建筑在很大的区域或很长区间内连续出现,肯定会给人以强烈的单调感。河湖的护岸景观也是如此,这种护岸在城市中尚可接受,但要出现在富于生机和微妙变化的自然景色中,会使人感到极不协调,见图 24。

2. 避免单调的方法 为了不让护岸单调的情形出现,可以采取某种手法消除同一形状的护岸连续地伸展过长。一种方法是采取变化的方法,即在不破坏连续整体性的前提下使设计多样化。比如,在连续不变的护岸中利用阶梯位置设置小平台,是常用的处理手法,见图 25。但应注意的是,不要在太短的区段内将护岸分成太多的形态,或是设置太多的构筑,以免破坏护岸的整体性。

另一种方法是可通过将一些功能要素和景观要素融入到护岸中,使同一形态连续构筑的护岸外观产生差异,以消除单调感,见图 26～图 29。具体做法是,在护岸的大区间内加入凸出的亲水或观景平台,既可构筑在水中,也可以悬挑于水上,见图 27 和图 28,还也可以利用分流的水闸或改变岸的形状和结构,见图 29。

3. 护岸长度的控制 这里说的长度控制显然不是河湖无休止的长度控制而是护岸视觉区段的长度控制。在护岸中引入阶梯或平台等设施,使河岸被分成若干个区段,这些节点的设施就成为可量化的指标,而表现出的间隔沿水平方向的视觉为 20 度。另一个量化控制指标是从护岸平衡角度和作为对岸景观效果制定的。当然,这是护岸长期积累的数值:护岸区段长度的最佳数值为其高度的 20～25 倍。

21 巨大的缓坡面,占用太多的土地,增大了的表面积,使护岸在景观中太突出

22 平缓坡上修建堤路,坡底建亲水平台,使护岸表面缩小,也充分利用了土地

23 护岸的垂直高度较大,设计成陡坡,下部辟为台阶,既缩小了护岸的表面积,又使护岸简洁明快

24 自然环境中较长区段内连续不变的护岸造型,给人以十分单调的印象

25 在连续不变的护岸中,利用阶梯部位设置小平台,也能改变连续的单调感

26 在长长的河岸中,间隔布置阶梯,既可丰富护岸形态,又可使复合式护岸的上下层有了联系,也方便了人们的亲水活动

五、护岸水际线

1. 水际线的环境作用 所谓水际线,就是水体与堤岸交界线,也就是水陆交界线。我们知道水是无形可塑的,所有水形都是由装载它的容器所决定的。因此,水际线的形成、形状都是由陆岸的实体所决定的,也就是说,人们在做河湖护岸时,也同时在做它们的水际线。

现实中就有护岸设计做得相当不错,堤岸景观也很好,但却忽略了水际线的实例,见图 30 ~ 图 32。水际部位作为水陆边界,无论是对亲水活动,还是对河湖的自然生态系统,都是极其重要的,也是河湖和滨水设计的重要组成部分。

2. 水际线的形状 设计护岸时,应注意水际线的运用,充分考虑河湖边动植物及水边亲水活动的需要,并要引入景观的概念。上面所说的现实中忽略水际线的情况,多是注重水面上部至坡顶及园林绿化,下边的水际线用心不多,单调呆板,线形单一。有的甚至把水际部位完全看作是固岸护底的地方,因此直接将抛底的各种预制件及设在水际部位的坡脚固槽显露。

水际线的最佳处理手法,首先是模糊其单调清晰的岸线,或是使其形态富于变化。具体做法是在设计时,通盘考虑,特别是要依据水体环境特征和护岸类型及材

27 水中凸出的圆形平台及雕塑,既增加了景观,又丰富了岸形

28 伸入水面上的悬挑平台,使连续的陡坡护岸有了视觉变化

29 这个长达几公里的城市景观护岸,分为护岸面积较小的块石直墙护岸和面积较大的缓坡亲水护岸两部分。直墙护岸部分又采取高度变化、设阶梯和利用分流水闸等实现岸形变化。缓坡部分则通过构筑平台和岸线弯曲变化等来打破单一,使岸线极长的河岸既统一又丰富。此外,岸堤上的统一种植和绿化使河岸更协调

30 虽为曲岸,但线形单调乏味

31 过直的线形、单调的水际部位,在亲水和景观环境上都缺少魅力

32 这是一个两岸水际线对比鲜明的实例。对岸浓密的水边丛林景观,天然材料的护岸和自然丰富的水际线形都与此岸格格不入。无论是生态环境还是景观视觉效果,此岸都无法融入彼岸和整个河川景观中去。其实,此岸的平缓的草皮护坡已做的很好,就是水际线没有处理好,从而影响了整个环境效果

料和亲水活动等，来决定水际线的方式。当然，并不提倡人工的过多雕琢，而是通过护岸本身的变化和形状，使水际线出现微妙的曲折变化，具体说来，就是可以利用坡度和高度变化结合天然材料的形状，塑造出自然而富于变化的或若隐若现的护岸水际线，见图33～图39。

3. 护底固坡的处理 护底，传统上又称为护脚，是固坡护岸的一种有效方法。但过去仅注重它的实用功能，比如在水边散堆异形块，或是抛填天然石块时不太重视环境效果和水际线的塑造。

在采用护底固坡法时，要有景观意识，在满足护底功能要求前提下，尽量兼顾景观效果。可以利用向水边抛填作业来模糊水际线，或是塑造富于变化的水际形态。但应注意，除天然石材外，人工的混凝土预制块不要过多地暴露，要紧贴水面，最好是尽量模糊混凝土块的外观。

35 叠石、山石护岸是中国园林的造园手法之一，讲究随形、自然和变化

33 将水际部位平台下的、用粘土和碎石混合的低坡做的很徐缓，使表面很近天然护岸，形成了自然的水际线

36 砌石护底，且整体没入水面，只让零星石块间隔出水，具有若隐若现、模糊水际线的作用

37 砌石护底布置的散点石，大小结合，潜露交替，自然丰富，难以确定水边在哪

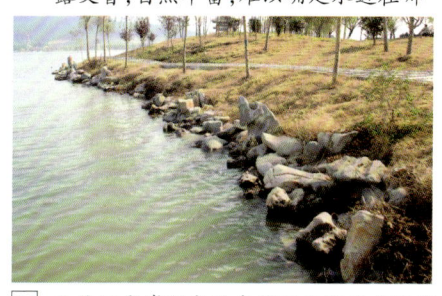

38 天然石塑岸形成的自然而变化的水际线

34 块石干砌护底的草坡湖岸，水际线宛若天然，丰富生动

39 在草皮护岸的水际线部位间隔局部置石，并补栽些挺水植物，也能使水际线丰富起来

1 护岸与亲水设计的原则与方法·护岸的色彩与质感

一、护岸的色彩设计及应用

护岸色彩是室外环境配色设计的一部分，以往土木水利专业的设计师常将河湖护岸当作工程构筑，普遍忽略护岸的色彩搭配和应用。景观概念引入后，护岸就成为既有工程技术又有环境艺术的交叉学科了，护岸的色彩和质感也相应成为设计的重要内容。

1. 护岸色彩的作用 色彩作为重要的视觉造型要素和表现手段，能将情绪赋予风景，能强烈地诉诸于情感而作用于人的心理，因此，色彩在园林景观中的运用，越来越引起设计者的重视。多以直面、坡面形式出现的河湖护岸，本来就具有较大的视觉范围，加上材料和植物的使用较多，色彩在其中的作用就更大了，因此，对河湖和滨水环境气氛有着重要影响。此外，色彩还具有时代特点，对环境有着加强其表现力的作用。常见色彩的心理倾向及表现材料见表1。

护岸常用色彩的心理倾向及表现材料　　　表1

色彩	心理倾向	表现材料
橙	非常温暖、扩张、华丽、强烈、愉快	土、石、植物
黄	温暖、扩张、干燥、华丽、柔和、轻巧	石材、土、草
灰	冷静、沉稳、沉重、收敛、坚固	混凝土、碎石
绿	湿润、柔润	草等地被植物
蓝绿	凉爽、湿润、爽快、有品格	水、地被植物
蓝灰	收缩、坚固、凉爽、沉重	青石、混凝土
紫	迟钝、软弱	灌木、地被植物

2. 主要材质的色彩特征 我们知道，世界上的任何物质和材料都是有色彩和质感的，而它们之间又有着较大的差异。色彩学的明度、纯度和色相在这些物质和材料上同样能反映出来。而护岸等构筑物在环境中的视觉如何，主要取决于所用材质的明度和纯度。比如较暖的黄石和混凝土等材料，在被雨水淋湿后，会变得不像平时干燥状态下那样醒目了。

尽管用于护岸的材质多种多样，既有天然的又有人造的，但每种材质都有自己的色彩。通常天然材料的色彩既复杂又富于变化，很少有单一的纯色，与混凝土等人造材料相比，天然材料又有明度低的特点，这一点必须在设计选材时加以注意。

（1）**季节色彩** 所谓季节色彩主要是春、夏、秋、冬等季节的不同带来的色彩变化，以及雨季和晴天所产生的色彩变化，前者主要体现四季的色彩变化，见图1、图2，而后者则是气候不同的色彩变化。在进行护岸景观设计时，不能以即时季节色彩效果作为唯一考虑对象，还应兼顾色彩的季相变化，特别是植被护坡及堤岸的灌木、乔木的季相色彩变化。

3 河床、护岸中的卵石、河石和镶贴花岗石色彩

（2）**石材的色彩** 这里主要是指天然石材，因其品种多，不同品种之间的差异大，色调也十分微妙，但色彩纯度和饱和度普遍较低，个别品种的明度较高，应根据环境选择使用，见图3和图4。

（3）**植物的色彩** 植物是随季节不同色彩变化最大的护岸要素。在护岸常用的植物中，地被植物的草皮和草花的色彩明度和纯度较高，但它们随季节的变化也最大。相对而言，乔木和灌木的色彩明度和纯度普遍较低。图1和图2为两个不同季相的色彩效果；图5是利用灌木及其常年多次开花的色彩效果来渲染景观气氛，与岸上常绿的树冠形成对比的色彩关系，同时也减弱了岸线和水际线的单调呆板。

（4）**人工配色** 人工配色是指使用彩色砖、彩色预制件和人工颜料来加强护岸的色彩效果，渲染景观气氛。人工色彩较多运用在与护岸一体的滨水公园、儿童娱乐园和水上公园等与休闲娱乐有关的环境。普通的河湖护岸工程应谨慎使用，人工配色实例见图6~图8。

1 深秋或初冬护岸植物的季相色彩　　2 春夏两季护岸植物的季相色彩　　4 黄石和岩板砌筑的护岸，色彩温暖华丽

16

3. 护岸色彩设计与调配方法 护岸的色彩设计应以运用材料和植物本身色彩为主，人工色彩为辅的原则，把主要注意力放在如何选择、搭配材料和植物的色彩上，掌握它们的调和、对比方法，见图5～图8。

（1）**色彩调和的方法** 最常用的方法是按同一色调配色，如果有混凝土、块石、碎石和卵石砌筑等同时存在，忽视色调的调和，将会极大地破坏护岸的统一感。如果在同一色调内，利用明度和色度的变化来达到调和，这时则容易得到沉静的个性和气氛。如果环境色调令人感到单调乏味，则护岸砌筑可以变化。

按近似色调配合，在配合时要注意以下两点：

①要在近似色调之间决定主色调和从属的色调，两者不能同等对待。

②如果使用的色调增加了，则应以减少造型要素的数量为宜，见图3。

（2）**按对比色调配色** 对比色调的配色是由互补色组成。由于互相排斥或互相吸引都会产生强烈的紧张感，因此对比色调在设计时应谨慎运用。

[6] 在斜坡护岸中间设置彩色平台步道，将堤坡一分为二，上边为人工砌筑，下边是天然材料砌筑，人工和天然相结合

[7] 与草皮植物色相呼应的人工涂色的景观护岸

[5] 在石材护岸的花槽内种上多次开花的灌木，既能弱化天然石材和岸线的单调，又能与乔木树冠形成互补的色彩对比关系，使护岸景观生动而精彩

[8] 亲水的台阶式护岸，在每个台阶的前部涂以黄色带，既提示了安全，又增添了活跃的环境气氛

二、护岸的质感

任何材料表面都有一定的纹理和特有的面貌,我们将其称为肌理。当这些材料组合在一起铺砌到景观中就会呈现一定的材质效果,这就是材料的质感。有的材料质感很容易融入到周围环境,并与环境相协调,有些则与周边材质和植物形成鲜明的对比,使环境变得生动。

1. 护岸的材料肌理 无论我们是采用现浇混凝土,或是块材构筑堤岸,都应让人在视觉上很容易地分辨出材料组合中的个体形状。而采取的施工方法和砌筑形式,也应当让人们对护岸的构造有深刻的印象。如果能做到这两点,那么材料的肌理和护岸的质感才能真正得以表现,见图1~图10。

2. 肌理与视觉关系 材料的肌理是将其应用到具体环境中而让观者在一定距离眺望所产生的质感效果。比如一块石材在视觉上的大小,应取决于石块一边长度(s)和眺望石块的距离(d)。但是,当单个石块的视角过小时,材料个体便很难被分辨出来,使组合的护岸被看成是一个大平面,给人以呆板单调的印象。

经过现场的测检,常用的几种护岸材料在一定的规格尺寸下,得到的最远观测个体形状的距离,以及不能分辨材料个体的距离的详细参数见表1。

从材料肌理与视觉关系的原理中,我们有这样的认识——在观赏对岸景观距离较远的情况下,无法分辨材料个体,而将护岸看成了一条带状面而已,从而影响了护岸景观效果。这时,有两个解决方案:一是加大或加深相邻块材的个体尺寸;二是加大或加深相邻块材之间的接缝。两种方法可根据具体情况和环境要求选用。第二种方法效果更好,因为,在定制块材尺寸比较小的情况下,加大或加深砌筑缝隙,也可在较远的距离将一块块地分辨清楚,见图2和图8。

3. 主要材料的质感

(1) 混凝土块 混凝土块大都用在对景观要求不高的普通河段的护岸中,其特点是造价低、施工方便。但其缺点是材料本身的肌理效果不好,将其大面积用在护岸上,容易使外观变得呆板而单调,在整个滨水景观中就显得比较生硬。为使这

常用护岸材料在不同视点距离下的视觉效果　　　　表1

材料名称	规格尺寸	能分辨材料个体的距离	不能分辨材料个体的距离
现浇混凝土	1m×1.5m	380~400m	400m以上看如带状
预制混凝土块	30cm×45cm	180~200m	200m以上看如带状
预制混凝土凸形块	30cm×45cm	130~150m	150m以上看如带状
卵石	20cm×30cm	130~150m	150m以上融入环境中
预制混凝土凹形块	45cm×45cm	130~150m	150m以上看如带状
天然石块砌筑	30cm×30cm	130~150m	150m以上融入周围环境

注 能分辨材料个体的距离之所以有20m的间距,是由于人的视力差异产生的。

1 花岗岩火烧板铺在缓坡岸

2 预制混凝土六边块勾明缝的斜坡

3 由彩色石、卵石、木结构、植物和金属组合的亲水护岸,形成多材质的对比

4 粗糙而有纹理的石材肌理

5 精细而光亮的石材面层

一问题得到改观,我们可以想办法将单件材料的外观形态丰富起来,或是利用前面所讲改变块材缝隙来实现护岸外观的丰富。图2是预制混凝土六边块铺砌的斜坡护岸,通过在块与块之间的缝隙上做较为明显的凸缝,使整个坡面有了较强的肌理和视觉效果。

（2）现浇混凝土　与预制混凝土块相比,现浇混凝土如果大面积摊铺将会让人感觉更呆板生硬。因此,应在现场浇注前设计好外观形态和外形尺寸,以便进行施工现场的塑造,见图6和图7。

6 槽模拼成六边单体,内浇混凝土

7 混凝土塑造的仿石坡岸

（3）石材　作为天然护岸材料的石材,其外形、质感和色调都是人工材料所无法比拟的,特别是石材所具有的散乱特质和在色彩和质感上的微妙之处,常常给人一种外观形态自然丰富多彩的印象,见图4。再加上石材不同的拼接组合和缝隙处理,能塑造出多种护岸效果和丰富的表面质感,见图3、图5和图10。

虽然已开发出了多种人造石材,也有使用的先例,不过,这些用模板制成的刻意模仿天然石材的材料,仍然不具有天然石材特有的散乱特质,其整体的景观效果并不如人意。

在工程实践中,并不是所有护岸都能完全利用石材的天然外表,特别是需要使

8 粗糙的凿毛面,宽大的拼缝和阴影,形成强烈的护岸整体质感效果

用边长规则的块石时,就要将大量毛石按尺寸进行现场剔凿,因此就需要人工打凿出一个肌理面,我们称为石材的表面处理方法。

当然,也可以直接从采石加工厂直接订购加工好的石料。无论是现场打凿还是订购,都应根据环境需要选择合适的凿面肌理。目前较常见的石材面层类型有手工凿毛、短槽凿毛、齿形凿毛、琢石锤面、斜凿面和斧金琢面锤等,见图11。

9 从侧面看图8护岸的拼缝和阴影效果 　　10 大小石块随形砌筑,缝隙明显

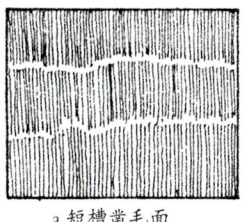

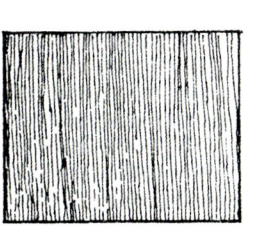

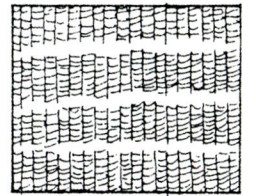

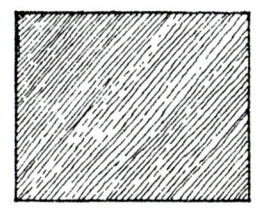

a 短槽凿毛面　　b 齿形凿毛面　　c 琢石锤面

d 斜凿面　　e 斧金琢面锤　　f 手工凿毛

11 常用石材的几种表面肌理处理形式

1 护岸与亲水设计的原则与方法·护岸的色彩与质感

（4）仿石 主要是混凝土的仿石面处理，通常采取模板制作和混凝土终凝后手工或机械打凿两种方法。实践证明，模板制作的表面肌理效果太呆板，而在混凝土终凝后采用琢面和錾凿方法处理比较理想。这种方法能够表现出混凝土骨材所具有的特殊形态，如果处理得好，在一定程度上接近天然石材的面处理，这种方法不仅能改变混凝土面层单一呆板的外观，而且远观时，有真假难辨的质感效果，见图 8。

（5）材料与质感对比 将不同肌理的材料，或将相同材料不同面层的材料组合在一起，形成不同质感的对比，可以使景观要素丰富、视觉效果变得生动，见图 12～图 18。

实际上，单独一种材料的使用是不多见的，即使只用一种材料，它也会与草、水和土产生材质对比，见图 19～图 23。因此，完全独立而不与周围发生关系的材质环境是不存在的，在设计中，要主动利用对比关系和手法，这样会更加有利于强调所用主材的视觉地位，也会通过对比使护岸环境更加生动协调，见图 12～图 18。

12 面积较大的石材与砖材对比

13 亲水护岸的石材与陶板对比

14 水边护岸中的自然粗糙石材与加工精致光滑的石材质感对比

15 亲水护岸的木与石的质感对比

16 亲水护岸中不同大小、种类石材的对比

17 斜坡护岸中的天然石块与护岸地被植栽的质感对比，也使整体护岸的明度降低

18 陡坡护岸中的小卵石与大卵石组合砌筑，形成强烈的体量关系对比

护岸与亲水设计的原则与方法·护岸的色彩与质感

19 石砌陡坡上种植爬墙植物，既形成质感对比，又软化了护岸空间

20 植栽的引入，使复合式护岸的整体明度降低，构成了立体绿化的怡人空间

21 坚硬的石材与缓坡小草形成色彩和质感的对比

22 塑石护岸与见缝植栽的草皮、草花和水生植物形成色彩和质感对比

23 混凝土岸基、镶铺的卵石和绿草形成质感对比

24 与混凝土结合的木质亲水台阶

25 景观水池的木板护岸

26 高低错落的圆木桩护岸，树木表皮的纹理和质感与环境既有对比又极为协调

（6）木材　木材护岸是传统护岸的形式之一，主要是采用树桩和板材等。其中，木树桩护岸应用较为广泛，因为它楔入河土较深，护岸安全性较好。作为天然材料的木树桩，具有树皮原有的自然纹理和肌理，极容易与自然生态环境相融合，其特殊的色彩和质感又与草、水、土形成和谐的对比，见图24、图26。

1 护岸与亲水设计的原则与方法·护岸的色彩与质感

4. 肌理与图案的应用 在护岸与亲水的设计中,肌理和图案既可单独出现又可同时出现。除了直接运用天然材料表面固有的肌理和图案外,人工设计的有两种情形:一是在护岸堤坡的平面上设计图案,二是将图案与凸凹的肌理结合在一起,见图 27。

天然材料表面的自然肌理往往伴随有一种比较弱化的淡淡纹路,这是由材料本身的形态差异和材料的多种组合形成的。因而,我们提倡尽量使用天然材料并运用自然肌理和图案,但并不意味着完全排斥必要的人工图案和肌理。

特别是在面积较大的混凝土护岸中,恰当地使用人工图案和肌理,既能减弱水泥面的光滑呆板,又能使护岸表面有较好的糙率,同时也能使视觉效果有所改观,见图 28 和图 29。

在非直接护岸的亲水设施面上做适当的图案和肌理,能增加亲水环境的景观要素的丰富性。肌理的运用,要善于借用自然材质,特别是当地材料的材质,并结合护岸场地的地域和文化特征,使其成为滨水景观整体中的一部分。

但值得注意的是,在护岸亲水环境中,重要的不是图案、肌理的外观华丽,而是能与护岸环境融为一体。

28 在现浇混凝土护岸面上做的凸凹竖条肌理图案,视觉效果明显且极富有韵律感,不仅改变了水泥面的光滑单调,而且又使面层具有较好的糙率

27 多级护岸垂直面上设计的凹凸几何图案,使单调的护岸变得丰富起来

29 大型河道中面积较大的混凝土护岸,虽然堆形块的尺寸形状相同,但间距较大,远观效果颇佳。此外,块材及其间距形成极强的糙率,能有较减缓洪水期水的流速

三、对比和变化

1. 对比 对比是设计学的一个重要手法;护岸的对比手法主要体现在色彩、材质、体量、大小和曲直等几方面。只有对比,环境才会生动,只有对比,才能充分体现材质特征;没有对比,环境将变得单调无趣。

护岸的材料色彩和质感对比前面已作过叙述,这里重点讲叙如何在运用对比手法的同时实现变化,以使护岸环境在视觉上变得丰富,避免或减弱环境的单调和呆板,见图1~图4。

2. 对比中求变化 从设计学中我们知道,"变"是设计和绘画的灵魂,变则通、变则灵、变则活。从图1中可以看出,单一的规则石块构筑的堤岸,虽然规整,但却单调、呆板。图2~图4加入天然塑石后,规则的石岸与自然随形的塑石有了对比,使单一的岸形变得丰富起来。

虽然都是石材,但只要在其形、其色和质感上有差异的对比,便会产生变化的环境对比。从这几幅实例图片中可以看出,首先是形的对比,其次才是质感和色彩的对比。

1 规则整齐的石砌护岸,既长且直,岸形单调缺少变化

2 规则方整石岸中恰当加入局部的非规则式自然山石,使单一岸形富于变化

3 自然山石的体量应根据规则岸堤的规模不同,可大可小,间隔适宜

4 图2中的护岸局部

1 护岸与亲水设计的原则与方法·护岸的色彩与质感

图5~图12仍然是在较单一的护岸中加入具有质感、色彩和形体对比效果的自然山石和植物,以达到丰富变化的环境效果。但和前页图1~图4相比,形体和质感上的对比更丰富,更注重景观效果。

5 规则式石砌护岸与自然山石护岸对比组合,使边岸极富变化

6 图7中的局部    7 在规则混凝土堤岸中加入山石和植物    8 浆砌卵石堤岸中的岸边塑石

9 精选的自然山石塑岸与浆砌卵石护岸形成对比    10 图7中规则混凝土块护岸中的自然山石局部

11 在单一小卵石堤岸中加入植物和山石    12 叠片石护岸中间隔加入的自然山石,使护岸线形和质感都富于变化

24

护岸与亲水设计的原则与方法·护岸的色彩与质感

13 一边笔直封闭,一边凸凹开放,两岸对比性强又富于变化

14 规则石材一字铺砌与对岸曲折的护岸形成刚柔之比

有些河岸设计的一边尖挺笔直,而另一边或凸出或凹进,或自然曲折,形成岸线迥然不同的对比,既富于变化又有趣味性,见图 13 和图 19。

图 15 则是在规则的浆砌石岸中间隔置以自然山石,使岸形富于变化。图 16 的溪流一段为疏林中的卵石岸,一段是开敞环境的规则式护岸,使整条溪流产生变化。

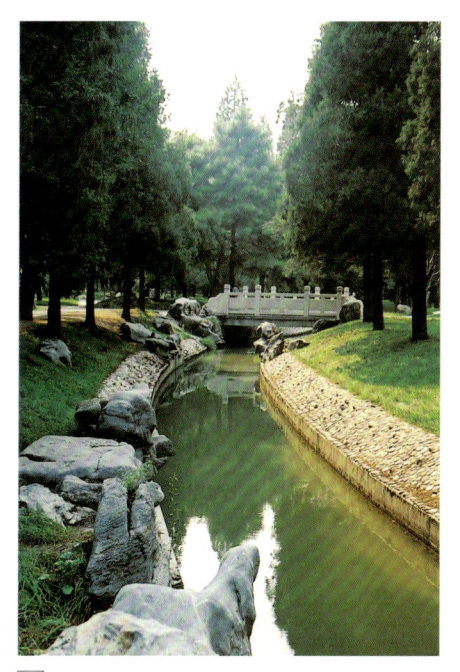

15 规则整洁石岸上置以自然山石

16 自然的卵石与规则的砌石护岸

17 规则直线石岸和自然卵石植物的对比

18 木排桩护岸中间隔布置山石,形成材质和形体对比

19 在长长的草皮护岸中间隔布置簇栽的乔木和挺水植物,形成体量的对比,使边岸不至于呆板又具有组景效果

25

1 护岸与亲水设计的原则与方法·护岸设计程序与方法

一、规划与初步设计

进行护岸的规划和初步设计,通常是依据项目的可行性研究报告和设计基础资料,设计部门在大量现场调查和分析的基础上,对建设项目进行深入研究,对项目建设内容进行具体设计和规划。

规划与初步设计主要依据可行性报告的内容和要求,编制实施该项目的技术方案。初步设计文件包括设计说明书、专业设计图纸、主要设备和材料表,以及工程概算书等。初步设计是编制护岸投资计划和开展项目招投标的依据,见图1。

二、现场调研与分析

1. 调研与分析的内容 为了获得河湖的形态、演变、水文、地质和岸坡构造等有关的现场特征因素方面的资料,在护岸工程一开始即进行现场调查,其主要事项和内容详见表1。

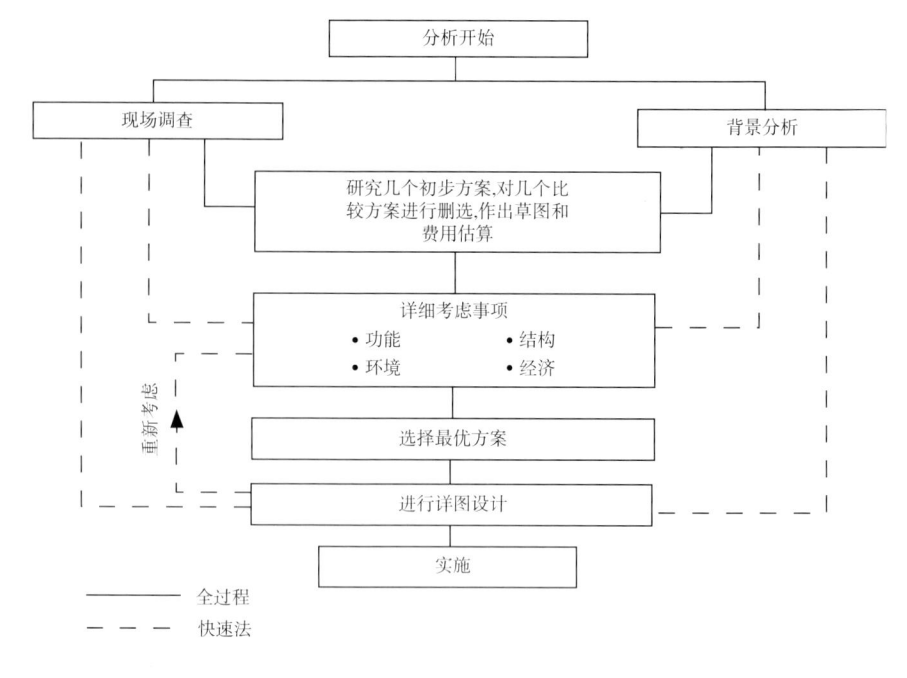

```
                    分析开始
         ┌─────────────┼─────────────┐
    现场调查                          背景分析
         └─────────────┬─────────────┘
              研究几个初步方案,对几个比
              较方案进行删选,作出草图和
                     费用估算
                         │
                   详细考虑事项
              • 功能        • 结构
              • 环境        • 经济
                         │
                    选择最优方案
                         │
                    进行详图设计
                         │
                       实施

    ──── 全过程
    ---- 快速法
```

图1 护岸设计程序

现场调研与分析的事项和内容　　　　　　　　　　表1

	总体环境	河道尺寸	稳定性	已有构筑物特征	附属特征	人畜活动方式	河道水流观测	水质
现场总体概况	规划地形图 区域分类：乡村／城市／乡村及城市	河岸纵剖面 河道宽 水面流态 地貌—坡降、沙洲等	河床下切 淤积 水情 曲流 流域土地利用方式的变化	挡土墙 铺砌护岸 桥梁、涵洞 拦河堰 防浪堤、码头 加固植被 岛屿	岸顶控制 边岸过载 上部河岸 公路 人行道 游览道 房屋	植物区系 动物区系 牲畜 人类 堤道路或穿过堤顶的道路	水位 洪水标记 流态 流速 紊流	pH值 输沙量

	水文资料	行船状况	风成波	风成波水力设计参数	外部水力设计参数		行船的水力设计参数	
外部水力参数	径流历时 水位／流量	船舶尺寸 发动机功率 调控、航运量 锚泊、调度	风向图 吹程 风速、历时	波高、周期 波浪上爬高度 水位装置	最大流速 最大剪应力 地面侵蚀的危险 冲刷的危险	水位	最高水位 平均水位 最低水位	波高 初波(P波) 次生波(S波) 螺旋桨滑流 回流 水位降落	幅度 速率

	边岸建筑物		土壤特征	植被	排水		大体积崩坍的范围／可能性	土粒失稳程度／可能性
边岸组成物	土壤剖面及分类 河床类型／形状 非水力破坏 张拉裂缝	粘性土 非粘性土 混合土 冻融破坏 干燥破坏 船舶撞击破坏 污物、漂浮物破坏 动物／人为破坏	抗剪强度 承载能力 粒级 特征指标 透水性等	地表防护 固定土粒 树根的加强 地基作用 扶壁作用 水流响应	地表水 水力糙率 局部阻力	排水 入渗 地下水	浅层崩坍 平面崩坍 表面崩坍 圆弧滑动 复合式(悬臂式) 区域水位 土地排水	带走表土 管涌 弥漫 液化

2. 动态查勘及常见问题

（1）动态查勘　现场调研活动不可能都按照预先方案和设想进行，调查或查勘的具体情况应随着新问题的出现，或考虑问题的不同而有所变化。因此，应注意以下几方面问题：

①对受地貌活动影响的河道岸坡的防护，可能需作更广泛的研究，它不仅包括所研究河段，而且还包括与其相邻的河段。

②对很少受地貌影响的通航河道和排水渠道的岸坡防护，可能需要进行船舶通过数量或航运量的统计调查及更详细的土质调查。

③对一些诸如引水渠或河川建筑物等新型工程实施的防护，将考虑进行更详细的水文调查和水力勘测，尤其是那些不存在类似河道的地方更应如此。

（2）现场调研具体内容及方法　护岸工程初步设计的现场调研具体内容及方法见表2。

现场调研的具体内容及方法　　表2

项次	项目名称	具体内容及方法	图　示
1	一般环境	通常首要目标是查看现场总体布置图、现场地形以及此地发生的活动类型，这通常需要取得该地区的详细摄影资料，这样可包括地区全部基本特征。如果有一个非常有利的取景点，鸟瞰全局，取一串连续搭接的照片，即可得到很有用的现场总印象，从而确保设计人员有直观的现场印象以从事室内工作。合理地考虑环境问题是必要的，但不能过分地强调，否则就采用什么样的防护方式而言，会导致过多的限制。这种解决问题的办法适宜于城镇地区，在半乡村地区或乡村地区可能不允许采用，或者需要修正，使之变成更合适的解决问题的方法	②　典型的河道测量布置图
2	河道尺寸	在分析中往往需要河道尺寸，以便指出哪些河段需要防护。通常需要了解下列尺寸： （1）河岸断面。 （2）河道宽。 （3）查勘时的河流水位。 （4）从前的高水位洪水标记。 （5）表面流态。 （6）表面流速。 在现场初步查勘阶段，河道许多部位的尺寸都需要估算，除非配有方便的小船专供测量用的设备，洪水标记和水位应与边岸顶部高程或合适的基准面相关。河道水面流速可采用定时浮标漂流一段流程，并用秒表计时来推算，特制细小型浮标比探测器更容易追踪紊流。 对大型工程来说，就需要进行详细的水文测量，这种测量的精度和准确性将取决于表1中所论及的问题，至于采用何种方式将取决于河道尺寸。然而，一般需在边岸测量水位和用小船测取水深并描绘出断面图。测量断面的最大间距通常为100m，必要时需加入中间断面以记录诸如河流弯道上的冲刷程度和凸岸边滩位置等有关特征。断面范围应超出堤（岸）顶部足够远的距离以记载地面高程，见图②。如果这个问题是弯道或相邻建筑物侵蚀之一，就必须进行地形测量。 在任何情况下均可进行流速测量，以表示不同水位、不同断面的流速分布；然而，是否直接应用这些流速来进行设计，还取决于测量时的流态和设计流量之间的关系。 分析岸边的泥沙淤积高程，或更准确地说像回流中的树皮萌芽线，将有助于求出该河段中的近期最大洪水流量与最高洪水位之间的关系	③　边岸附近特征引起的约制

续表

项次	项目名称	具体内容及方法	图示
3	区域/长期稳定性	如果有可能,需将局部稳定性问题与更大范围内的区域稳定性问题联系起来考虑,为了明确下列问题需要对相关河段经常进行仔细调查: (1) 该河段是正在快速刷深(下切)的上游河段吗?由此而产生的泥沙在下游河段很明显地或者呈推移质,或者是活性沉积物吗? (2) 该河段是正在进行河道系统的区域性调整,以期达到冲淤平衡条件的不稳定的中游河段吗? (3) 该河段是下游淤积河段吗?尽管该河段正发生一些局部侵蚀和沉积,但从表面上看河道处于冲淤平衡状态,从长远观点来看,其平均几何形状和几何尺寸仍是不变的吗? 该河段的地貌活动特性一旦确定,工程技术人员即可确定这个问题是否是局部稳定性问题,并采取相应的措施处理,或是否有必要作为区域稳定性问题考虑。 在上游流域中,土地利用方式的改变通常会导致下游地貌活动未预料到的和突然的增长,如滥伐森林会导致径流量的增加,修建上游水库则会影响输沙量和破坏冲淤平衡状态等。 除业主的信息外,可能的信息来源如下: (1) 历史地图和现代地图(也有来自军方测绘部门或当地档案馆的地图)。 (2) 有关机构对当地河流进行的测量。 (3) 地质测绘图。 (4) 航摄照片(也可从规划部门获得)。 (5) 与工程师、环境机构工作人员和当地居民的讨论	4 河的左岸无道路和建筑,且边岸大树连排,盘根错节,无需护岸,而右岸边有乡间公路,因此采用木桩进行了防护
4	附属特征	现场调查包括收集边岸附近的各种特征资料。这些特征资料对稳定性问题的成因有影响,可能会限制这个问题的处理,尤其是边岸岸顶的各种特征,如围栏线、大树或房屋等都可能限制防护方案的选择,甚至妨碍防护设施的修建,应引起重视。对现有的超载,或将来可能发生的动荷载特性,也应该收集并加以考虑。 应提请注意的是,堤顶后的施工场地的宽度,如果本身容易遭受侵蚀作用,就应进行充分的测量,这样将来通过在同一测点的测量结果即可推算出侵蚀发展速度,见图 3。 由于岸边道路超载将可能导致边岸破坏,因此在防护工程设计时就需要考虑到此类荷载。对与河道有关的荷载特性和位置应作好记录,靠近公路、小路或铁路的堤岸通常需要防护,而没有这种道路的边岸就允许冲蚀,见图 4 ~图 6	5 图 4 中的右岸局部,采用木桩加圆木对靠近公路边的堤岸做了防护
5	已建河道建筑物及其特征	河道上已建有建筑物,且其本身遭受冲刷,亦或该建筑物是导致冲刷的原因。现场调查就应确定局部河段流态、局部流态影响水流紊动的程度,如果条件许可,还要测出冲刷深度。然而,只有在极端水流情况下,有冲刷作用的水流流态才清晰可见,为了查明情况,就有必要进行水力模型研究,导致冲刷的河道建筑物及其特征的实例见图 7 和图 8	
6	水力设计参数	水文资料	应与有关部门联系取得水文资料,其方式可采取下列形式的一种: (1) 从所研究河道测流站取得水文资料,测流站位置应紧靠所研究河段,以正确校正断面流量。 (2) 从该河道上其他的测流站取得水文资料,该断面的流量可根据流域面积比例来估算。 (3) 对于河道流量,或者采用降雨统计资料和洪水研究报告中所给出的方法来估算,或者用流速/面积法来估算。如果没有对流域进行测量就必须采用后一种方法	6 护岸工程进行前与图 3 的边岸特征相同,左岸有成排的建筑,造成与河岸间的狭窄通道;右岸岸顶是荷载较大的公路,因此在底坡做了直立的平台护岸,上部陡坡做了砌石护岸。岸顶与公路间做了绿化带

续表

项次	项目名称		具体内容及方法	图 示
6	水力设计参数	流速及剪应力估算	某一防护河段的水位或者只由该河段的河道几何形状和水阻力确定,也就是说,均匀流的水深条件称为"正常"水深,或者受一种控制(建筑物)的影响。在亚临界流情况下(通常应用的条件),水位由下游调节装置来控制;在超临界流情况下,水位由上游调节装置来控制。 在控制影响区内的水位可通过计算渐变水流纵剖面曲线来确定(通常认为是控制点上游亚临界流条件下的"回水曲线"),一些水力学专著和教材中给出了具体的计算过程,通常采用可编程的计算机或标准的计算机软件来计算 水流平均流速的估算 平均流速可采用曼宁公式来估算,假如不存在回水影响,水面坡降即与河道的总坡降平行: $$V=\frac{R^{2/3}\cdot S^{1/2}}{n} \quad (1.1)$$ $$Q=\frac{AR^{2/3}\cdot S^{1/2}}{n} \quad (1.2)$$ 式中 V —— 平均流速; 　　R —— 水力半径(即过水断面面积除以湿周); 　　S —— 能量梯度(即等于均匀流条件下的河床比降); 　　n —— 曼宁糙率系数。 假如存在回水影响,水能及水面线必须从控制点开始推求回水曲线。下表仅对指定目标给出 n 的代表值。 | 河床表面状况 | 曼宁糙率系数 n 的近似范围 | | --- | --- | | 混凝土衬砌,镘刀抹光 | 0.011 ~ 0.015 | | 开挖土面,风化后平整、均匀 | 0.018 ~ 0.025 | | 天然河道,岸壁光滑/平整,无浅滩或深潭 | 0.025 ~ 0.033 | | 天然河道,但弯曲,略有一些深潭和浅滩 | 0.035 ~ 0.045 | | 天然河道,水流迂缓,杂草丛生,且有深潭 | 0.050 ~ 0.080 | 对采用砾石、大砾石或乱石衬砌的河道,其曼宁糙率系数 n 主要是根据其粒径大小来确定的。斯特里克勒(1923年)公式如下: $$n=0.041D_{n50}^{1/6} \quad (1.3)$$ 在临界流速以下通常采用该公式来估算水力糙率系数。 注意,曼宁公式只是一个求近似值的计算公式,而整个河道的水力糙率系数取决于表面糙率和河道形状(河弯、深潭等)。单一的糙率值不能适用于植物两季生长的河道或动床河流,因为它们的水力糙率将随流量变化而变化 满槽流量通常被认为是控制流量或造床流量,在河流弯道处当接近这个流量时即会出现最大剪应力值。因此,根据河道的满槽流量和测流断面尺寸即可计算出平均流速或平均剪应力。 然而,随着剪应力的分布发生变化,其最大流速明显大于其平均流速值。在缺乏野外测量或模型研究测量的情况下,最大流速值通常按其平均流速值乘以一近似的经验修正系数来估算。英国人尼尔曾建议,对平行于边岸的河道水流,取局部流速 $v=2/3V$(V 为平均流速),但对冲击水流(如河弯或局部悬崖位置的水流)来说,则取局部河段流速 $v=4/3V$。 假如河道水流不是很强烈的三维流态,最大剪应力值就可采用估算方法,这对评估河槽边界处未采用任何防护材料的边岸的侵蚀潜在可能性很有帮助	a 建筑物下游的紊流 由局部紊流和强三维流态引起的冲刷 b 弯道处桥梁加重了天然冲刷作用 此处曾发生天然冲刷作用 此处因桥梁而形成的河岸定位及流感 c 河道中水流偏转形成的淤积带 由偏向流而产生的冲刷 枯水期形成的沉积沙洲,洲上杂草丛生 **7** 河道局部特征 **8** 图 **7** c 中河道水流偏转形成的沙洲,枯水期完全暴露

续表

项次	项目名称	具体内容及方法	图示
6	水力设计参数	**冲刷** 对设计人员来说,估算研究河段边岸附近最大可能的冲刷深度通常是很有必要的。也就是说,因为冲刷被认为是导致边岸失稳的原因,设计技术人员就必须弄清要防护的边岸和河床范围。 无论采用何种精度的计算方法,通常都不可能预测出其冲刷深度。通常的做法是,根据野外现场测量结果来估算其冲刷深度,同时考虑一恰当的安全系数来修正,或根据有关类似情况凭经验来估算其冲刷深度。 在冲积河道遭遇洪水的情况下,冲刷深度很难测量,因为只有在非常洪水情况下河床才是动床,在洪水消退期所有冲刷坑都会很快被泥沙填满。在容易探测的河床,其冲刷深度可通过垂直埋于河床下的定位测链装置来测算。在枯水季节开挖河床时露出测链,测链水平横躺的长度等于冲刷深度。在通航河道中,由于行船而导致的冲刷,特别是停泊处的刷深更容易确定。 可利用物理模型来确定易受冲刷区。对于全动床模型,如果原型中的河床质是非粘性材料,且水流也不是强烈的三维流态,通过模型分析研究即可预测出实际冲刷程度。否则,通过物理模型研究只能得出总的冲刷区和局部流速。模型研究通常用来分析局部河道特征处的流态和冲刷状况问题。 如果缺乏其他资料,对无粘性的天然河道可采用布伦克1969年研制的冲淤平衡法来推算该河槽的大致冲刷深度: $$D_{max} = z\left(\frac{q^2}{F_{b0}}\right)^{1/3} \quad (1.4)$$ 式中 F_{b0} ——(河床系数为0)由图 9 给定; q ——研究河段的单宽流量,m³/s·m; d_{max} ——根据水尺测得以米计的最大冲刷深度; z ——按水流局部流态统计的一个系数,对平行于边岸的水流,其取值为1.5~2.0,而对以直角冲击边岸的水流或局部悬崖周围的冲击水流,则取2.0~2.5。 必须强调的是,由于存在更强的抗侵蚀岩层,将会更好地限制其冲刷范围。凡是河床质分级范围广,其局部冲刷很可能受河床质粗粒部分的限制。因此,重要的是要收集到足够多的有关河床基底地层资料,以及河床与边岸积物等方面的资料	**9** 与河床质粒径有关的布伦克零河床系数
		风成浪 在护岸设计时往往需要了解波浪周期、波高和波向等有关波的特征参数。在现场调查期间,工程技术人员应注意盛行风向与河道定线的关系,并仔细查看实际波浪吹程末端的河道边岸,以找出由于风成浪而导致的冲蚀痕迹,见图 10 和图 11。此外,与岸线及土地使用者或附近的渔民进行讨论,更有助于取得有关风成浪活动范围及其冲蚀范围等方面的有价值的资料。 有关本地风速和风向方面的资料可从国家气象中心获得,但任何地方气象站的气象资料仍需要用本地记载的重叠资料加以校正	**10** 由季节风引起的风成浪吹向岸边
		行船 行船引起的水的波浪,其作用将在第3章阐述。在行船期间,必须对其进行计算和观测,以确定该河段的一些特性参数,尤其是水位下降幅度。 凡是需要防护的现有边岸,应弄清行船是否是导致边岸冲蚀的原因。在规划和勘测过程中,通常以确定最关键的影响因素为目标。如果可能的话,可对行船的影响进行直接观测,尤其是要观测行驶不同规模、不同功率、不同船速的船队时所引起的水浪运动以及与边岸的接近度,同时,必须注意当地锚泊规定	**11** 风成浪和行船形成的波浪长期冲刷造成的边岸垮塌

3. 土质及河道边岸

（1）土质 护岸工程设计及堤防安全性设计的方案形成，最终应由详细的土质调查和分析评价结果来确定，包括土质调查和边岸渗透安全分析两部分内容。为做好护岸设计而进行的土质调查是极其重要的，也是初步设计现场调查的重要内容，需要提供以下三方面的资料：①地表稳定性及土体稳定性；②荷载引起的变形；③杂草丛生的可能性。

为此，应考虑进行两个层次的调查：初步现场查勘；某些情况下应接着进行全面的现场调查，包括土壤的现场取样和实验室测试。

对于初步现场查勘，工程技术人员应随身携带一些必要的取样工具（如铁锹、镘刀、塑料袋等）。对河床质的特性要作好记录。倘若河水清浅，河床质量通常是清晰可辨的，见图12；否则仍需要采用合适的测杆以帮助探明主要土的类型、密实度或强度。

对边岸特征也要作好记录，尤其要注意边岸一些剖面，各种土的层位及其在汛期和枯水期位置的变化、渗透现象、预示某种状况的特性（如断裂裂缝），以及其他有关的特征。

在对土壤进行现场测试时，可以采用简易手工十字板剪切仪测定岸坡材料的强度变化情况。

通过使用表3和表4说明有助于初步表述边岸材料特性和进行鉴定，如果有条件的话，应尽可能多拍摄一些照片，见图13。

图12 河水清浅，河床土质清晰可辨

图13 现场查勘所拍土质照片，有利于边岸和土壤的日后鉴定

工程土的现场鉴定和说明 表3

土质	基本土质类型		粒径(mm)	肉眼鉴定	颗粒特性及塑性	复合土质类型（基本土质类型的混合）	
极粗粒土	大砾石		200	只能看到试坑或露头中有整块大砾石	颗粒形状：角形 半多角形 近圆形 圆形 扁平状 细长形	粗粒土的次生组元大小	
	中砾石		60	从钻孔中通常很难找到		项目	粘土或粉砂所占百分比
粗粒土（砂和砾石所占比重超过65%）	砾石	粗	20	肉眼很容易看见，可描绘出颗粒形状和级配。级配良好：粒径范围大，分布广。级配差：不好分级（可能比较均匀，大多数颗粒粒径都介于很小范围内，或是间断粒级——中等粒径的颗粒明显不足）		弱粘土|砾石 弱粉砂|或砂	<5%
		中	6			粘土|砾石 粉砂|或砂	5%~15%
		细	2			强粘土|砾石 强粉砂|或砂	15%~35%
	砂	粗	0.6	肉眼很容易看见，干燥状态粘性很小或没有粘性，可描绘出级配。级配良好：粒径范围大，分布广。级配差：不好分级（可能比较均匀，大多数颗粒粒径都介于很小范围内，或是间断粒级——中等粒径的颗粒明显不足）	质地：粗糙 光滑 磨光	砂砾石|砂或砾石及粗粒 砾质砂|组元的主要次生组元 复合土质类型如下： 粘土质：细粘土具有塑性、粘性 粉砂质：细粉砂无塑性或具有低塑性	
		中	0.2				
		细	0.06				
细粒土（粉砂和砂所占比重超过35%）	粉砂	粗	0.02	只有粗粉粒肉眼才看得见，经试验呈现出较低塑性和明显的膨胀性。摸起来有轻微的粒状或柔软的感觉，且土块干燥很快，具有粘聚性，但在手指间即很容易研成粉末	无塑性或低塑性	细粒土和次生组元的比例	
		中	0.006			项目	砂或砾石所占百分比
		细	0.002			砂|砾石 砾质|或粉砂	35%~65%
	粘土			干粘土块很容易打碎，但在手指间不能研成粉末，也遇水崩解，但比粉砂崩解得更慢，摸起来很光滑，呈现出可塑性。但无膨胀性，可粘到手指上，干燥慢，在干燥过程中收缩很明显，通常易露出裂缝，对中塑性粘土和高塑性粘土分别呈现出这种中度和高度可塑特性	中等塑性（贫粘土） 高塑性（富粘土）	粘土：粉砂	<35%
						复合土质类型举例	
						（按叙述的先后次序作简要说明） 由松散的呈褐色的半多角形细砂到粗强砂质砾石，其表面往往有些灰色软粘土壤。 中等密实的、呈浅褐色的粘土质细砂和中砂坚硬的橙褐色的裂隙砂粘土。 硬的褐色薄层粉砂及粘土。 有塑性的褐色无定形泥炭	
有机土	有机粘土、粉砂或砂		可变	含有大量的植物性有机物			
	泥炭		可变	主要是工厂残渣，通常呈暗灰色、褐色或黑色，常伴有特殊气味，松密度小			

为了满足技术要求，往往需要进行全面土质调查。利用进行设计计算所采用的土壤性能表可确定所需进行的实验室试验，及所需土样的粒径和质量。

有关土壤的背景分析，必须按如下项目的边岸土壤分类和土质评价着手：

①土壤分类。
②土壤特性。
③潜在的破坏方式。

土壤应按其基本类型和粒径进行分类，这种分类可在现场粗分，或在实验室进行更准确的分类。在分类过程中，通常需要考虑土壤下列物理性质中的一部分或全部：

①颗粒粒径级配。
②饱和和现场未饱和状态下土壤的含水量。
③液限。
④塑限。
⑤相对密度／干密度。
⑥抗剪强度。
⑦抗压强度。
⑧透水性。

除此之外，通常还需要掌握有关地下水水位和分布状况的详细资料。

在某些工程中，还需要考虑土壤的化学性质，以评价植物生长的潜在可能性。应该进行农业土壤实验，通常还包括土壤酸度(pH值)、总含氮量、有机质含量，以及可提取的钾、磷总量。与植物生长有关的土壤的物理性质一般通过实地考察来取得。然而凡是在未对土壤进行试验的情况下，无论采用任何特种植物，都应当考虑进行此植物在有控制(例如温室或小块的试验地)的情况下对土壤的整体适应性的全面测试，若有可能，还应考虑与生长在混合堆肥或特优土壤中的同种植物进行对比试验。

土壤分类和级配可作为河道岸边是否容易滑坡的标志，表5概括了有关基本土壤类型的资料和一般工程土壤的性能指标，该表是针对现场初步查勘阶段时参考使用的。

（2）岸边植被 岸边自然状态下的植被因其地域、气候和水质，而呈现较大差异，植被状况复杂，植被品种丰富。植被的现场查勘应注重其生长特性和生长范围，做好详细记录。查勘应从以下三方面进行：

工程土的现场试验及结构　　　　　表4

土质	密实度/强度		结　　构			颜色
	项目	现场试验	项目	现场鉴定	间距大小	
极粗粒土	松散土	检查土粒空隙和颗粒填实			层间间距大小	主要颜色有红色、粉红色、黄色、褐色、黄褐色、绿色、蓝色、白色、灰色、黑色，以及带粉红色的、带红色的、带黄色的、带褐色的，若有必要可增加浅色、深色、杂色
	密实土				项目 / 平均间距(mm)	
粗粒土(砂和砾石所占比重超过65%)	松散土	能用铁锹开挖，50mm的木桩很容易打入	均质土	沉积土基本上只含有一种土质类型。	极厚土层 / >2000	
	密实土	需要用镐来开挖，50mm的木桩很难打入	分层土	不同土质类型构成的或有夹层的交替土层或由其他土质构成的扁豆状的交替土层，其层间间距可用间距标尺来测量。	厚土层 / 600~2000	
					中等土层 / 200~600	
					薄土层 / 60~200	
					极薄土层 / 20~60	
	轻微胶结土	肉眼检查。用镐挖出的泥土可以成块清除	非均质土	多种土质类型的混合体。	厚叠土 / 6~20	
			风化土	颗粒磨损，将露出同心层状。	薄叠土 / <6	
细粒土(粉砂和粘土所占比重超过35%)	软土或松散土	用手指很容易捏压成型或压碎	裂缝土	沿裂隙破碎成多面体碎屑，则可用间隙尺来测量不连续面之间的间距。		
	硬土或密实土	用手指强压才能成型或压碎				
	极软土	当用手紧握，极软土可从指缝间冒出	未搅动土	无裂隙	其他不连续面间的间距大小	
	软土	用手指轻压即成型	均质土	沉积土中基本上只含有一种土质类型。	项目 / 平均间距(mm)	
	硬土	用手指强压才能成型			极大间距 / >2000	
	坚硬土	用手指不能捏压成型，但用拇指可压出凹痕	分层土	不同土质类型构成的交接土层，其土层厚度可用间隙标尺来测量。	大间距 / 600~2000	
	极坚硬土	用拇指甲可压出凹痕	风化土	通常有团粒状或柱状结构	中等间距 / 200~600	
有机土	硬土	土纤维早已被压了一整块			小间距 / 60~200	
	松软土	极易压缩性，呈空隙结构	纤维土	植物仍可鉴别，仍保持一定强度。	极小间距 / 20~60	
	塑性土	可用手捏压成型，但容易弄脏手指	非晶土	无可鉴别的植物	超小间距 / <20	

①植被的利与弊。植被的作用可能朝着有利于岸坡稳定的方向发展，也可能朝着不利于岸坡稳定的方向发展。一般来说，边岸上的草根和植物根都有固土作用，而植被又保护着边岸土壤，使其免遭侵蚀。但在河床中植物生长对河道来说未必有利，沿河岸水边线一带天然生长的植物，如一般芦苇，可保护边坡坡脚不受冲蚀，但丛生在中小河道中间的植物却可能改变洪流方向，使之直冲边岸，从而加大了河岸受冲蚀的风险，见图 7。

②对过水能力的影响。植被对整个河道的过水能力有一定的影响。各种长度水草的水力糙率将在第 3 章进行阐述。凡水草可长到其最大高度的天然河道中，发生洪水时，水草受高速水流冲击水平卧倒，从而给水流造成了一个相对光滑的过流面，但在高洪水位时，生长在河道沿岸的灌木或树木却能极大地减少河道的过水能力，也许正是因为这个原因，河道沿岸不宜栽种灌木或树木。

③生态环境意义。河岸斜坡上植物的生长通常为野生动物提供了一个宝贵的栖息地，因而建议对其环境作任何改变都需要进行非常周密的考虑。在规划阶段，必须对目前的环境状况作出评价。如果涉及珍稀物种，还应对其生长环境进行鉴定，并应严格依照国家有关野生动物保护法规和相关条例的要求对沿岸狭长地带内的生物种群进行调查，以对具有保护要求的野生生物作出鉴别，见图 14。

（3）排水 排水是指流入河道中的水及流入方式，通常有三种形式：①地表径流，即由地面下落在边岸的径流；②穿过河岸或河床的地下水流（或渗流）；③土地排水（即地下管道排水）。

基本土质类型的土壤特性和潜在的破坏方式 表5

土质类型	表层抗蚀性能	最大流速*（m/s）	土体抗滑性能	承载能力	可能的破坏模式	透水性 $[K_s(\text{m/s})]$
砾石	一般	0.6～1.2**	若坡角小于其天然休止角时，不会发生滑坡现象	有侧压时承载性能就好	易受高速水流冲蚀和经常的或严重的行船涌浪冲刷	10^{-4}～10^{-2}
砂	一般～差	0.2～0.6**	若坡角小于其天然休止角时，不会发生滑坡现象	有侧压且含水量稳定时承载性能就好	易受一般水流冲蚀和行船涌浪冲刷及管涌冲蚀	10^{-5}～10^{-3}
粉砂	极差	0.15***	容易滑坡	差	冲蚀、土体破坏、过载或管涌	10^{-8}～10^{-6}
粘土	好	0.7***	强度视土壤含水量而定，边岸太高、太陡一般都容易滑坡	含水量稳定时承载性能就好	浅层或深层滑坡而导致土体破坏	10^{-10}～10^{-8}
有机粘土和泥炭	极差	—	极差	极差	各种破坏模式都存在	—

* 水深约为 1m 的河道最大平均流速。
** 非粘性材料。
*** 由粘性／硬度确定的上限值。

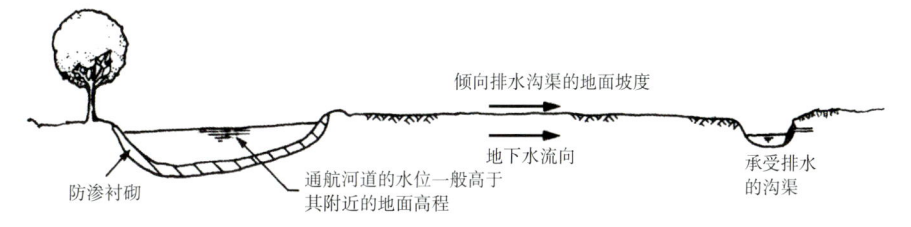

15 通航河道附近的地面排水方式

首先就应确定当地的排水系统。同时，还要对与一般河道岸边土地相对河岸的高程进行分析。一般来说，尽管集水区的排水都是排向主河道，但有些地方却并非完全如此。例如，就通航河道来说，其河水往往被人为地维持一定的高水位，因而河岸周围一带的集水就必须排往某一承受排水的沟、渠而不能流入河道，在这种情况下，水可以以某种方式排出河道之外，见图 15。

有关地表径流和渗流将在第 2 章中进行讨论，工程技术人员在现场查勘期间就应注意搜集有关这种水流影响方面的资料。当然，在明确地规划排水系统之前，对本地有些什么样的植被必须十分清楚。尽管在河岸有渗漏的地方有可能探测到地下水位，但为了确定河道岸边地带下的地下水等水位线，还需要准备观测用的试坑、钻孔或测压计。

农业土地中往往采用土地排水方式排水，工程技术人员应找出设置排水管道的位置，如果有可能的话，应尽可能与当地农民核对。土地排水管道通常很容易因边岸土体坍陷而断裂，一旦发生断裂，排出的水就会浸润破裂面，从而会加剧土壤不稳定性。而且，土地排水系统一般应配备外排设施，以防止发生局部侵蚀现象，见图 16。

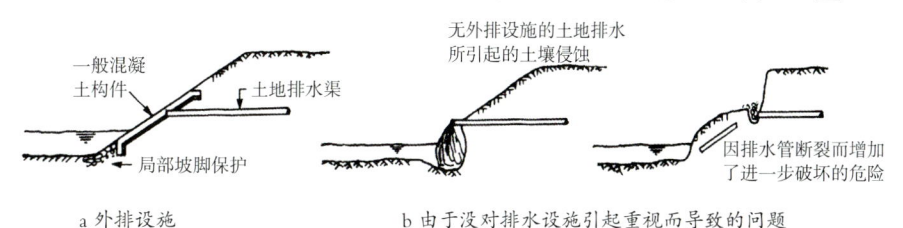

14 河岸及缓坡上的生态环境

16 土地排水系统排水所引起的侵蚀问题
a 外排设施
b 由于没对排水设施引起重视而导致的问题

三、初步方案的选择

1. 选择程序 通过现场查勘和背景分析确定了设计的关键问题之后,在考虑到将来需要防护的边岸不同层位情况的基础上,可以简单地列出能提供合适措施的各种方法。图17给出了包括垂直式护岸或斜坡式护岸在内的基本防护方案的分类情况。这样,一旦确定了基本目标和岸坡外形之后,其他一些与外形不相适应的防护方案即可排除。

2. 护岸方案选择 护岸外形采用部分垂直式部分斜坡式的综合(复合式)防护方案,或者说,根据不同的河道过水层位采用不同的防护方式,这是可行的,见图18。通常采取后一种方式,以便在正常水位以上的水位层里栽种植物。因此,在确定采用铺砌护岸和天然材料护岸方案时,应对根据不同过水层位中冲蚀破坏的严重程度而改变防护方案的形式(或规模)由此而带来的经济收益问题给予充分的考虑。在斜坡式护岸中,应包括采用矮直墙,如在斜边岸下打趾板桩和设趾板等措施,因为附近的岸边防护工程必须作为一个铺砌护岸工程来加以考虑。

对现有河道,防护方案的选择首先是着手考虑河道必须的防护和发挥作用的水深。考虑的基本水位就是夏季的平均水平,因为修建护岸工程时通常是采用该水位。对于浅水河床来说,可供选择的护岸比较方案要比深水河岸多。而且,施工期间的水深不一定是决定性因素,因为通常可以在围堰内修建护岸工程。不过,有时也的确没有其他选择方案,但是,这将会明显地增加工程费用。在此介绍一种在水下直接浇注混凝土的特殊方法,即采用导管向水下灌注混凝土,但它要求必须是在水面无风的条件下,由有经验的施工队来施工。

在施工期间,使河道暂时改道或把已有河岸护岸设施纳入新的护岸工程中,并在已有护岸工程后面进行新的工程施工,采用这类特殊的施工方法有时更合适。对浅水河道的施工来说,建议把排水法作为一种选择方案,不过,降低水位,其本身就很容易导致边岸滑坡,这一点应引起重视。

尽管采用植被护坡,无论是单独采用,还是与土工织物结合使用,在环境方面都很有吸引力,且对偶然发生侵蚀的边岸来说足以起到防护作用,但除根系能够忍受持续淹没的植物之外,对水下部位采用植被防护是无效的。

方案的选择是一个反复过程,要求同时考虑到岸坡形状和水深。在确定选择最优护岸方案时,还必须考虑与此有关的不同工程、环境、结构和经济等多种因素。

一个护岸工程可以选择多达三个比较防护方案。例如,对浅水区河床,可以采用以土工织物加强的草皮的简便方法,或采用石笼等柔性铺面方法,也有采用铺设钢性混凝土板的方法,然后对选定方案进行初步设计,画出草图,估算造价。各种备选方案分别在详图设计有关章节进行阐述。当然,有大量的备选方案;这些被详细阐述的方法被认为是目前常用的具代表性方案。

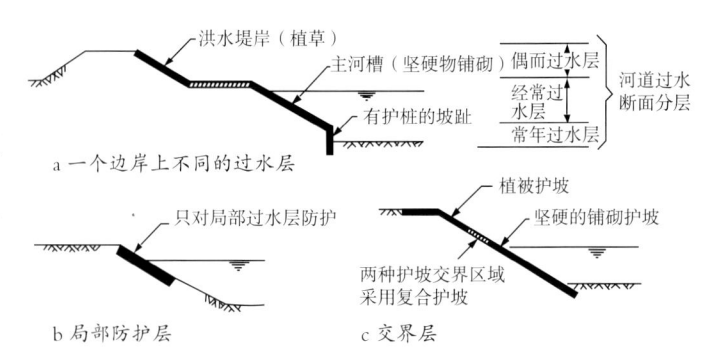

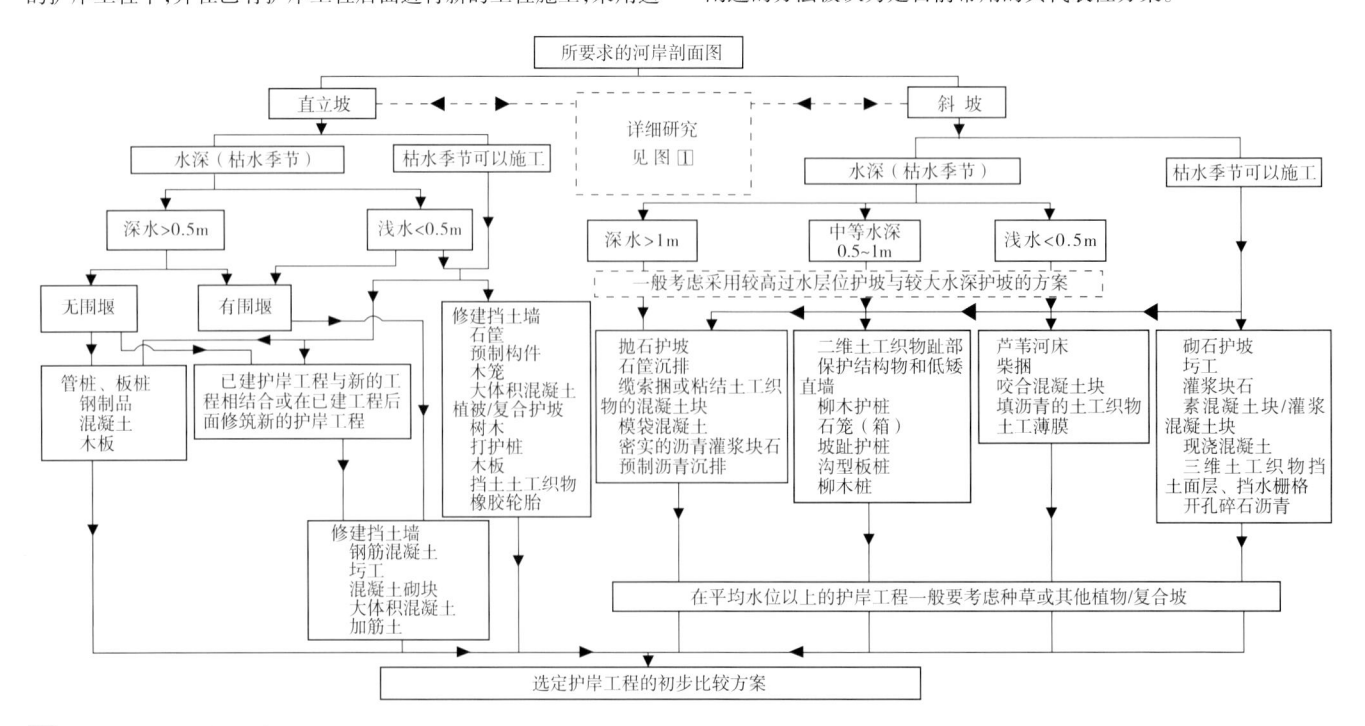

18 各种地层防护方案的示意图

17 初步方案的选择程序

四、方案遴选

1. 选择程序 对于许多备选的方案,应按图 19 中所规定的流程进行系统评价。这个程序流程包括了在设计阶段对选择的最佳护岸方式所需要解决的问题和需要详细考虑的问题。因而,该流程是决定某个方案被选中,或被淘汰的一个客观判断的依据。

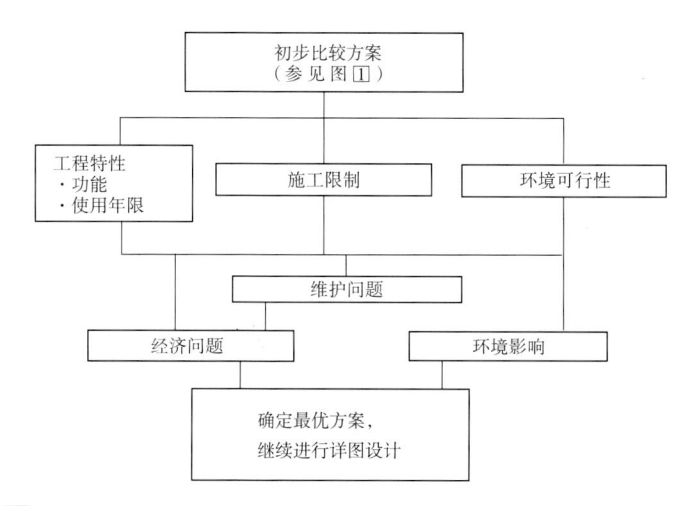

```
初步比较方案
（参见图 1）
  │
  ├──────────┬──────────┐
工程特性    施工限制    环境可行性
·功能
·使用年限
  │          │          │
  └──────────┼──────────┘
          维护问题
  ┌──────────┴──────────┐
经济问题              环境影响
  └──────────┬──────────┘
       确定最优方案,
       继续进行详图设计
```

19 选择最优防护方案的程序

2. 流程及评价 选择最佳方案的流程及评价细则见表 6。

方案选择流程及评价细则 表 6

项目名称	基本事项	内容及说明
工程特性	通过弄清岸坡遭破坏的基本方式和过程,以及前节中所述的初步分析之后,即可确定河道边岸防护工程特性的总体要求,这将包括下面一些内容: (1) 强度。 (2) 使用年限。 (3) 透水性。 (4) 柔性。 (5) 容量。 (6) 水力糙率。	**强度** 要求所选用的材料必须能够承受最大设计荷载和施工期间施加的任何荷载。此外,对强度的考虑还必须包括整个系统的结构整体性,以及各组成部分的强度
		耐久性 工程技术人员不但要考虑全面的防护方法或防护系统,而且还必须考虑其各个构件,根据整个系统的特性确定其使用年限。在使用期间,各个构件(如砌石)则可以更换或修补
		透水性 是否采用可透水或不透水材料护岸,取决于是否可能在护岸趾部修筑很好的截水墙,同时要注意土壤特性,为降低护岸后面的地下水压力需要设置排水设施,此外,还应考虑因河道中行船或波浪运动所引起的水流紊动程度

续表

项目名称	基本事项	内容及说明
工程特性	透水性	对透水性极差的土壤(如硬粘土),通常采用不透水材料护岸,修筑满足要求的截水墙一般是没有什么问题的。地下水的排放可通过在护岸后面或护岸下面建排水区并在正常壅水位正上方设置排水孔的方式来解决。对于这类土壤,尽管长期需要进行一些经常的维护,但不会因刚性建筑物的沉陷而带来麻烦。 近几年来,由于土工织物的应用,已促使护岸垫层的设计和施工得到改进和简化,透水材料护岸工程得到更广泛的应用
	柔性	边岸防护可以采用刚性材料护岸,也可以采用柔度可变的柔性护岸。究竟选择哪种材料护岸,这首先得取决于需要防护的边岸土质类型和预计的位移值。沉陷通常与新修筑的边岸松散的、高度压实的土有关。 刚性材料护岸通常考虑采用更耐久的结构型式,其维护费用较低(如采用大体积混凝土或圬工结构)。如果预计基本会发生沉陷,那么设计的防护结构型式应能跨过无支撑力的活动区,或者必须设置有合适间距的施工缝。一旦刚性结构发生破坏,一般来说,它比柔性结构更难修复。 柔性护岸允许基土或垫层产生有限的位移(可能是由于基土沉陷或局部侵蚀所致)。并且,就铺砌护岸来说,允许在基土上维持一定的约束压力。从监测和潜在问题的预警角度来看,采用柔性结构护岸比刚性结构更容易发现沉陷问题和垫层破坏,并且更容易维护,因为刚性结构更可能在没有预警情况下发生事故
	护岸重量	尽管护岸重量在详图设计阶段只是一般的考虑因素,但在极软弱的基土情况下,它很可能影响到其初设方案的选择。例如,在低强度有机土的地区,例如我国东南和西南部的沼泽地带,一般采用柴捆的护岸方式。这种材料可为边岸排水提供表面保护,且不产生很大的重荷载,而采用自重很大的材料可能导致大的沉陷或边岸破坏

续表

项目名称	基本事项	内容及说明
工程特性	水力糙率	边岸衬砌的水力糙率对河道水力特性的影响必须加以考虑。对小型河道来说,其衬砌的水力糙率对河道过水能力有很明显的影响,它可能抬高上游河道水位。换句话说,采用光滑的护岸即可提高河道过水能力和增大流速,这会导致紧靠护岸段下游的冲刷,其细节将在以后章节中作进一步的讨论
施工限制	地理位置	河道、排水渠一般位于遥远地区,交通不便。施工设备、劳动力和原材料应经济地运到或到达工地,这些条件都必须加以考虑,并应特别注意以下几点。 1.交通制约 (1)有无合适的公路,是否需要修建临时公路。 (2)修建公路投资是否合算。 (3)原材料可否水运。 (4)采用水运时河道宽度和深度是否足够。在运输线路中是否受某些建筑物的约制。 2.施工场地约制 (1)是否有足够场地布置施工设备。 (2)有无材料储存仓库。 (3)是否需要从河岸或河床进行施工。 (4)能否征用足够的土地。 (5)为了施工是否必须征用或租用土地
施工限制（除水深是施工的主要约制条件之外,在确定最优方案时还应考虑下列潜在的施工制约条件: (1)地理位置。 (2)劳动力。 (3)施工设备。 (4)原材料）	劳动力	在某些情况下,可以直接雇用劳动力进行施工,而无需通过合同转包。可获得的劳动力及其工种可能影响方案的选择,特别是对熟悉特种防护工程或有专门技能的劳动力更是如此。此外,如果劳动力在数量和能力上有限,将制约方案的选择,除非取得外援。当然,由承包商组织施工,其监理工作就要求比直接雇用劳动力进行施工做得更仔细
	施工设备	前面已就道路和施工场地对施工用设备种类的约制进行了论述。其他如地面状况和噪声控制都需要考虑。对不良地面状况通常采用铺砌临时道路或用木垫板来解决

续表

项目名称	基本事项	内容及说明
施工限制	施工设备	在某些施工现场,容许的噪声标准应作为一个主要的要求考虑。我国已制定了《环境保护法》并在有关噪声控制条例中对噪声标准做出了规定。对设备制造商一般提供额定的最大噪声值以便与法定的允许噪声标准进行对照。如果接近国家性能指标,该设备就必须缩短运行时,一些施工设备可能完全不能采用,如某种打桩机,必须考虑打桩时震动的影响
	原材料	在施工过程中,能否取得合适的原材料是选择防护方案的一个主要约束条件。例如,如果当地有很好的石料,就应采用砌石,而不采用混凝土板。当然,材料的取得与投资有很大的关系。另一个因素是易于加工处理,而材料的加工处理与工地可能得到的设备有关
环境可行性（从广义上讲,护岸工程与环境潜在的相互作用应加以考虑。这就包括自然环境和人类生存环境。在某些情况下,对于较大的边岸防护工程,在开工之前,必须进行正式的环境影响评价,并作为工程设计的一部分。工程变更指令要求就工程对下列各项作出评价,以鉴别和说明任何直接或间接的影响）	自然环境	在开始设计前,适当的做法应当是向负责自然环境保护的机构咨询。在我国,这会涉及相关的法律条文和自然保护组织。如果已经对河流两岸进行了勘察,那么,就应当准备出一个初步报告,指明应当更新或保存哪些自然特征以便能够保护现存动植物的生存环境。若不是这样的话,那么,就有必要与环境保护部门一起进行实地考察
	人类环境	不要过分强调护岸的视觉效果的重要性。河岸保护方案的设计应适应实际情况。在外观一般的情形下,护岸的外观不要太显眼;而在外观较好的情形下,它应使视觉效果更舒适。一般来说,在城市地区,最好的是采用刚性护岸,而在农村地区,天然材料护岸则更受欢迎。不过对环境的可观性总是仁者见仁,智者见智。在农村,一般应考虑到某种形式的天然材料护岸,这样就为同那些希望尽可能维护河岸自然景观的人进行讨论方案打下了基础。通常必须既考虑在护岸工程竣工后的外观效果,又要考虑到长期的外观效果

续表

项目名称	基本事项	内容及说明
环境可行性	（1）人类、动物群落和植物群落。 （2）土、水、空气、气候及景观。 （3）上述（1）和（2）之间的相互作用。 （4）物质资源和文化传统。 在任何情况下于规划阶段就应该适当考虑环境标准问题，对照此标准，可判定以后进行的设计有效性	还应当考虑到人类活动的环境影响。目前，河渠不仅仅用于航运，而且也越来越多地用于水上娱乐活动，即便只是沿河岸或纤道散步。可能需要考虑到下列几点： （1）钓鱼。必须设立钓鱼平台。任何形式的斜坡式护岸都有可能使钓鱼者非常难于接近水体。最简单的情形是，在斜坡式河岸设置一个水平的平台即可，若有必要还要设台阶。 （2）航运。将以前是天然的、近乎垂直的堤岸建成斜坡式堤岸可能会使泊船更加困难。相反，如果修建一个新的垂直的墙体，就有利于系泊，它会给航运带来发展机会。 （3）游泳。如果政府不是强烈反对人们到某河段、湖泊下水游泳，那么，就应当出于安全的考虑，预先设置容易进出的通道和上下水台阶，这样，游泳者不仅能够下水游泳，而更重要的是通过提供的设施，能毫不费力地上岸，见图20。 （4）散步。人们常常抱怨护岸工程，特别是在有河道整治的地方，使人们离水体太远，这样就不易看见鱼儿在水中嬉戏，或喂鸭。解决这一问题的方法是修建有到达内侧岸边通道的两级阶梯断面渠道，见图21。 20 方便游泳者入水、上岸的台阶和扶梯 21 在河道整治中，考虑到人们可能离水体较远，便采取从岸顶到内侧岸边修建过桥和亲水木平台。枯水时人可在卵石基岸活动，高水位时可在木平台上活动

续表

项目名称	基本事项	内容及说明
环境可行性	人类环境	有时会遇到这样的情况，即工程需要采取的措施根本无法与所处的位置景观及其视觉环境相协调。在这种情况下，就不得不考虑到某些变化，这些变化会使工程的长期外观变得柔和与舒适。可采用下列方法： （1）降低桩帽，使之更接近水体。 （2）把帽梁掩盖在树林中。 （3）将水泥浆涂在桩柱上。 （4）用砖或石头给混凝土铺设面层。 （5）采用开孔（水灌浆）的铺砌护岸，这样就可长出植物
经济因素		为了评估堤岸保护方案的总费用，除了考虑投资外，还应考虑将来的维护和更新或修理成本。将工作量进行划分，看哪些工作可由业主自己来完成，哪些工程得由外部承包商来完成，这样做是很有必要的。许多机构和岸线业主在一定时期要么是有能力，要么更倾向于自己劳动来完成某些工作，而不是使用承包商。 不同方案的资金投入情况会不同。一种选择方案是设计成耐用的、维护费用低的型式。这种方案的资金投入很大，但在未来50年里要求很少或不要后续投资。另外一种选择方案是初始投入较少，但每年均需要维护，而且可能会在15年内就要更换维护，费用中必须包括适当的监测和检查费用。业主预计的或有能力完成的维护工作应当在开始就弄清楚，因为维护方面的缺陷会严重影响某些类型护岸工程的使用寿命。 在方案比较中，将整个使用寿命内的全部费用进行比较是很重要的，因为在某些情况下，这可能会影响到所采用方案的选择。在设计时，这些费用包括投资、维护和将来更换或修理费用的现值。应当与委托人和任何其他投资机构为将来费用支出的现值协商确定适当的折现率。如果不同的方案可以提供不同的防护标准或环境效益，那么，就应当采纳更有经济效益的方案。 分析时选用的时段应当至少能包含一个完整的使用寿命期。不过，随着时段的延长，长期的费用支出就变得越来越没有意义。例如，当使用5%的折现率时，通常就没有必要选用超过30年的时段。 从经济的角度讲，如果某更换方案的费用加上将来估算的费用小于现有方案将来的估算费用，那么，就可以认为该现有方案的更换是合理的。不过，更换的决策常常是由防护程度的提高而带来的效益支持的

2 河湖与边岸形态的演变及护岸原理·河湖形态

我们从象形文字的汉字中就可悟出古人对流水形态及边岸的准确概据。"川"字三笔画既可理解为描绘水弯曲流动的样子;也可将中间笔画理解成水流,而另两个笔画则是夹持水流的边岸。河川以流水为特征,区别于成片水域聚集的湖泊和池塘;而河川又以天然的河床为载体而区别于诸如运河那样的人工河渠。

一、自然河湖(塘、潭)的形态

河流根据其形态可以分为山区河流和平原河流两大类。山区河流两岸陡峭,常有许多山嘴突出,使得河岸线犬牙交错,河道深而狭窄,一般呈现"V"形或者"U"形。山区河道往往表现为阶梯状,由一级一级顶部平坦的平台和它们之间的斜坡构成,多跌水和瀑布。由于坡度大,山区河流流速快,有时甚至达到7m/s以上,容易形成强烈的洪水冲刷。平原地势开阔平坦,河道水流比较平缓,流速一般在3m/s以下。平面河流容易产生泥沙淤积,使得河流的形态变化多样,如边滩、浅滩、沙咀、江心滩等。

平原河流形态可以概括为4种类型:顺直型,即中心河槽顺直,而边滩呈犬牙交错状分布,并在洪水期间向下游平移;蜿蜒曲折型,河道呈现蛇行弯曲形状,河槽靠近凹岸部分比较深,而边滩靠近凸岸;分叉型,河槽分成双叉或者多叉,并且交替消长;散乱游荡型,河床分布着比较密集的沙滩,河汉纵横交错,而且变化频繁。描述河流特征常用到的河道形态有:浅滩、深潭和弯道。

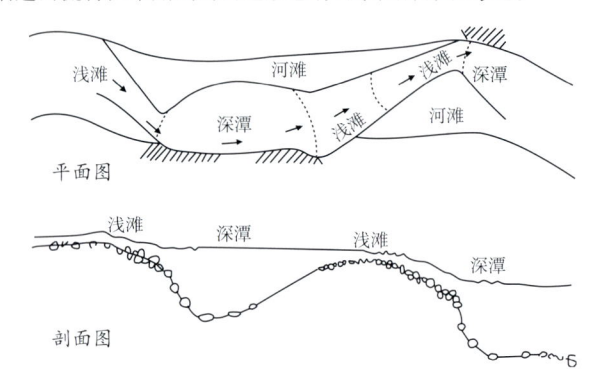

1 浅滩和深潭的平面图和剖面图

1. 浅滩和深潭 从图**1**所示的剖面图可以看出,浅滩和深潭分别呈现山和谷的形状。另外,山的上游部分称为平浅滩或上浅滩,下游部分称为凸浅滩。

洪水时会有水流的发散和会聚,发散水流的流速小,造成泥沙的堆积,而水流会聚的地方流速大,河床容易被冲刷形成深潭。深潭的维持需要洪水湍急的水流来冲刷河床,因此要有像基岩或岩石这样的障碍物。如果没有这样的条件,即使通过人工挖掘出深潭的形状,也会在洪水时被泥沙淤积所填埋。

常见的3种类型的深潭如图**2**所示:

(1) **蜿蜒型(M形)** 在河道的弯曲部,由于水流冲击基岩形成的深潭。这种类型的深潭多见于河道的中、上游,面积和水深大,对渔业有重要的意义。

(2) **岩石型(R形)** 在巨石的周围,或者是基岩突出部分的周围形成的深潭。

(3) **河底变化型(S形)** 由于河道底质的硬度不同而形成的深潭。这种类型的深潭多见于河道上游。

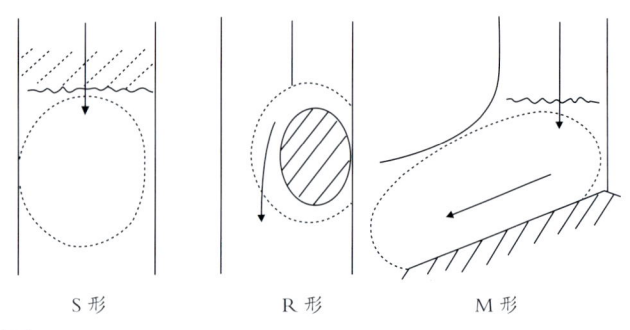

2 深潭的基本分类

2. 蜿蜒型河道 我们日常所见的自然河道,一般都不是直线的,而是左右弯曲的,如图**3**所示。在河川生态学的研究领域,河床形态分为上游型(Aa)、中游型(Bb)和下游型(Bc)3类,每一类型中弯道的长度、浅滩和深潭的数目都有所不同,如图**4**和图**5**所示。

对于直游型河床,弯道的半个波长(一个弯段)中有两组以上的浅滩和深潭的组合;对于中游型河床,一个弯段中有一对浅滩和深潭;对于下流型河床,虽然存在深水和快速流动的部分,但是都淹没在深水之下,从水面上不能明显地看出来。当然,也有一些河床是属于这些的中间状态,但是基本上有这3种类型。

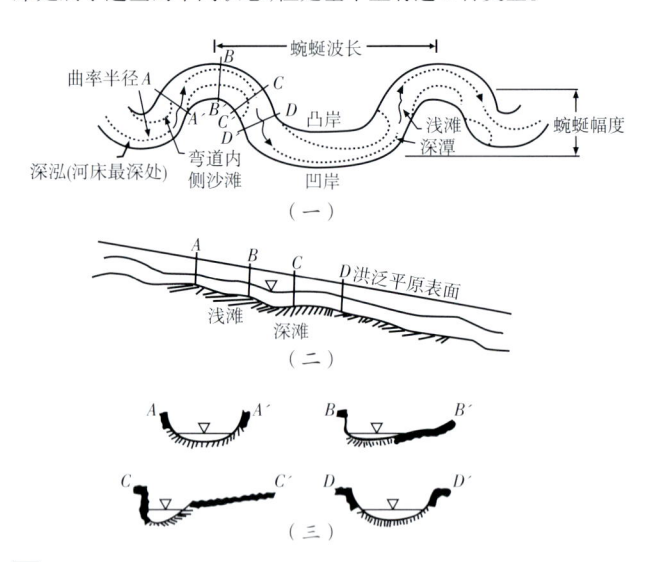

3 蜿蜒型河道平面几何形态示意图

4 蜿蜒的河道,弯道众多,水流曲折自然,浅滩和深潭无数

Aa型 平 面

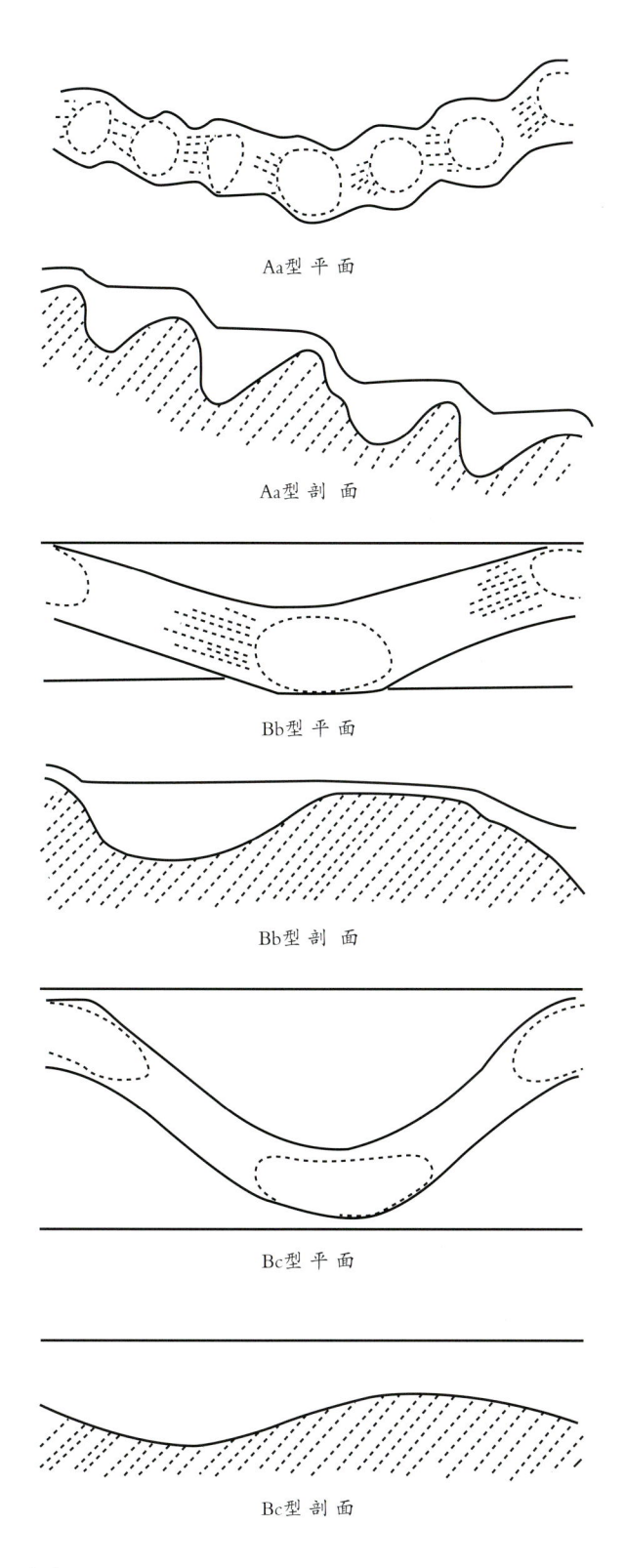

Aa型 剖 面

Bb型 平 面

Bb型 剖 面

Bc型 平 面

Bc型 剖 面

5 河床形态的分类

对弯道平面形状的描述有英国人 Langbein 和 Lepold 于 1966 年的研究成果，但是使用不方便。日本的学者玉井在 1983 年提出了如图 **6** 所示的利用圆弧和直线来描述近似弯道的方法，这和理论上得出来的河道中心线的形状非常一致。

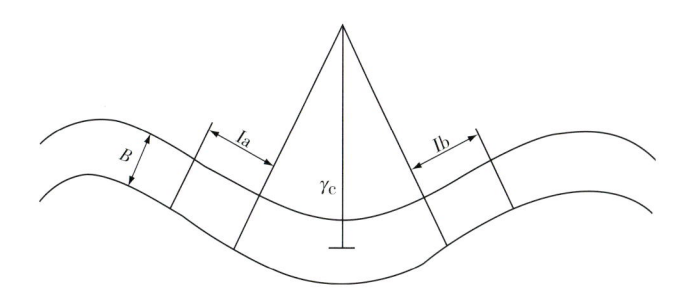

6 利用圆弧和直线对弯道的描述

3. 河道形态及其水流特点 河水的流动因为河道形状和性质的不同而不同。河道形态变化的地方，水深、流速等变化丰富，常伴随有生物的多样性，对河流生态环境问题具有重要意义。

沿水流方向，主流和支流或者支流汇合的河段，两条河流的水合流，水流方向发生变化，流动变得复杂。而且，实际河道的底面是由可移动的材料构成的，流态的变化引起土砂输移和堆积的变化，从而导致河道本身也发生变化。

垂直于水流方向，在复式断面上的水流，其主水路水深、流速大，而洪水漫滩则水浅、流速慢。由于这两者之间的差异，使得在交接面上存在较大的流速差，流动不稳定，导致主河道与洪水漫滩之间发生水流的摆动和交换。

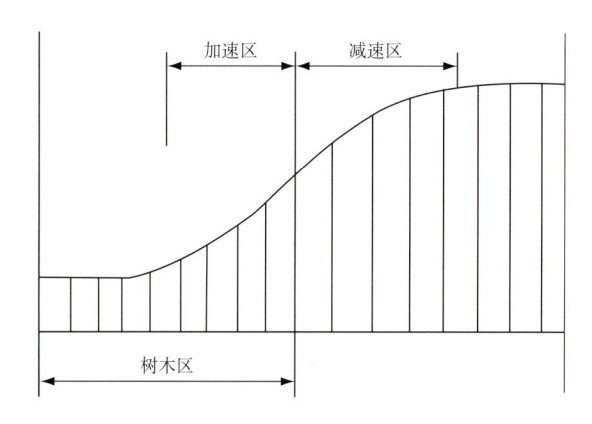

7 河道中的树木群对水流速度的影响（河道横断面方向）

8 成片的树木生长在河道中，使水流的速度变缓，参见图 **7**

4. 植物对水流的影响 现在由于人们对接近自然环境的要求，在河道整治时，河道中的植物也尽量被保留下来。以前人们的认识并不是这样，为了确保过水能力，河道中的植物常常被撤去。植物的存在对水流能够产生影响。树木群的树干、树枝、叶子都对水流产生很大的阻抗，因此，树木群中的水流变得非常缓慢，和外边水流产生很大的差别，引起树木群内外水流的相互干涉。其结果是，树木群内的水流被加速，树木群外的水流减速，见图7和图8。

由于河道内树木的存在，水流阻抗增加，河道的过水能力下降，同样流量情况下的水位变高，发生洪水和岸坡崩坍的危险增大。

二、影响河湖形态、干扰水岸生态的因素

人类活动和一些自然现象都可能对河湖本身及其边岸生态系统带来影响，这些自然现象和人类活动有可能是在不同条件下分别发生的，也有可能是同时发生的。但它们的影响都可能改变河流形态，削弱或者破坏其生态系统。研究和预测出这些因素是如何影响河湖形态及其生态系统的，将有助于全面了解影响无防护土质岸坡整体性的各种因素，并提供了一套基本的理论依据，以便工程师在护岸系统的选择与设计中能正确评价这些因素的意义。

在大多数情况下，这些因素中只有有限的因素可决定设计条件。对于工程设计人员来说，常常必须在设计护岸工程之前就能正确评估岸坡崩坍的原因，或潜在的因素。

这些干扰往往具有不同的时间和空间规模。例如，土地利用变化，像农作物的轮作，可能在短短的一年内影响到河道；城市化的影响，十年内其范围可能会扩展到河道规模；而长期的森林管理措施，影响到周围的整个流域可能需要几十年的时间。天气每天都在变化，而地质地貌或者气候的变化可能需要数百到数千年，还有一些构造诸如地貌的改变、大地震等的自然活动等……

1. 自然界的影响和干扰 洪水、台风、龙卷风、火灾、闪电、火山爆发、地震、山崩、昆虫等很多自然事件，会对河流形态、边岸及生态系统带来各种各样的影响。对这些事件的反应，会根据其自身的稳定性、抵抗力和弹性不同而各不相同。

有时候，自然界的一些扰动就意味着再生和恢复原貌。例如，在河边生长的某种植物，自然界的各种活动已经使它们的生命可以适应许多具有破坏性、高能量的扰动事件，像周期性的洪水和干旱。通常，河边生长的植物具有很强的恢复力。一次洪水在破坏了一整片树林的同时，也为重建一片更加年轻的森林创造了极好条件，河边生态系统的恢复力也就因此而加强了。

2. 人类活动的影响和干扰

（1）**堰与大坝** 从规模较小的暂时性挡水构筑物到庞大的多用途挡水构筑，大坝对河流生态环境的影响是深广和多样的。大坝对河流下游产生影响，主要取决于它的用途和规模。水电站的大坝会根据每天每小时的基荷和峰荷的变动而改变泄流，从而对下游河岸产生冲蚀，进而对河流生态环境产生影响。修建大坝会在上游形成一片类似湖泊的水面，大坝放水会改变河流的流量、流速，这些对河流形态和生态环境会有较大的影响，见图9。

9 大坝将流通的河流拦腰斩断，切断了上下游的交流

（2）农业

① 土地开垦和耕作。农业中影响较大的一种扰动行为就是农田、河边、丘陵上植被的清除。为了得到更好的收益，生产者一般会尽量多地开垦土地，植被覆盖的地方也都会被开垦出来。这样当地植物的组成和分布就会发生变化。河岸上、漫滩上、丘陵上的植被都清除了，河道形态和功能也会随之发生变化。这些干扰可能最终会增加河岸的冲蚀，增加河道和边岸的不稳定性。耕作和土壤的密实程度都会影响到土壤控制水分的能力，它们会增加水分的表层流动，而降低土壤的持水能力。耕作会促使土壤板结的发生，也就是促使土壤表层密度增加和渗透性降低。

② 灌溉和排水。灌溉可能会使渠道附近的区域变成湿地。表面上看，渠道渗漏会使整个河道的生态系统变得更加和谐。然而农业排水是指降低地下水埋深以使土地符合农作的要求。相对于渗漏或者泉水的排出形式，农业排水系统将地下水都汇集到一个点上。这些排水系统改变了水分的流动方式，会加速水分的流动，减少水分在土壤中的自我过滤。因此，它会降低地下水位，改变当地的水环境。

10 河岸森林遭到砍伐，将会对河流两岸形态和生态造成严重影响

(3) 林业 对河流形态和生态产生严重影响的做法有伐树、木材运输和砍伐区的再种植。此外，树林的消失和砍伐区的再种植，都会改变动物的生存状态，特别是使许多小动物无家可归。

① 伐树。 对于边岸上长得过于茂盛的树木进行的砍伐，可以提高每棵树的相对生存空间。无论砍伐的是一些什么样的树木，只要是伐树，那里的植被情况就一定会遭到破坏。伐树，尤其是大规模伐树，会对河道和边岸的形态及生态系统产生较大的影响，见图⑩。

由于一棵树木有约一半的营养集中于树干，所以伐树后，森林整体的营养量可能会减少。但是，随着落入河流中树木的分解，会大大增加河流中的营养成分。伐树还会影响到河流的水量，如增大洪水期的洪峰水量，河道和边岸被冲蚀的程度也会增加。

② 木材运输。 无论采取水运和陆运，对河道和边岸的破坏都将是灾难性的。利用河道水运时，要将大量沉重的木材从林中移至水边，再将其拖入水中，这样会使自然松软的边岸遭到严重毁坏。大量木材漂浮水中，也会对水体和河道产生影响。而陆路运输，是伐取的木材从林中运出来，到高一级的公路，然后再到工厂进行加工。这样，运输木材的机械在林中留下一道道车痕。

运输木材的机械碾过之后，土壤的表层会遭到破坏，土壤会被压实，土壤的渗透性会大大降低，从而会改变流出和土壤侵蚀特性。同时，机械的汽油排放物也会污染到土壤。车痕、道路还会截断地下水流，使之以地表水的形式流动。

另外，运输机械的出现，会对周围的野生动物产生影响，如使它们失去居住地、食物等。

(4) 家畜的放养 由于河道水域对家畜有着相当大的吸引力，又因为那里水清草丰，以牛羊为主的家畜放养是很普遍的，并且还有着茂密的树林为它们遮挡烈日，环境相当适宜它们的生存。然而，如果对这些家畜的管理不得当，它们也会对那里的环境造成很大的影响，见图⑪。

家畜对环境的影响主要表现为过度地消耗和践踏植被，造成水土流失，河道冲蚀。

⑪ 不当的家畜放养，使河岸植被被践踏，边坡土壤被踩实，造成水土流失

① 植被的破坏。 植被的破坏会导致土壤的压实，减少表层土壤的厚度而降低其生产能力。在较窄的河道，中层和顶层植物覆盖的减少，会减少阴凉而引起水温增高。来自上游或河岸侵蚀的泥沙会导致河流变浑，并引入其他化学物质等，从而降低河流水质。在动物大量聚居的地方，其排泄物会增大营养物质的环境负荷量，引入细菌以及其他病原体。另外，温度的升高和富营养化，还会导致河道内溶解氧的减少。

植被的大量减少，会降低土壤的入渗能力，增加地表产流量，引起洪水期洪峰和洪量的增加。由于缺少了植被的覆盖，入渗速度减小，表面流出量增加，增加的水量以更快的速度流入河道，从而将洪峰出现的时间提前，并且增加了洪量。洪水流量的增加以及基流的减少有可能会导致常年河流成为间歇性、季节性河流。

河道中泥沙量的增加会降低河道的输水能力，迫使水流靠近两岸，从而冲蚀河岸，引起河道稳定性的降低等。同样，如果只是单纯水量的增加，将导致河道冲刷，引起河床下切。

② 物理影响。 家畜的一些行为，诸如践踏等，会对河道环境产生一些物理性影响。土壤的压实与土壤水分含量密切相关，太干或者太湿的土壤都不易被压实。利用这一特性，可以通过控制放牧时间，尽量避免在土壤处于中等湿润时期进行放牧，以减少其对土壤压实的影响。

土壤的压实将增加土壤的干容重，降低土壤渗透性，引起产流量的增加。土壤压实还会减少土壤中的毛细管，也会降低土壤中水分的运动能力。土壤压实引起的土壤含水量的降低，也在某种程度上破坏一些植物的生存环境。

家畜的行为有时候还会破坏河岸，引起岸坡坍塌而增加河道的泥沙量，从而增加河道的不稳定性，破坏鱼类等的生存条件。新的颗粒组成泥沙的流入还会改变河床底质的构成，引起输沙关系的变化等。

家畜的过度放养会对河道两岸的植被造成破坏，引起鸟类等物种的减少，进而导致河流中鱼类等水生动物生存环境的破坏。

(5) 矿业 煤炭、矿石、沙石料等的勘测、开采、处理和运输都对河道生态环境产生深刻的影响。不论是地表还是地下采矿都会破坏河道水域的生态环境。地表采矿的主要方式有露天采矿、坑道式采矿、水力采矿等。

诸如此类的采矿行为，常常会彻底地破坏整个河道的形态和生态环境。采矿对植被的破坏，会对沿岸形态及岸边水陆生物构成严重威胁。对于土壤的扰动，会降低边岸土壤的渗透能力，增加流出量，加速侵蚀。

此外，采矿对水文要素的改变是显著的，由于土壤粗糙度的降低，土壤被压实，使入渗量减少，使洪水期流量增大，河道基流量则减少，导致整个流域的水量增加。最终，采矿将使河流地貌发生巨大变化，甚至改变河道或将常年河变为间歇河和季节河。采矿改变了水文要素，进而带来其他影响，包括对河岸坡降的改变、泥沙量的增加和额外水量的流入等。

2 河湖与边岸形态的演变及护岸原理·河湖形态

12 旅游活动使人类频繁进入，人踩马踏使河岸土壤变硬，植被受到破坏，引发水土流失，使本来就很脆弱的河谷生态受到严重影响

（6）旅游活动 旅游开发带来的娱乐活动引起的影响主要取决于当地的土壤类型、植被情况、地形以及利用强度等。在进行娱乐活动时，人们的脚或其他交通工具会破坏那里的植被和土壤结构。例如，越野车和马匹的使用会增加土壤侵蚀，破坏生物的栖息地。在人们经常进行娱乐活动的场所，土壤会被压实，入渗能力变小，随之会带来流出量的增大而引起更大的水土流失。人们在穿过河流时，往往还会破坏河边的植被等，见图 12。

在可以行船的河道上，螺旋桨会扰动河水，使沉积在河底的泥沙重新泛起，并且会伤害一些较为敏感的水生生物。另外，由于旅游船本身产生的一些垃圾以及由于事故而造成的泄漏等，都会造成对河道水域的污染。

不管是分散式的还是较为集中的娱乐活动都会给生态系统带来影响，如野营、狩猎、钓鱼、划船等会严重干扰鸟类的生活。另外，对生态系统的破坏还往往取决于人们接近娱乐地点的方式。河道中的一池静水会吸引游泳爱好者或者是钓鱼人的前往，对于划船的人来讲河岸较低的河段则成为有利于上下船只的地方。于是，通往这些地点就往往会形成最近或是最容易的路径，从而引起对河道水域生态环境的破坏。如果人们是通过机动车或马车来接近这些娱乐地点，那么带来的影响就会更大。

三、城市化及人工河渠形态

1. 城市化改变河川自然形态 随着城市化的进程，不透水硬化面积不断增加，降雨时表面流出量急剧加大，地下水补给量则大大减小。另外，城市化的发展往往伴随着人口的集中，带来水的使用量和排出量的增加。而水文要素的改变，使得河道中的洪水量增加，河岸也因此遭受更大水量和更高水流的冲蚀。河岸被迫不断地加高加固，使城市河流越来越不具有自然生态或农业区域中河流的特征和形态，最终形成城市的人工水渠。

在城市，除了极少数人工开挖的水渠外，几乎都是从早期的天然河川演化而来，从这些河流的演变过程，可以清晰地看到城市化进程和其改造一切的威力，其中河道的改变最为显著。为了适应城市流域内水文要素的改变，往往需要扩大河道的过水面积。所采用的方法一般是挖深或拓宽河道，或者是两者的结合。除了深度和宽度，城市河道的坡降和蜿蜒性也常被改变，以适应城市化后水文要素变化的要求。城市内河道的改变还包括为了使沿岸的财产免受洪水危害而采取的衬砌、护岸、堤防加高加固等措施。另外，在城市内，有时在河道的下面或者与河道平行铺设下水道。

河道的湿周，河道横断面面积与作为河道周边湿润长度之比，是反映城市河道生态生息状况的重要标志。城市河道断面较大，但同时基流在不断减小，因此湿周也将变小，城市河流常呈现为水深很浅，而且只有少量的水在宽阔的河道中流动。

2. 城市河流形态 城市河流大多穿越闹市区人口稠密处，两岸由建筑楼寓和硬质路面的道路所覆盖，地面入渗率减小，而自然降水又多由人工排水管沟排出，使得城市河流在主要形态和生态要素上都不同于自然状态，见图 13。

除上述之外，城市河流还有城区洪峰比较集中，而平时径流又较小的特点，护岸如按洪峰设计，将导致投资过大、平时流动中悬浮物的沉淀形成淤积；而按一般河流设计，又不能满足洪峰的要求，或导致过高的流速和过度的冲刷侵蚀。为融合上述矛盾，城市河流作了变通的设计，形成了现在普遍采用的断面形式，见图 14。

城市河流仍然存在影响其形态、干扰水环境的不稳定因素，例如，河道截弯取直，挖掘卵石泥沙，破坏边岸植被，修建堰和坝，通航行船，水上运动，岸边活动及岸顶拥挤的交通等。这些都是严重影响河流稳定性的因素，也是改变河流形态和水环境的主要诱因。

13 典型的城市河流，两岸建筑成排矗立，直立或陡坡的硬质材料护岸，岸顶多为混凝土和沥青铺就的道路，成了名副其实的城市人工水渠

14 城市河流的典型断面

一、地貌的演变与人为的冲刷

1. 地貌演变过程 岸坡冲刷既可发生在表面上处于河势稳定的河渠中,也可发生在那些不稳定的河渠中。当然,我们所说的稳定,是指处于控制性物理演变过程的平衡状态。稳定的河渠虽然在长期的演变过程中,基本形态和平均尺寸没有什么变化,但也会经历某种局部的冲刷和淤积,尤其是在蜿蜒河曲段。就大的区域而言,不稳定河渠在其力图达到稳定条件的过程中,将会经历系统的地貌演变。若只想防护一段岸坡而不采取措施处理好区域性问题,就很可能会失败。设计者还必须考虑到护岸工程方案对河渠整体稳定可能产生的影响。

一般来说,不稳定河川大都见于邻近山区的冲积河段。由于早期的冰川活动,减小了这些河段的比降,从而促进了来自山区泥沙的沉积,并由此而加速河渠的侧向运动。在无冰川活动地区,下游河段横向冲刷一般较明显。在不稳定河段,业已观测到平均年水平冲刷率超过2.0m,最大冲刷发生在洪水期。从局部来看,冲刷程度也不尽相同,尤其是在蜿蜒河曲段,最大冲刷率发生在河曲顶点,或紧靠该点的下游部位,见图1~图4。

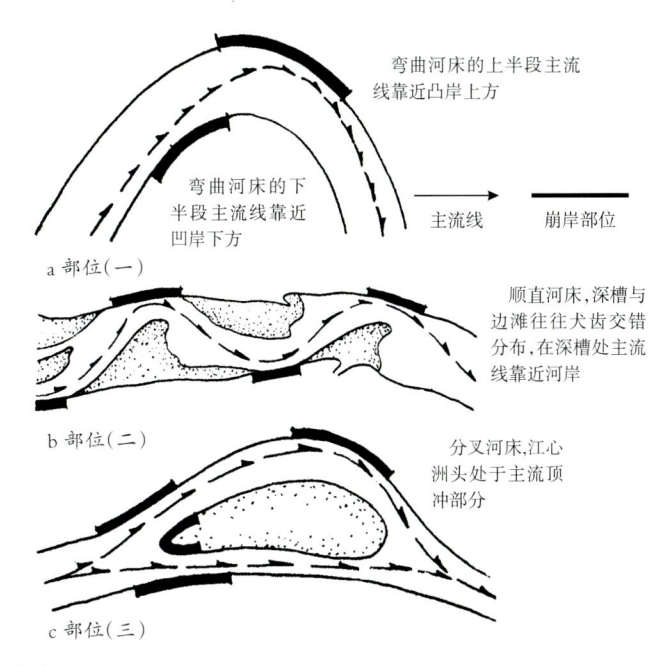

3 河流易冲刷的重点部位

1 上图左侧为蜿蜒河的曲顶点,受到水流冲刷程度较大,发生的冲刷率也最大,参见图3a

4 边滩犬齿交错的顺直河床,参见图3b

2. 人为冲刷 诸如减洪、土地排水、基础设施建设以及通航等河流工程都会对天然岸坡的冲刷率产生不利影响。河道的截弯取直若不辅以防护工程,则有可能导致河床冲深、河岸冲刷,而且有可能重新形成蜿蜒河况。在坡脚进行疏浚工程有可能引发岸坡的大体积崩坍,而疏浚河段引起的岸坡变化会加速淘刷、淤积及河曲的演变。为了增大河渠的泄洪能力,必须清除河岸的树木。但因此会破坏树木的根系而降低了河岸的抗冲能力,也可能造成河宽的扩大。船舶通航可能因船行激浪的拍击和螺旋浆的冲刷作用,加速运河和河道岸坡的冲刷。

水资源开发的河道整治及土地利用的变化,诸如都市化和绿化等,会影响河道的水沙状况,并引起区域性的河渠失稳。

3. 局部冲刷 在河渠中,任何造成局部强流流态的工程建筑物,如建设桥梁和堰坝,以及天然地形都会因为复杂的三维流态而引起岸坡冲刷。对于河流来说,都有必要评估岸坡崩坍是由局部流态还是由影响河段的区域性失稳所造成的。

2 与图3c所示相同,江心洲不仅处于河道主流的顶冲部位,而且使河床分叉,也使分叉处的两边岸增加受冲

二、河渠形态及边岸构造

1. 堤岸土质及成因 在本书第 1 章已将河岸按不同形式作了详细分类。这里是从岩土技术和地质构造方面将河岸简单地作如下分类：

（1）**粘性堤岸** 粘性堤岸中粘性土成分相当大。此外还可能含有一些泥炭土。

（2）**非粘性堤岸** 堤岸没有多少土料或土无粘性，即土中粘性土成分很少，基本上为砂或砾石。

（3）**土壤结构分层的复合式堤岸** 复合式堤岸即在非粘性土上覆一层粘性土层，见图 1～图 3，在输移河床质的河流中最常见。这种河岸其下部为泥沙沉积物，所沉积的泥沙即为河床质，并呈早期的沙洲沉积形态。河岸的上部也是泥沙沉积构成，但在河床上根本没有这种泥沙淤积。河岸上部的这种沙土是在洪水消退时细沙在沙洲表面淤积而成，见图 2。植物生长有助于稳定这种泥沙沉积物，并由于增大了局部水力糙度而促使其进一步的淤积。

在游荡性砾石河床河流中，河岸大都是复合式的，主要是砾石和细砾石叠置而成，或其中充填有粗砂，上覆粘性的细粉沙质粘土。河岸的一些地段可能全部为粘性土，主要是古蜿蜒河段截弯取直后淤填而成。

沙质或淤泥质河床的河流，其河岸通常为粘性土（其中含有泥炭）。尤其是当这些河流流经古冰川湖或海相沉积地带时，其河岸还可能有夹层。

2. 制约河槽形态的演变过程

（1）**稳定河槽** 流经冲积地带的无防护河槽，通过自身的冲淤平衡来调整其总体形态及水面尺寸。最终河槽达到准稳态或冲淤平衡条件，在这种状态下的多年演变期内，河槽的平均尺寸无显著变化。一般习惯上采用冲淤平衡理论以确定河槽宽、深及坡度。在稳定河槽发育过程中，河岸冲刷起着重要作用。河岸冲刷不仅直接制约河槽宽度的调整及沙洲的淤积，而且对蜿蜒河势的发育有相当大的影响。河槽宽度的变化影响河道流量、推移质输移过程，并因此对河床的冲淤有所影响。

（2）**不稳定河槽** 河流在其冲淤平衡的自然调整过程中处于不稳定状态。改变河道水沙量或河槽形态的人为影响可能是控制河道冲淤的一项重要因素。河流对这些人为的改变作出多快的反应取决于河流发生改变的程度，以及河流的自然稳定性。根据连续性、水流阻力及泥沙输移方程式，已编制出数学模拟方程，用以预测宽度不变的河槽中的冲淤过程，从而可预报河槽对整治工程的反应情况。在预测河道宽度及平面河势调整方面，目前尚无根据河道演变过程推导出来的公式可以利用。

不稳定的冲积河槽其河岸的冲刷可能特别迅速。河道的不均匀冲淤会导致河流平面几何形状的迅速改变，并促使河槽坡降发生变化。蜿蜒河势的发育会减小河槽坡降，而通过截弯取直则可使局部河槽坡度增大。由河道冲淤引起的河床高程的任何有规律的变化都可能促使河岸快速冲刷。深切作用使河岸失稳，而淤积常发育成江心洲和小岛，加剧河道的迅速展宽并形成分汊河道，见图 3。

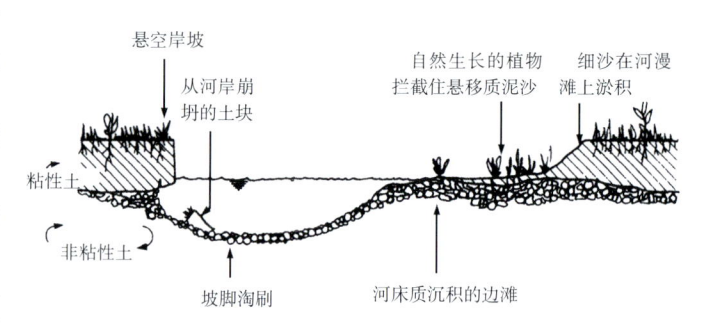

1 复合式河岸河流蜿蜒段横剖面

2 泥沙沉积物在枯水期显露出来

3 与图 1 相似的复合式河岸河流蜿蜒曲折处实景

一、边岸的冲刷原理

所有河湖边岸都存在被冲刷的问题,自然河湖边岸被冲刷的是坡面泥土,堤岸坡面泥土的侵蚀程度取决于冲刷力超过抵抗力。边岸经常遭受水的冲刷会导致边坡失稳,甚至引发大体积的崩坍。图1为边岸坡面受冲刷而使其形态改变的原理及过程示意。图2是边岸坡面受冲刷而崩坍的实例。

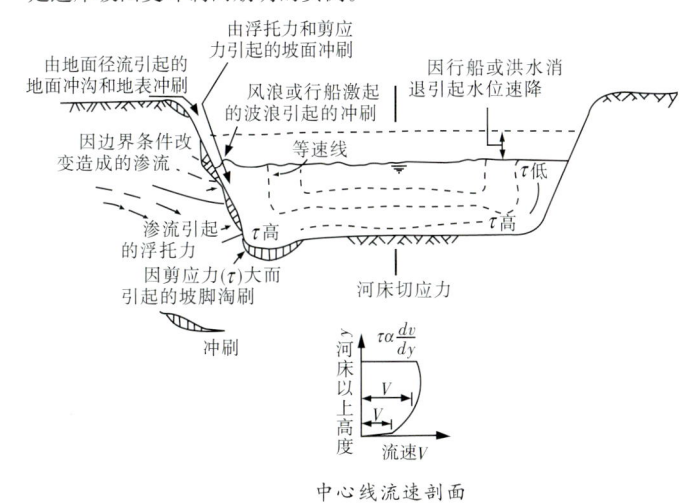

1 河渠横剖面表面冲刷过程的示意图

2 岸坡表面遭受冲刷而出现的崩塌

二、流水引起的冲刷

1. 顺直河槽 在呈二维均匀单向水流无限宽的顺直河槽中,与迎面阻力相关的边界剪应力由下式计算:

$$\tau = \gamma d S \tag{2.1}$$

式中 γ —— 水的比重;
d —— 水流深度;
S —— 水面坡降(等于河床比降)。

水面坡通常由地形控制确定,故不受流量影响而变化。因此,边界剪应力随水流深度而变,洪峰流量时达到最大。

在有限宽度的顺直河槽中,平均边界剪应力等于 $\gamma R S$,其中 R 为水力半径。河道中的流速分布受两侧河岸的影响,从而造成三维流态。典型的流速分布见图1。二次流态及横截面形状的影响会使边界剪应力产生复杂变化。图3所示为一梯形河槽中实测的流速与剪应力分布。边界剪应力的最大值在邻近两岸的三维水流带测得,该处流速梯度局部地较高。顺直河槽的单向水流实例见图5。

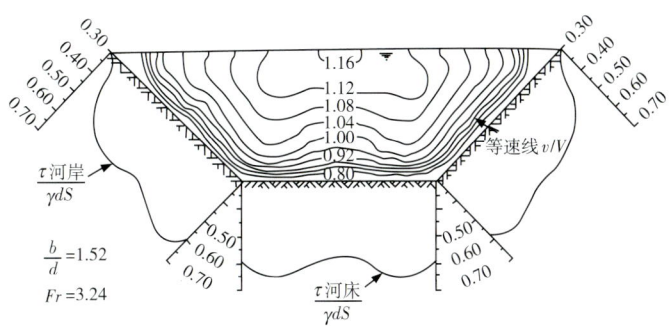

3 梯形河槽中的流速分布及边界剪应力

在河床,峰值剪应力值随着河床宽度增大而趋向于宽河槽的该剪应力值[式(2.1)],凡是河床宽度为水深7倍以上的河段,其峰值剪应力的变幅一般都在宽河槽峰值剪应力值的10%以内。在两岸,一般认为该峰值剪应力比较小。图4所示的数据是通过对边坡为1:1的河槽的试验取得的。按图4所示,宽河槽的峰值剪应力为 $0.82\gamma d S$,而河床宽度为水深5倍以上的河槽,其峰值剪应力的变幅在宽河槽峰值剪应力的5%以内。因此可算出该常用峰值剪应力为 $0.76\gamma d S$。需说明的是该数值是演算而非直接观测得出的。

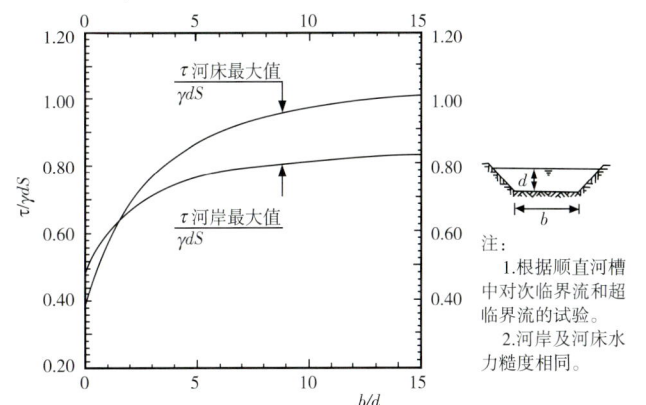

注:
1. 根据顺直河槽中对次临界流和超临界流的试验。
2. 河岸及河床水力糙度相同。

4 峰值剪应力随梯形河槽的宽度而变化

5 单向水流的顺直河槽

45

河床与河岸水力糙率不同，将进一步对边界剪应力产生二次影响。河岸是比河床粗糙还是平滑，剪力对河岸的影响则分别相应增大或减小。到目前为止还不能从理论上预测剪应力的分布情况，而工程师通常根据现有资料假定峰值剪应力。

2. 不规则河槽 在河渠中，由于河道横剖面的局部变化（诸如由水塘和浅滩所致）及平面形状变化，水流是三维的，见图6。河槽内存在次生流会改变主流速和边界剪应力的分布。在这些情况下，式(2.1)只给出近似的平均剪应力，而实际剪应力根据边界附近的局部流速梯度而改变。

6 有河心洲、尖沙洲和河漫滩的不规则河槽

在存在三维水流的河段，理论上剪应力的变化，可通过野外实测最低水流深度的10%~15%范围内的流速分布（即点流速深度值）取得。假定该流速剖面为对数流速分布，并利用卡曼－普朗达流速方程，则

$$v = 5.75 \left(\frac{\tau}{\rho}\right)^{1/2} \log y + 常数 \tag{2.2}$$

式中 v —— 距河床 y 处的流速；
ρ —— 水的密度，m。

河流中，剪应力和泥沙输移在水塘、浅滩、顺直和蜿蜒河段之间随流速分布和次生流形态的变化而显著不同，见图7。

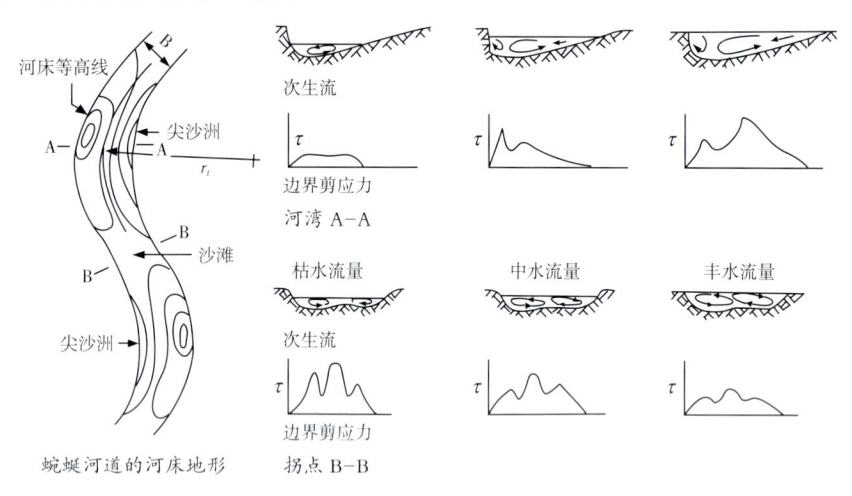

7 蜿蜒河道中的次生流和边界剪应力

在蜿蜒河道，伴随次生环流的沉降流（即水流向河床下沉）将引起边界剪应力分布的峰值。反之，在边界剪应力分布呈局部低值处，次生环流将会产生上升流。结果是，在洪水期由于毗邻河岸的剪应力在水流方向增大，因而在曲流段的外岸发生冲刷，但在尖沙洲则发生淤积，因为尽管该处剪应力和泥沙输移量比较大，但剪应力在下游减小。

就河岸的剪应力而言，根据观测，其最大值发生在曲流段外岸的底部。在枯水期，剪应力的最大值发生在河曲的顶点，但当流量增大时，该最大值发生的位置则顺拐点向下游移动。峰值剪应力发生的位置及河岸的冲刷率取决于流量频率及其相应的剪应力，以及输送岸坡土料的临界应力。

曲流段中剪应力分布的大小告诉我们，河曲中最大应力与平均应力之比是下述三个因素的函数：河槽宽度与河道中心线曲率半径之比、岸坡糙度，以及上游是否存在曲流段。最大剪应力的变幅可达到引航道中平均剪应力的3倍，由美国阿戈斯蒂尼等人（1985年）提供的关于河弯外岸最大剪应力的数据资料，见图8。

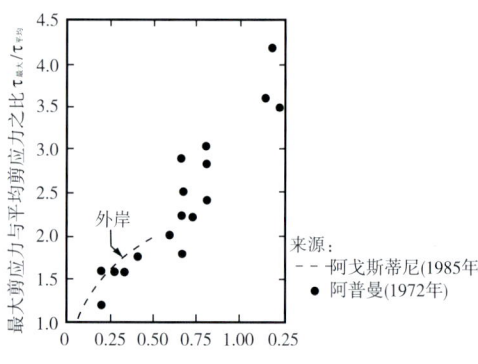

8 最大剪应力随河道曲率向变化的情况

对于设计来说，满槽流量长期担负输送大量泥沙，因此常被视作控制流量或造床流量。在蜿蜒河曲，峰值剪应力发生在满槽流量情况下。在发生漫滩流期间，由于在主河槽与漫滩流之间水流分开，剪应力不大可能显著增大。

人们曾作过多次尝试，试图预测洪水量期间蜿蜒河段发生的最大冲刷深度。英国人阿普曼（Appman，1972年）曾研究了最大冲刷深度与平均冲刷深度之比、河槽宽度及曲率半径之间的关系，并给出以下公式：

$$\frac{d_{最大}}{d_0} = \frac{(n'+1)(B/r)}{1-[1-(B/r)]^{n'+1}} \tag{2.3}$$

式中 d_0 —— 平均深度；
r —— 外岸曲率半径；
B —— 河槽宽度；
n' —— 是常数。

从有限的野外资料中取得 n' 值为2.5。在试图预测洪水流量期间发生的最大冲刷深度前，最好是先根据枯水流量条件，确定局部冲刷深度值。

3. 局部地形地物的影响 河槽中任何与水流紧密接触的局部地形地物都会对局部流态发生影响：

（1）改变主流方向的流速分布，例如被涵洞束窄。

（2）产生三维强流场，如水流流过桥墩时发生偏转。

（3）提高水流的紊动度，如在堰下游水流水位下降。

（4）局部改变流速梯度，如水流沿一段比较平滑的衬砌岸坡流动。

在局部地形地物的下游，通过紊流混合，水流将重新调整成为与河道几何形状

相应的比较普遍的流态。在受局部地形影响的范围内，将由于水流流态受扰动而引起冲刷。

目前尚没有综合性分析方法可用来确定因局部地形地物而造成的水流流态。因此，通常都需要进行物理模型试验研究，以确定重要的局部地形地物的影响。到目前为止，在土木工程水力学研究中还没有利用数学模型来模拟强三维水流，但却可用于研究束窄工程下游，或边界糙度变化处的紊流混合过程。

现有各种经验方法，可用于确定由局部地形地物引起的冲刷深度。工程设计方法一般是通过谨慎的水力学设计，尽量减少冲刷的影响。

三、波浪引起的冲刷

1. 风成浪 由风在水面上吹过生成的表面波浪，称为风成浪，见图 10。

(1) 波高 H —— 波谷与连续波峰之间的垂直距离。

(2) 波浪周期 T —— 连续波上越平均水面之间的时间。

(3) 波长 L —— 相邻波上越平均水面之间的水平距离。

按上述 H、L、T 值，且不随时间而变化的波浪称为规则波浪。当水深充分时，波长仅取决于波浪的周期，按下式计算：

$$L_0 = \frac{gT^2}{2\pi} \quad (2.4)$$

水深 d 与深水波长 L_0 的比率可用以对波浪进行分类：

$d/L_0 > 0.25$ 深水
$0.05 < d/L_0 \leq 0.25$ 中水
$d/L_0 < 0.05$ 浅水

对于中水型的波浪，波长如下：

$$L = \frac{gT^2}{2\pi} \tanH(2\pi d/L) \quad (2.5)$$

对于浅水型的波浪，其波长如下：

$$L_s = T(gd)^{1/2} \quad (2.6)$$

对于中等大小的内陆水道，风成浪的周期一般为 $T=1.5\sim2.5s$。因此，当水深 $d>2.5m$ 时，这些风成浪通常为深水型。进入浅水区的波浪，浪将增大，而且当 $d<1.28H$ 左右时，在其达到岸边前就将破碎；与破碎前到达岸脚的较小波浪比较起来，这种波浪的破坏性一般比较小。

自然中的风成浪通常是不规则的，可以视作是具有不同 H、T 及 L 的许多独立的随机成因的总和。浪高随波浪周期的变化可用波浪的能谱来描述：能谱越窄，波浪则越密集在主波周期的周围。衡量随机波的实用办法是测定有效波高 H_s，该波高相当于 1/3 长期记录系列中最高波高的平均值。随机波的典型波浪周期为零超越周期 T_z，它等于长记录的持续期除以超过平均水面点的数目。

风成浪的 H_s 和 T_z 值依风速 U 及其历时，以及风在开敞水面上的吹程 F 而定。根据 U 和 F 值及历时预测波浪特征的大多数方法都是按开敞海域条件而设计的。因此，必须采用外推法，使之推广到适用于内河及水道吹程比较短的情况。对于内陆场所来说，波高一般受风区长度而不是受风吹历时的限制，因而风吹历时一般不作为计算因素。对于这样的情况，估算 H_s 及 T_z 的比较合适的计算式是简化的斯-孟-布(SMB, Sverdrup-Munk-Bretschneider)方程式：

$$H_S = 0.00354(U_{10}/g)^{0.58}F^{0.42} \quad (2.7)$$
$$T_Z = 0.581(FU_{10}^2/g^3)^{0.25} \quad (2.8)$$

式中 U_{10} —— 在平均水位以上 10m 高处的风速。

方程式可采用任何一套相互一致的单位（例如，m，s）。U_{10} 的数值在有可能的地方都应取自当地的观测或记录。内陆场所风区长度达 1km 左右的典型设计风速如下：

有屏护 19m/s
平 均 23m/s
无屏护 26m/s

这些风速持续刮 15min 的风，预计平均大约每 10~20 年发生一次；相应的风速，持续刮 1h 的风，其概率大约减少 5%。

在内陆某一场所，式(2.7)和式(2.8)所用的 F 值必须考虑水域的平面形状，见图 9。假如风沿着两个长度相同，但宽度不等的水体吹刮，则与窄的水体相比，宽水域将倾向于产生大浪。英国人萨维尔等提出了一种用于式(2.7)和式(2.8)中计算有效吹程长度的方法。利用这种方法计算所得结果相当于长度为 L_w、宽度为 B 的河流或运河顺直段的情况。若风与河段交叉直吹，则达到对岸的有效吹程即为 $F_e=B$；但若风向角为 45°，则用萨维尔法计算，得出结果大致为 $F_e=2.5B$（条件是 $L_w>20B$）；若风沿河段吹，则朝向河段下游作用在一岸上的有效吹程大致为 $F_e=(3L_w+67B)/40$。

关于堤岸受斜向风浪冲击而坍陷的资料很有限，但可以想象，在入射角 β（风浪推进方向与堤岸法向线之间的夹角）超过 45° 之

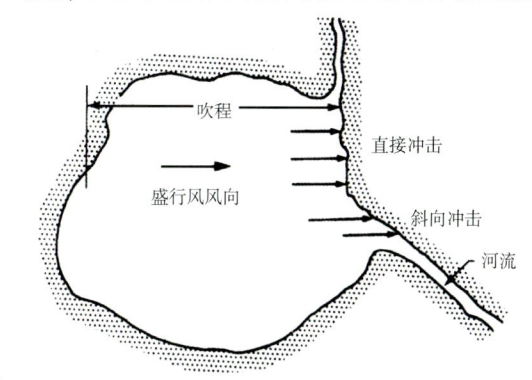

9 风成浪的冲击区及偏斜度

10 风吹水面生成的风成浪

前,风浪并无多少减弱。因此,应在确定$\beta=\pm 45°$的范围内产生的有效吹程的最大值后,确定设计波浪。如有必要,可考虑较多的斜向波浪,但应减小计算波高。例如,采用维格尔提出的关于斜向波浪反射系数的资料进行计算。在确定设计条件时,应对水深进行校核,以保证可以使预测的波浪在其破碎前能到达岸坡脚。

波浪的潜在破坏性视其是顺岸坡向上爬升而不破碎,还是在其冲击岸坡时以振波、卷波或崩波的形式破碎而不同。据认为,波浪的这种形态特征取决于伊里巴伦(Iribarren)数 I_r,对于随机波,可按下式计算:

$$I_r = \frac{\tan\alpha}{(H_s/L_{0z})^{1/2}} \quad (2.9)$$

式中 α——河岸与水平面的夹角;

L_{0z}——应用零超越周期 T_z 根据式(2.4)计算的深水波长。按给定波高,当发生振波时,其破坏性最大;这种情况相当于 $I_r>3.3$(岸坡光滑)和 $I_r=2\sim3$(岸坡粗糙,如抛石护岸)。

在闭合式排水系统中,沿排水渠吹的风可能引起水位普遍上升,此外,其上还叠加上风浪。这一组合型式△S可按下式计算:

$$\triangle S = \frac{KU^2 L_w \cos\theta}{gd} \quad (2.10)$$

式中 θ——风向与渠道中线之间的夹角;

K——经验系数值,通常取 $K=2\times10^{-6}$。

2. 船成浪 由船舶通航引起的流动取决于水道的尺寸及几何形状,以及船舶的形状、尺寸、航速及航线。图 11 显示船舶通航引起水体流动的各组成部分,可分为初生波和次生波。

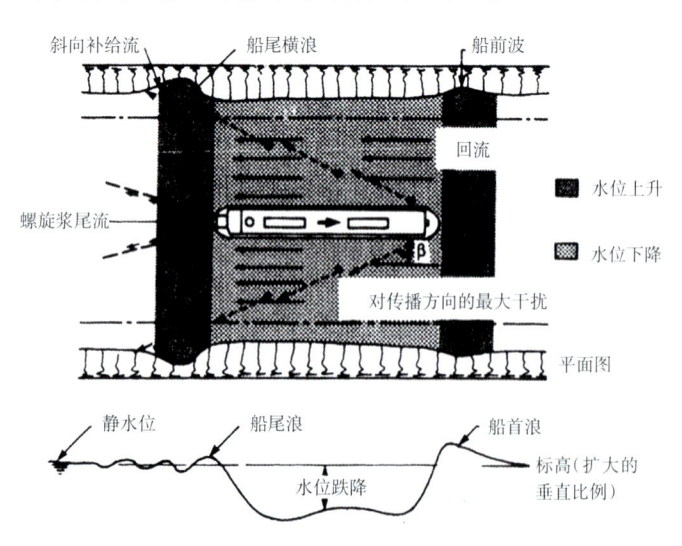

11 在航道中航行的船舶引起的水体流动

初生波是随船舶周围的水体流动而伴生的,船舶周围水体流动会引起河槽束窄断面的水位变化。船舶航行时,船头的水位上升,船通过后急剧下降至低水位。船尾水面相应地急剧上升后随之降回到原来水位。在船前浪与船尾浪之间,水位的还原是由与船舶行驶方向相反的逆向流动的回流所引起的。船尾横浪是凭借船舶行驶时引起了沿河岸向前、向上流的斜面补给水流实现的。船舶通航引起的这些横浪和水流能引起河道严重冲刷。在船首产生的水位突然下降,会在河岸引起剩余孔隙水压力,并从而增加坡表面冲刷和大体积坍陷的可能性。当船舶航速比较高时,船尾横浪可能破碎,所产生的紊流将增大斜面补给流的潜在冲刷能力。

次生波是水面的扰动,主要在船的首部和尾部产生,并斜向朝外往两岸传播。次生波的特性类似风成浪,但不是随机波,次生波由大约 10~15 个大波浪组成相干群波推进,这些波浪减少比较缓慢。波浪形成的 V 形形态主要决定于船舶航速及水深。若航速如下式所示时,次生波将以同航线成 35°角的方向向外推进(即朝平行岸作用的波浪的入射角 β 大约为 55°):

$$V_b \leq 0.7(gd)^{1/2} \quad (2.11)$$

斜波的相应波长如下:

$$L_b = \frac{4\pi}{3}(V_b^2/g) \quad (2.12)$$

若船舶航速超过式(2.11)的限度,则朝平行河岸作用的波浪的入射角将超过 55°。尽管由不同的船舶引起的次生波的形态可能类同,但波高主要取决于船舶航速、船舶尺寸、船首及船尾浪的形状,以及航道水深。

螺旋桨的激荡可能会增大局部流速。就小型船舶通航来说,与由上述的初生波及次生波所引起的影响相比,其影响一般比较小,但当船舶操舵航行或由停航状态启航时,可能会产生严重的冲刷。由螺旋桨运行所引起的底部流速取决于推进系统、发动机功率及输入功率历时。

在通航水道,小型船舶通航可能是引起河岸冲刷的最常见的原因。水上运输种类繁多,在内河水道上通航的商船可长达61m,宽6.1m,吃水深达2.5m。在通海运河上航行的船舶可能比这种商船大得多。然而,许多内陆运河及通航河流目前仅通航长 6~12m、宽 2~3m、吃水深1m 以下的游船。虽然这些游船比较小,但其引起冲刷的潜在可能性仍十分大,见图 12 和图 13。

12 船体通过形成的船尾横浪对河岸的冲击

13 船尾螺旋桨搅荡产生的紊流对岸边的冲击

14 用不透水的混合土料修筑的运河缓坡堤岸

现场实测由通航船舶引起的波浪和水流是确定护岸工程设计标准的最佳方法。但在缺少此类数据资料的情况下，亦可采用以往所介绍的方法估算这些数值。但应注意的是，某些计算式含有一些经验因素，对于小型船舶及在航行的水道上，这些数值并不具代表性。

影响船成浪大小的一个重要参数是相对断面系数：

$$k = \frac{船舶吃水线以下的横截面积}{水流未受扰动的横截面积}$$

大体上，当 $k > 0.1$ 时，船舶航行引起的初生波很可能大于次生波；若 $0.05 < k < 0.1$，这两种波浪大小差不多；而当 $k < 0.05$ 时，次生波很可能占优势。

在断面系数比较高的窄浅航道，对任何特种船舶都应限制其航速。限制航速是因有回流而束窄了水流面积，而与船舶的功率大小无关。当船舶航速接近限制航速时，大大增强了航行阻力和产生船首浪的能力，而且从经济角度考虑，比较合适的航速应是限制航速的 30%~80%。实际上，要求商船总按限制航速行驶是不可能的，但是，对于在窄浅水道中航行的游船，限制其航速是可行的。

对于典型的航运水道，以下的参数可供计算浪高与水流流速的数值时参考，见表1。

典型航道计算浪高与流速的数值表　　表1

航道类型	船舶大小(t)	波高(m)	流速(m/s)
大型运河	< 400	< 0.5	< 1.5
小运河	< 80	< 0.3	< 1.0
通航河道	< 40	< 0.4	2~3(河流)

上列数据仅表示可以期待的情况，在实用中应通过现场观测或更精确的计算予以校核。对于通航运河来说，最大波高和流速通常是由船成的初生波造成的，在许多通航河流，断面系数 k 比较小，而且最高的次生波是由相对较短、长宽比较小的船舶引起的。在船舶功率比较大的情况下，所产生的次生波倾向于流向船的尾部，然后潜没水下，产生大波幅的波浪。在通海河道及潮汐河流，大型船舶一般都会引起波高达 0.6m 左右的次生波，但在通海运河及潮汐河流，如果有效的吹程超过 0.5km，则风成浪可能更危险。尽管风成浪也许不会在运河及通航河道中引起极恶劣的情况，但与过往船舶相比，风成浪确能引起大量中等波幅的波浪。

通航河道的许多天然河岸，其土质或者是非粘性的砂和砾石，或者是在水位线上含有砂砾石的混合土质，其抗冲刷能力都很低。这些河岸的冲刷通常遗留下由被冲刷的砂砾石形成的、独特的S形滩地，而且常可看到河岸的泥沙呈悬移状被船成浪挟带。

人工运河的堤岸通常是用不透水土料填筑的，见图 14。在航速较低的情况下，船舶通航而引起的水体流动不可能造成冲刷。但有些河段为了减少工程费用，堤岸一般比较陡，现在许多这样的运河都通航机动船舶，堤岸极易受冲刷。

3. 机械作用引起冲刷

（1）冻融作用　冰冻期较长地区的河流，其河床和边岸土壤中的孔隙、裂缝或裂隙中存在冻结水，将会形成小的土壤团粒，并使岸坡表面土壤松散。由于冻结水的存在，减少了土壤颗粒或团粒结构的聚结能力，从而降低了内摩擦力，破坏土壤的粘聚性，常常在重力作用下，产生表面冲刷，见图 15。

15 冰冻期较长，边岸土壤缝隙中长期存有冻结水，从而降低土壤的聚结能力，使其表面产生冲刷

（2）干燥作用 干、湿循环可使含粘土的土壤发生收缩与膨胀，从而促进形成土块，并在土块之间产生竖向裂隙和干燥裂缝，见图 16。干燥作用还会引起土壤蠕变。天然土块有其自身特征，即边长大约为 0.5~1.0m。

16 边岸土壤长期干燥引起蠕变，不断出现裂缝，被水流冲浸而使岸土坍塌，使岸边破坏严重

（3）船舶的影响 前面已详述了在通航水道中，船舶行驶产生的尾浪会对河岸造成直接破坏。此外，船舶抛锚，或在河岸打入和拔除系船桩也会对边岸造成破坏。

（4）动物和人类活动的影响 动物和人类活动都可能对河岸表土及内部造成破坏，穴居动物可能在河岸上掏挖大量土壤，从而减小河岸的总体强度特征值。生活在淡水和海水中的少量无脊椎动物也会造成类似影响。河岸坡面主要因放牧和践踏而遭破坏。破坏植被会破坏岸坡表面保护层，引起地表水入渗的不利影响，使岸坡表面更易受冲刷。

用于畜牧给水的通达河岸的道路可使河岸遭致严重的践踏和冲刷，而频繁通行的人行道，特别是辟作钓鱼的河段或道路亦会对河岸造成同样的不利影响，渔民常会砍除河岸上的树木，以利于其

17 河岸受人类践踏

18 无序的垂钓娱乐，对边岸造成严重影响

撒网。凡是植被遭破坏之处，就会首先发生表面冲刷，以致形成冲沟，见图 17 和图 18。

4. 渗透引起的冲刷 渗透影响可以是恒定的，也可以是不恒定的（参见图 1）。恒定性影响与通过河岸排出的补给的区域性地下水状况有关。渗透速度取决于当地的水力梯度及河岸土壤的渗透性。排出口水力梯度高的地方，渗进河道的水流会局部地增大对岸坡表面土壤，特别是无粘性的粉砂和砂土的上浮力，并使其更容易被水流冲走。当局部水力梯度在渗透性土壤范围内造成零的净有效应力条件时，就会发生管涌，并使岸坡表面土壤逐渐流失。对于上升流，临界水力梯度约为 1.0，而对于水平流，该值可能比较小。特别是土层或透镜体为渗透性大的砂，或粉砂被渗透性较小的土壤包围时，更易发生管涌。在土壤结构没有充满细颗粒泥沙的地方，也可能发生细颗粒泥沙从粗砂骨架内排出，即所谓弥漫作用，因为小的水力梯度可促使细颗粒泥沙排出。

不恒定渗透影响与因河道水位波动造成河岸孔隙水压变化相关，而与进、出河岸的恒定渗透无关。不恒定渗透影响是由于诸如洪水淹没和潮汐涨落的长期变化，或是由于船舶通航和表面波引起的水位下降的短期变化而造成的。土中的孔隙水流将取决于河道水位的变率、渗透性及水位下降或波高。在基土中这种反应变得迟缓。邻近岸坡面，随着河道水位下降，孔隙水压下降可能十分显著，从而引起比较高的压力梯度。随着水位的均衡，该压力梯度亦逐渐减少。例如在由粗砂砾石形成的、渗透性极大的河岸，地下水位紧随河道水位变化而变化，因此，不会出现大的压力梯度，河岸亦不会发生与渗透有关的冲刷问题。另一极端情况即相对不透水的粘土质河岸亦不可能存在渗透问题，因为渗流流速将极低。粉砂和砂质基土危险性最大，因为这种土质的地层不能迅速作出反应，以避免发生比较高的压力梯度，而且渗流速度也相当高。

5. 地表径流引起的冲刷 若降水量局部地超过河岸土壤的入渗能力，或河岸局部饱和，即发生地表径流。在植被被清除及地表因践踏和交通而被压实的地方，极可能发生地表径流。地表水在比较干燥的河岸上流过的地方，亦可能发生地表径流。地表径流会引起薄层冲刷，如果水流集中而又无合适的地面防冲设施，则会形成冲沟。

50

6. 挟带泥沙

（1）非粘性沙质河床和河岸

一般均质的沙质河床底沙起动的计算公式如下：

$$\frac{\tau_c}{(\gamma_s-\gamma)D} = f\frac{(\tau/\rho)^{1/2}D}{\nu} \qquad (2.13)$$

式中　τ_c——质点运动的临界剪应力；
　　　γ_s——泥沙的比重；
　　　D——泥沙粒径；
　　　ν——水的运动粘滞系数。

对于大约 5mm 以上的泥沙，上述函数值从在泥沙开始起动之初的大约为 0.04 到完全输移时的 0.06。临界剪应力与泥沙粒径的关系（按泥沙比重为 2.65）如图 19 所示。

沙质（非粘性）河床河道的常用设计方法是考虑将作用到河道的河床及两岸的剪应力限制到根据经验推算得出的容许曳引力。引力值可参见图 19。该剪应力可以大于由希尔兹所标示的数值，因为存在的胶质和有机物质具有微弱的粘性，在不危及河道稳定的条件下容许泥沙有一定的运移。

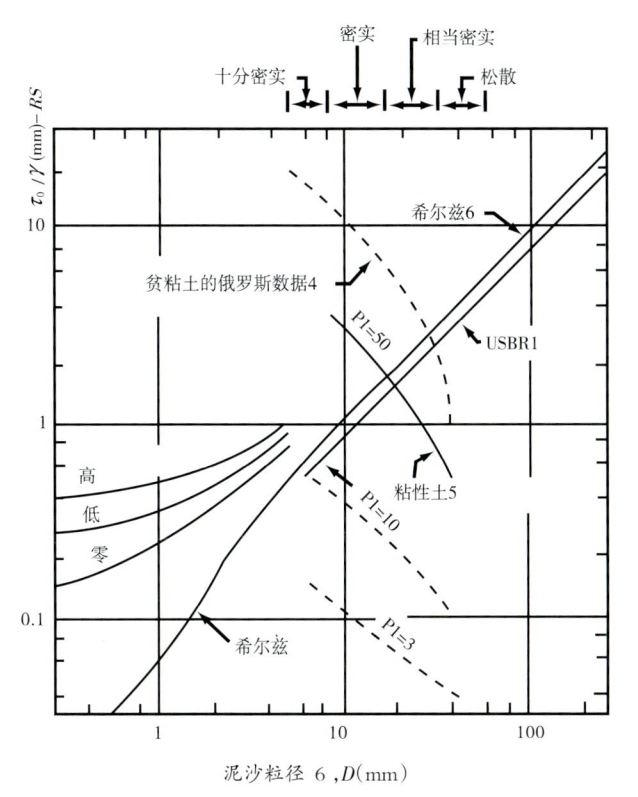

若考虑到作用在河道两岸坡上的临界曳引力，是必须对粒径超过 5mm 左右的泥沙向下作用于岸坡的重力分力规定容许值。在这种情况下，抗冲计算类似抛石护岸的计算。1955 年莱恩就提出了在计算角度为 α 的岸坡上起动泥沙的临界剪应力公式：

$$\frac{\tau_0}{\tau_c} = (1-\frac{\sin^2\alpha}{\sin^2\phi})^{1/2} = \Omega_1 \qquad (2.14)$$

式中　ϕ——岸坡土壤的休止角；
　　　τ_c——作用在河床上的临界剪应力。

（2）粘性河岸　由于粘性土的相邻颗粒具有物理的粘聚力以及电化学的结合力，这种作用将阻止单个土粒从粘性河岸脱开。图 19 表明了移动这些颗粒需要较大的应力。冲刷范围则取决于土壤的松散度（或密实度）及有机质成分。因而，不同的土壤冲刷范围变化很大。粘性河岸的表面冲刷常常亦包括从土中冲走粒径 1~10mm 的干缩团粒或碎粒。如果这些团粒粘聚性很小，则其粒径相当于砂/砾石的粒径范围，所起的作用也一样。

（3）复合式河岸　复合式河岸组成部分的表面冲刷亦由上述过程所形成。由于邻近岸坡底部存在比较软弱的非粘性土壤，因此，河岸剪应力比较大，在冲刷水流的冲刷下，大量的粘性土可能被淘刷。

（4）植被　河岸植被对于无植物保护的土壤影响相当大。河岸生长植被可影响河岸邻近的流速梯度，从而减小局部剪应力，并将表土保护、滞留，甚至将其锚固在基土层，使表土的抗冲能力大大增加。凡是毁坏了植被的地方，河岸都比较容易受地表径流冲刷。

非干旱地区的河流，河岸上部大都生长着大量植物，见图 20。"柔软"植物诸如芦苇和青草在水流速高时，会贴靠在岸坡上，从而起着保护作用，参见第 3 章"挺水植物护岸"。

植被被冲刷是因为植物根部的土壤被冲走，以及水流对植物的曳引力所造成的。强劲的植物尤其是树木也能够影响局部流态，扩大水流的紊动，因而加速冲刷。这种情况也会导致树木的潜淘。

19　粘性和无粘性河床质的容许剪应力

注：
1　USBR（美国垦务局）关于粗砂的推荐值。
2　USBR 关于细砂的推荐值，考虑到一定的运动。
3　悬移质泥沙含量高、低或零。
4　根据俄罗斯资料。
5　塑性指数和孔隙率不同的粘性土。
6　比重，$S=2.65$，$\psi_*=0.056$。
7　读数顶轴（虚线）。

20　非干旱自然环境中的河流两岸，生长着浓密的植物，起着天然的护岸作用

2 河湖与边岸形态的演变及护岸原理·河湖边岸的坍塌

一、坍塌的成因

河湖边岸的形态、地质、土壤结构、植被及人畜活动等，构成了其复杂的环境状况。由于植被的破坏、水流水浪冲刷、地表径流及渗透以及岸顶道路及附属物的荷载等因素，可能导致边岸多种类型大体积坍塌事故的发生。常见的有沿深破裂面的滑坡、浅层滑动和大块坍塌，见图1～图3。本节将详细叙述和分析引起边岸发生大体积坍塌的主要成因及其他因素。

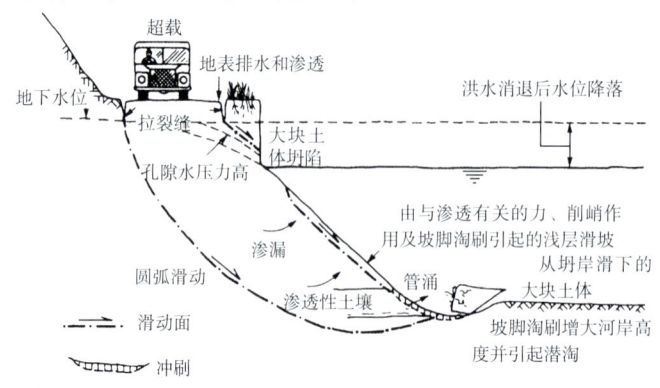

1 常见河湖边岸的坍塌成因及河道边岸断面

2 车辆经常超载，雨水径流和渗透、洪水及右侧河道高速水流的冲刷，使这里的边岸经常发生滑坡和大体积坍塌

3 边岸土层中的拉裂缝和山体地表水径流引起的边岸局部塌陷

1. 边岸几何形状的改变 影响河湖边岸几何形状的因素有许多，但最容易改变边岸形状的是地表排水的冲刷和波浪水流对堤脚的淘刷，见图4。

4 地表径流的冲刷和堤脚淘刷使边岸形状变得模糊

2. 地表水和地下水流的影响 地表水和地下水共同作用，使边岸失稳，坍塌的危险性增大。但是，与地表和地下水流关系密切的渗透和入渗是造成边岸坍塌最潜在也最危险的两个因素。

（1）**渗透** 在河岸土中孔隙水压力高的情况下，尤其是在河槽水位急降后，将减少河岸土壤中的有效压力，从而可能促发深层的圆弧滑动。同样地，这样的超压力或因连续渗透所形成的压力亦可促发地面冲刷或坡脚淘刷。

非粘性粉砂或砂质粉砾河岸容易发生管涌，或因连续渗透而发生弥漫。土质为砂石或粗中砂的河岸则很少发生这一类破坏，因为扬压力极少超过这种土料的浮容重。与粘性值较小的土壤相比，粘性土一般能承受较高的水力梯度，而且因渗透引起的破坏也不可能一再发生。必须指出，在发生弥漫而使土中细颗粒移动的地方，留下的粗粒土的孔隙较大，更容易发生地面冲刷。

（2）**入渗** 雨水或地表水渗入河岸，特别是通过裂缝和裂隙向下入渗，会引起土壤容重及孔隙水压力增大，结果是岸坡土壤强度下降，但重量增加，将使岸坡坍陷的危险性增大。

3. 超载的影响 边岸超载有永久性的附属物、临时性的设施和堆积以及动态的车辆等。但是，任何作用在河岸顶部的永久性或临时性荷载，都将增加河岸发生大体积坍陷的可能性，见图5。

5 湖边岸密布的永久性建筑荷载，是堤岸的不稳定因素

4. 拉裂缝 造成河湖边岸拉裂缝的原因有许多种，其危害是很严重的。特别是粘性土中的拉裂缝或干缩裂缝会降低河岸的稳定性，尤其是当这些裂缝充水后危险性会增大。

5. 植被 河岸上植物的根簇可改善土壤的土力学特性，尤其是可提高土壤的抗剪强度，并使土壤具有一定的抗拉强度。因此，植被有助于防止形成拉裂缝，因而是保持复合式河岸稳定的关键因素。破坏植被可使河岸更易发生大体积崩坍。河岸上的树木能起稳定河道的作用，但易被洪水和大风倾倒，河岸可能因此发生严重冲刷，见图6和图7。

河岸坍塌的形式与规模因土壤类型而异。由于土壤类型、水土状况以及许多河岸土壤的可变性等都有差异，对于特定的河岸而言，各种坍塌同时发生的几率很小。

6 在大风和洪水共同作用下，河岸树木倒掉，使河岸遭到严重冲刷

7 洪水和激流不断地冲刷，坡脚泥土被淘空，使边岸树木倾倒

二、河湖边岸坍塌的类型

无论是有防护的还是无防护的河湖边岸，在具备了前述的影响边岸稳定的因素后，随时都可能发生坍塌，特别是在边岸出现强大的地表冲刷或堤脚淘刷，亦或在边岸上突然加载较大的时候。这就是为什么绝大多数边岸的坍塌经常发生在大雨或高水位期间及其后不久的原因。经过作者长期的考察，实际情况远比普通教科书上讲述的有关边岸坍塌基本原理要复杂得多，而且，相关书籍提供的边岸相关资料很少比现场考察收集的资料详实生动。

1. 浅层坍塌

（1）**易发边岸及诱因** 浅层坍塌主要发生在边岸角度比较平浅的地方，常出现在基本为非粘性土质的缓坡边岸，而且，坍塌面与坡脚相对平行，见图8和图9。

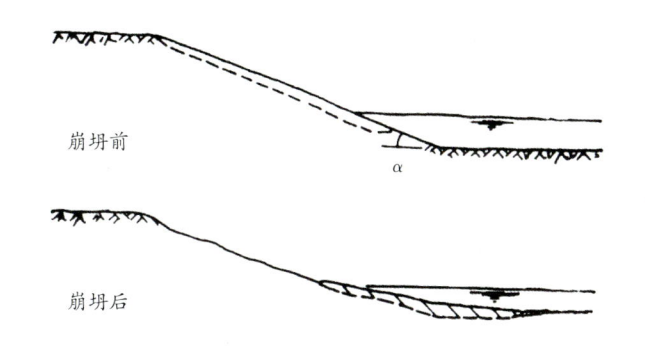

8 浅层坍塌示意图

9 发生浅层坍塌的平缓坡，采取植被护坡使边岸稳定

（2）**发生条件及特征**
①河岸角度平缓。
②较多发生在非粘性土质的边岸。
③坍塌与边缓坡基本平行，$\alpha = \varphi'$。
④河岸渗透水可大大减小稳定的 α 角。

（3）**防护办法**
①消除来自河岸的渗透水。
②采用草皮、灌木等的植被护坡，可有助稳定边岸，防止坍塌。此外，也可以采用水生植物、草、灌木和树木的植物群防护法，在边岸形成一条生态岸边防护带。

2. 平面坍塌

（1）易发边岸及诱因 平面坍塌主要发生在缓坡边岸较陡的地方，堤岸有可能沿平面或平缓的曲线面发生坍塌，而且较常出现在非粘性土边岸或已有较深拉裂缝的边岸，见图 10 和图 11。

图 10 平面坍塌示意图

图 11 平面坍塌现场实例

（2）发生条件及特征
① 边岸的角度较陡或直立。
② 多发生在非粘性土质河岸，有时也发生在粘性土质边岸。
③ 相对于河岸总高度，地下水位及河道水位一般比较低。

（3）防护办法
① 消除引起边岸坍塌的隐患。
② 应首先采取坡脚防护法，例如抛石、木桩和水生植物加固坡底。

3. 板状坍塌

（1）易发边岸及诱因 在已有较深拉裂缝的非粘性土质边岸，最容易发生板状滑坡坍塌。现象多为大土块崩塌，塌落土块由坡底前方滚动。塌落土块多为 1m 长或更大的板块，见图 12 和图 13。

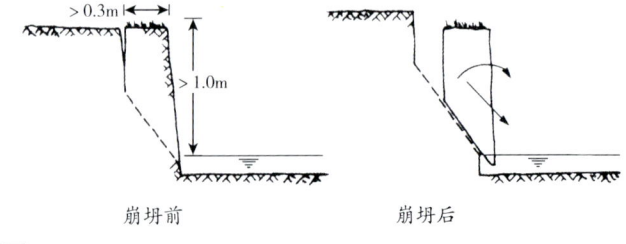

图 12 板状坍塌示意图

图 13 板状坍塌的边岸实景

（2）发生条件及特征
① 边岸较陡或接近直立。
② 拉裂缝比较深。
③ 因滑动或倒坍而发生坍塌。
④ 如果裂缝流进水也会发生坍塌。

（3）防护办法
① 采取护脚与护岸相结合的形式。
② 硬质材料可采用干砌石护岸。
③ 天然材料可采用芦苇等挺水植物，可减少边岸冲刷和坍塌。

4. 深层圆弧滑坡

（1）易发边岸及诱因 深层圆弧滑坡较多发生在河岸较陡、高度为中等以及河岸为粘性土质的地方，尤其是河岸土质比较均匀的地方，容易导致滑坡沿圆弧面发生，见图 14a。而在另一些情况下，滑坡面的形状也许包含有对数螺线形或甚至是平截面，见图 14b。后一种类型比较常见，发生这种滑坡的地方，软弱土层决定着滑坡面的实际形状。

深层圆弧滑坡土方量比较大。虽然滑坡面常通过岸坡脚，但滑坡并不总是按此情况发生，而且不可忽视滑坡面伸展到坡脚以外的可能性。

在发生深层圆弧滑坡之前，常可在岸坡表面看到平行于河岸的拉裂缝。可能的滑坡面通常会沿拉裂缝发生，而且其位置可预示着潜在的大致范围。若拉裂缝充水，则所形成的侧向水压力将进一步增大滑坡的可能性。在与岸坡总深度相比，潜在拉裂缝深度比较大（大于30%）的情况下，把滑坡解析为平面型滑坡较为合适，见图 11。

一般来说，受过冲刷的曲流河段的外岸位于河谷边缘的河段，很有可能因进一步冲刷而危及边岸坡的整体稳定性，进而引发延伸到谷坡的大规模滑坡，见图 14c。

这种情况不仅仅发生在天然河岸，一些由防护堤构成的河岸或湖岸，只要具有相似的条件和诱因也会发生圆弧滑坡，见图 17。

（2）发生条件及特征
① 粘性的均质土中容易发生。
② 发生在比较陡或中高度的河岸。
③ 拉裂缝特别是灌进水后易发生滑坡。

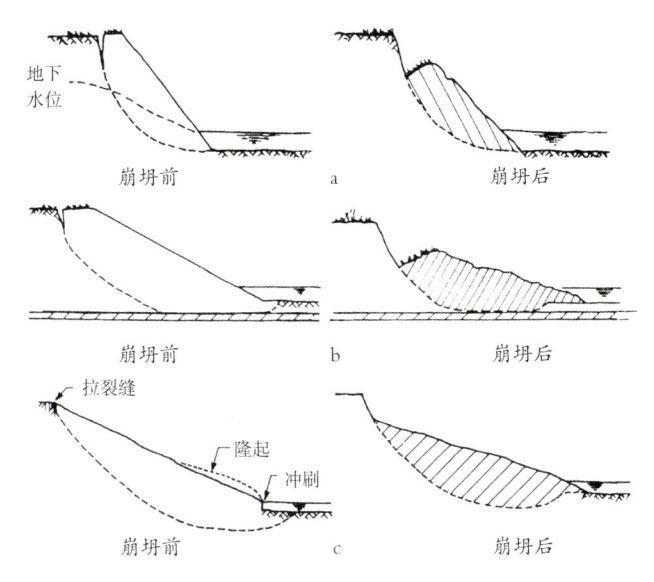

14 深层圆弧滑坡示意图

④地下水位状况有明显影响。
⑤坍塌可扩大到坡脚以外。
⑥软弱土层易发生滑坡,并且软弱带的位置决定滑坡面的大小。

(3) 防护办法
①确保河岸的稳定,消除坡脚冲刷。
②堤岸上有拉裂缝产生应及时采取措施,避免地表水灌入。
③已发生滑坡或可能发生滑坡的河段,应根据当地实际情况选择护岸方式。

15 深层圆弧滑坡的边岸

16 山区粘性土质河岸发生的深层圆弧滑坡,与图 14a 所示情形相同。边岸土质软弱而均匀且河岸较陡,被冲刷后发生长距离大土体量的坍塌

5. 复合式边岸的坍塌

(1) 易发生边岸及诱因　复合式边岸是上层为粘性土、下层为砂或砾石的复合土层,这种土层结构决定了该种边岸土质比较容易受冲刷,特别是那些地处较低的河岸更加频繁地遭受水流的冲刷。结果往往导致边岸上部发生下切,形成了伸出河岸的悬臂,进而引发三种坍塌型式:受拉坍塌,见图 18;受剪切坍塌;埂式坍塌,见图 19。复合式边岸的坍塌实例见图 20~图 23。

17 由于石砌防护堤脚被冲刷,堤岸上又有拉裂缝,遇到雨天便发生深层圆弧滑坡

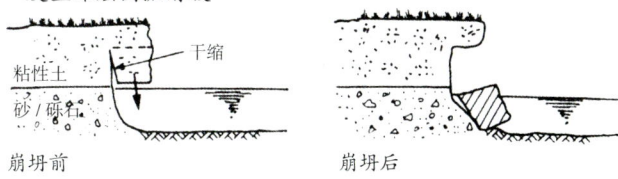

18 复合式边岸受拉坍塌示意图

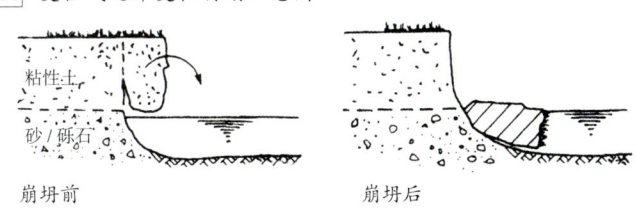

19 复合式边岸埂式坍塌示意图

20 复合土层的边岸,砂层受水流和水浪冲刷使得边岸上部粘土层形成悬臂。如果上部受拉或受剪切出现全部滑落,就会形成埂式坍塌

21 复合土层上的直立浆砌石护岸,由于砌体筑在粘土下的砂层,又缺乏护脚,因此长时间冲刷后砂层被淘空,造成砌体倾倒

22 复合式边岸在发生冲刷受拉后,长长的砌体发生倾斜,如果某砌段再次受拉就会发生坍塌

埂式坍塌发生在受拉坍塌之后——坍塌后的上部土体受拉再次发生坍塌,坍塌后的土体连同植被整体落入河道,形成埂式坍塌。但是,河岸在发生受拉坍塌后,也有可能因受剪切力而坍塌。

土体坍塌。

④边岸亦可能因承受剪切力而坍塌。

(3) 防护办法

①加强复合土层砂砾土层上的固底护脚。

②在易发生坍塌的河段进行综合护岸处理。

③根据河岸坍塌的类型各诱因及环境的实际情况,采用适当的护岸方法。

④天然材料护岸可采用深夯木桩护岸法。

三、坍塌土力学参数

在前节所述的大多数岸坡坍塌型式中,岸坡土壤的抗剪切性能是决定崩塌是否实际发生的因素。对于复合式边岸,土中的受拉效应可决定岸坡崩坍的型式。在决定土壤的强度方面,孔隙水压力起着重要作用。只要增加土壤孔隙中的孔隙水压,就会减少土壤颗粒与颗粒之间的接触能力(有效应力),从而降低土壤的抗变形能力。反之,因土壤部分干燥而降低孔隙水压力,则将增大土壤颗粒间的接触应力,从而增大其抗剪强度。

在某些情况下,土壤吸水完全饱和,在不断的或瞬时的渗透条件下,孔隙水压增大,结果使有效应力减小到零,完全失去其抗剪强度。在诸如由船舶通航或地震引起波浪和水位波动而承受瞬时冲击荷载情况下发生了上述情况的地方,土壤即发生液化作用。

1. 安全系数 每当海岸承受的作用力(因河岸以上土壤的重量,或因渗流力而引起的剪应力)超过岸坡土壤的最大抗剪强度时,河岸就将发生坍塌。因此,有必要考虑安全系数(F_s)这一因素,其定义为

23 图22坍塌砌体局部

(2) 发生条件及特征

①只发生在粘性土和砂的复合式边岸。

②受拉坍塌只在上覆容易冲刷的砂(砾石)的粘性土层的上部发生。

③埂式坍塌发生在受拉坍塌之后,然后产生旋转、上部受拉的

$$F_s = \frac{土壤抗剪强度}{土壤承受的剪应力} = \frac{s}{\tau} \quad (2.15)$$

当 $F_s = 1.0$ 时，崩坍即将发生；若增大 F_s 值，稳定性将随之逐渐增大。

理论上，$F_s < 1.0$ 是不可能的，因为在此情况下，河岸早已崩坍了。然而，各种材料特性的不同，加上某些分析方法保守的假设条件，使得有时候当 $F_s < 1.0$ 时，表面上看来，边坡也是稳定的。此外，由于土体中存在未被发现的软弱带，即使 F_s 的计算值大于1.0，这些地方也会发生崩坍。同样地，在土壤含水量极大的情况下，孔隙水压力可能增大而超过稳定性分析中所采用的数值。

为了保证即使在极端条件下也不会发生坍岸，分析中需假定安全系数大大超过1.0，然而，这样一种安全限度只有花费相当大的代价才能达到，而且从可能发生坍岸的潜在后果以及从费用上考虑，一般会影响 F_s 值的实际选择。因此，在一旦发生岸坡崩坍而可能造成的损失比较少或生命财产损失极微少的地方，F_s 值可取略大于1.0（如1.05~1.10）；而在可能造成财产极大损失（如对人、畜危害极大）的某些地方，则 F_s 值需高达1.4，或更高。

2. 抗剪强度 土壤的抗剪强度 s 由下式规定：

$$s = c + \sigma \tan \phi \quad (2.16)$$

式中 c —— 土壤的粘聚力；
σ —— 总的法向应力；
ϕ —— 内摩擦角。

当粘聚性的粘土因应力快速变化而发生剪切破坏时，剪切过程随即发生，但总的体积并无变化，因为没有足够时间供土壤排水。在此情况下，粘土的特性就好像其抗剪角度为零（即 $\sigma \tan \phi$ 为零），其抗剪强度由下式给定：

$$s = C_u（或 S_u） —— 软粘土 \quad (2.17)$$

式中 C_u 或 S_u —— 均为未排水粘土的强度。

若剪切过程发展缓慢，足以供土壤排水（从而体积发生变化），或已知孔隙水压力，则抗剪强度可按有效应力关系计算如下：

$$s = c' + \sigma' \tan \phi' \quad (2.18)$$

式中 $\sigma' = \sigma - u$，表示有效应力参数，其中 u 为这种土的单元孔隙水压力。

在对荷载变化缓慢的天然岸坡进行稳定性分析的同时，需进行有效应力的分析研究，当然亦需考虑渗透性和地下水位因素。

对于非粘聚性的土壤（如净砂和砾石），由于 c' 为零，抗剪强度按下式计算：

$$s = \sigma' \tan \phi' \quad (2.19)$$

未排水强度 C_u（或 S_u）可由以下几种方法估算：
（1）根据其稠度（手感硬度）。
（2）十字板剪力试验。
（3）囊状粘土触深试验。
（4）实验室未排水粘土的三轴抗压试验。

有效应力强度参数（c' 和 ϕ'）一般通过实验室三轴抗压试验，或通过剪切盒试验来测定。图 24 表示抗剪强度—应力的关系［式(2.17)和图 24］。

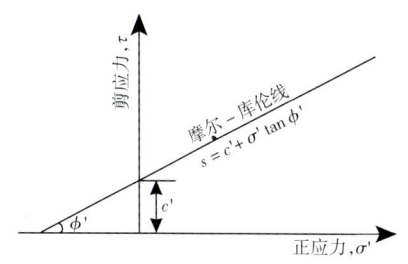

a 应力抗剪强度与法向有效应力的关系

b 粘性土（$\phi = 0$）的未排水荷载条件

24 土壤抗剪强度—应力的关系

四、稳定分析

有许多方法可用以进行边坡稳定性分析，一些土力学参考书中对许多边坡稳定分析方法都有较详细的介绍。虽然对于某些崩坍型式来说，有大量不同分析方法可供选择，但应按观察到的（或可能发生的）崩坍型式选用分析方法。此处列举出分析不同崩坍型式的常用方法，以供读者在对一些基本原则作出判断时参考。

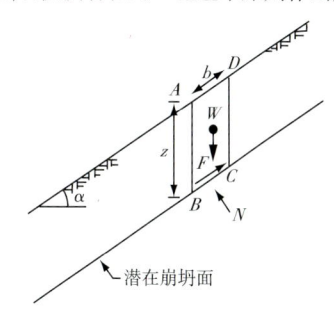

a 需岸坡干燥，崩坍面平行于岸坡（无粘聚性）

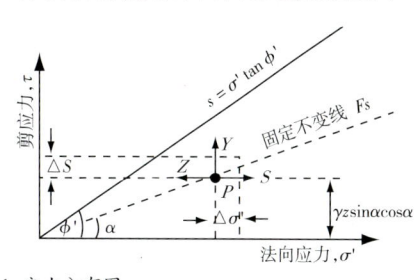

b 应力分布图

25 按岸坡无限大的浅层崩坍分析

1. 浅层崩坍 浅层崩坍可通过把河岸视作范围无限大的边坡进行分析，可利用已有的分析这些边坡的传统方法。这些分析方法将在下文介绍，并标示于图 25 a。如图所示，水线以上岸坡是干的。

诸如 $ABCD$ 的土块的稳定性都将一样，分析地表下深度为 z 处的崩坍面的每一土块上的作用力，可评价其稳定性。由于所有土块都是相同的，作用在诸如 AB 和 CD 面上块体之间的力都相等，方向相反，因此可以忽略。需考虑的主要力是块体重量产生的力 W，以及保持各块体平衡的摩擦力 F。作用在 BC 面上的法向应力按下式计算：

$$\sigma = \gamma_s z \cos^2\alpha \tag{2.20}$$

同样地，作用在 BC 面上的剪应力可由下式计算：

$$\tau = \gamma_s z \cos\alpha \sin\alpha \tag{2.21}$$

图 25 b 的 P 点标绘出了 BC 面上的应力状态，通过 P 点还绘出了非粘性土中摩尔—库仑线。当 P 点位于崩坍线以下时，岸坡是稳定的，其安全系数按下式计算：

$$F_s = \frac{\tan\phi'}{\tan\alpha} \tag{2.22}$$

显然，岸坡稳定的最大角度是在 $F_s=1.0$ 和 $\phi'=\alpha$ 时。在许多非粘性土中，ϕ' 大约为 $30°\sim 35°$，该角度范围很可能就是上述土壤在干燥状态下的最大稳定角度。

从图 25 b 可以看出，如果出现下列两种条件，在该河岸上，处于 P 点应力状态的 ABCD 土块将崩坍：

（1）如 PZ 线所示，法向有效应力减小。
（2）如 PY 线所示，剪应力增大。

在河岸，有效应力主要取决于土壤中的孔隙水压力。当土壤排水变成只是部分地饱和时，孔隙水压力相应减小，使 P 点向 S 方向移动，从而稳定性增大。

显然，当应力状态发生变化时，稳定性是增大还是降低取决于是否符合如下条件：

$$\triangle S < \triangle \sigma' \tan\alpha \text{ 或 } \triangle S > \triangle \sigma' \tan\alpha \tag{2.23}$$

2. 平面崩坍 平面滑动分析是指研究单个板状或楔形土体的稳定性问题。如上所述，当岸坡无限大时，需考虑的主要作用力是楔体或板块的重力，当然还有作用在潜在崩坍面上的法向力，以及作用在该抗滑面上的剪切力，见图 26。在本分析中，首先必须假定潜在的崩坍面，并估算出安全系数；然后分析研究其他可能的崩坍面，以找出安全系数最小的崩坍面。

根据图 26，抗滑动崩坍的安全系数的一般表达式如下：

$$F_s = \frac{2c\sin\alpha}{\gamma_s H \sin(\alpha-\beta)\sin\beta} + \frac{\tan\phi}{\tan\beta} \tag{2.24}$$

式中 H —— 坡高；
β —— 潜在崩坍面的角度。

对于 c 为零的非粘性土，左边项被消去，而当 $\beta=\alpha$ 时，即得出如式（2.22）所示的浅层稳定性的临界安全系数。

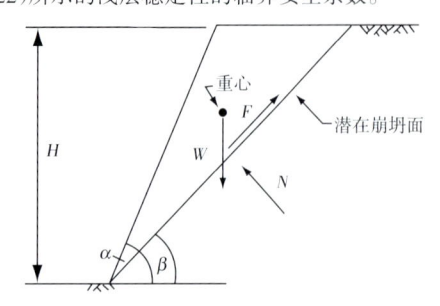

26 平面型边坡崩坍，无拉裂缝

实际上，大多数粒状土壤，特别是粉砂和细砂的天然沉积物，都存在少量天然粘结力或粘聚力，使土壤能够在比其抗剪强度角度更陡的边坡上保持相当长时间的稳定。

ϕ 为零的粘聚性土壤，没有任何拉裂缝（图 26），其抗滑安全系数按下式计算：

$$F_s = \frac{2C_u \sin\alpha}{\gamma_s H \sin(\alpha-\beta)\sin\beta} \tag{2.25}$$

对理论进行适当修改，即可分析拉裂缝的效应，这样就能够分析研究板状崩坍（图 12）的稳定性，包括河岸的临界高度。

3. 圆弧滑坡 如同上述的平面崩坍分析一样，必须分析一系列潜在崩坍面，以确定安全系数最小的崩坍面。通过这项分析，即可找出将发生崩坍的潜在崩坍面。

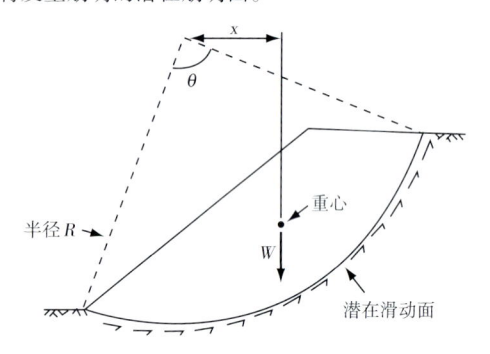

当 $W_x \geq cR^2\theta(\phi=0)$ 时，即发生滑坡

27 均质粘性土中发生圆弧滑坡

一些比较通用的方法是将扇形土体分成一系列土条，然后估算作用在土条上的力（图 28）。为简便起见，保守地假定土条之间的力抵消了，并且在各土条内，只有重力和沿滑动面的剪切力保持均衡。这种方法应用起来十分便利，而且可包容土壤参数中的各种变量及各条之间的孔隙水压力。此外，拉裂缝（干的和充水的裂缝）存在的影响亦可包容在分析之中。对所有土条，按每一土条的作用力求和，给出安全系数表达式如下：

$$F_s = \frac{\sum c'L + \sum(W\cos\alpha - uL)\tan\phi'}{\sum W\sin\alpha} \tag{2.26}$$

式中 W —— 土条重量；
L —— 其沿滑动面量测的长度。

这项分析研究通常使用计算机进行，目前也有许多商用程序可资利用。

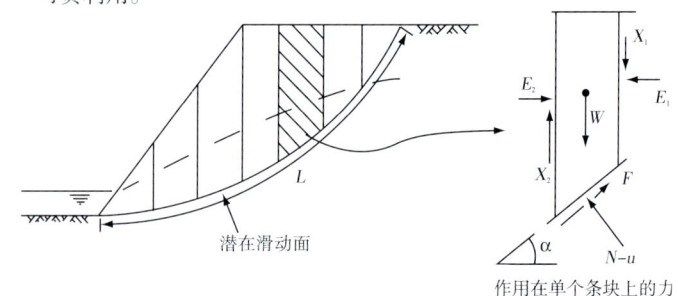

28 圆弧滑坡的条分法

4. 复合式河岸的崩坍 复合式河岸的崩坍取决于各土层的特性和厚度，以及其相对位置。一般来说，在岸坡下面的砂/砾石层会受到更快速的表面冲刷，造成上部粘性土质河岸的潜淘，复合式河湖边岸因天然土块潜淘引起的冲刷和坍塌见图29～图32。若复合式河岸比较高，上部粘性土质河岸相当厚，且其上还覆盖有一层软弱层，则可因在两土层之间的接触面发生运动而引起圆弧滑坡。这种滑坡的分析研究可按上文所述的方法进行。有时候个别土层的厚度足以引起部分河岸发生板状崩坍，在此情况下，可应用常用的崩坍分析方法。

对低矮的复合式河岸(高度小于2m)，不宜采用常用的分析方法。潜淘可形成很大的(达0.3m的)悬崖。这种悬空土体可能有3种崩坍型式。其中受剪切崩坍并不常见，但其他两种(即受拉崩坍和埂式崩坍)在这种河岸则比较常见。值得注意的是，干缩裂缝自悬崖段底部沿天然土块内的裂隙向上延伸，而可能发生的崩坍型式(受拉或埂式)则只取决于悬崖的几何形状，与土壤参数无关。

尽管已有许多专家设计了多种研究土中受拉效应的方法，可用以估算低矮复合式河岸抗不同型式的崩坍近似的安全系数，但与工程设计相比，这些方法多半与地貌研究更加贴近，因为任何过陡、潜淘的河岸实际上就是不稳定的，从长期来看，土壤的抗拉效应是靠不住的。

五、清除大体积崩坍堆积物

河湖边岸在发生了大体积崩坍后，将有大量废土堆积在河岸下部。如果崩坍后土块或土体已经破碎，则河水可将离散的土粒挟带运走，粘性土壤，特别是被植物的根簇拉住时，则仍将保持原封不动。经过一定时间，这些土块本身将因风化及河水的冲刷而破碎。当废土仍堆积在滑坡坡脚时，就应采取护岸措施，以防止进一步坍陷。此后，这些废土可能被河水冲走，然后重新发生滑坡循环过程。滑坡废土也可能堆积起来，形成粘性土层，并在其上生长植物。当发生了后一种情况时，将影响河流的流态，促成另一处河岸发生冲刷，遗留下相对稳定的早先的滑坡区。

30 虽有沿岸树木根系的稳定固坡，河岸仍禁不住持续冲刷，也避免不了一块块天然土块的坍陷

31 岸坡下面砂砾层被淘刷完后，树木根系发达的粘土层一样遭到潜淘，直至坍塌

29 湖中小岛岸坡下面的砂砾层不断地受到冲刷，造成上部粘性土质边岸的潜淘，并不断坍塌，最后缩萎到了孤树一棵

32 岸坡下面粒径较大的砾石层，在洪水激流的强冲下，一样被淘空，边岸上是一块块接近坍塌的土块和大树

3 天然材料生态护岸·概述

一、天然材料护岸的特性与应用

城市化在全世界范围内尤其是在发达国家已达到相当高的水平。一方面，城市化为人类自身创造了方便、舒适的生活工作条件，也满足了人们的生存、享受和发展的需要；另一方面，城市化造成的自然生态环境的恶化所带来的一系列变化，如城市热岛效应、生活方式的改变等，对人类的影响都是长期的、潜在的。

反映在护岸设计上，城市化是诸如混凝土、预制块和其他人工硬质材料的广泛滥用，使体现自然景观的河流变成了人工水渠，成为城市混凝土森林的一部分。随着人类生态意识的不断提高，越来越多的天然材料被运用到岸坡保护上，见图 1。近年来，我国已开始在适宜的地方采用了天然材料护岸，并在与传统方法竞争的同时仍在不断地完善护岸方式和方法。本章所讲的天然材料护岸既包括非人工的受植物保护的河湖岸坡，也包括在新护岸工程和堤岸维修中采用植物的护坡。当然，前者主要是指随着植物生长过程的维护问题，后者是本章论述的重点，尝试从现有岸坡环境的角度探讨天然材料护岸，内容既含有天然植物，也包含天然木材和石材。

[1] 由草花、水生植物、灌木和乔木构成的边岸立体植物配置的防护

天然材料护岸与传统的工程护岸比较，具有投资少、取材方便、既有护岸功能又绿化了环境的优点，还有利于生态环境的恢复和保护，营造更加自然、协调的景观环境，见图 2。但天然材料在边岸防护上也存在一些不足，例如，其抗冲刷和耐淘蚀能力方面较混凝土等硬质材料要差，有的使用寿命短，有些甚至只能作为岸坡的临时性防护材料。因此，如何将天然材料的生态性景观效果与高强度的硬质材料结合起来，仍然是我们需要探索和实践的课题。

与传统护岸相比较，天然材料护岸可能需要更长的周期，如果是活性的天然材料，则生长和充分发挥效率需要时间。一些植物更要经过若干个生长季节才能达到所要求的防护标准，当然，这些都取决于所选植物的类型。此外，采用活性的天然材料护岸，还应充分考虑这些植物的生长带来的体积变化，以及它们在边岸和河道中的空间效果；还应考虑从乔木到地被的、由高到低的植物群落的立体配置，以实现既保护河湖边岸，又充分兼顾植物的景观效果，见图 1 和图 2。应注意的是，对于小型河道的天然植物护岸，在设计阶段就需要考虑是否有一个足够大的河道截面为天然植物提供生长空间，见图 3。

[2] 边岸簇生的浓密的植物，对边岸形成了强有力的保护，也营造了一个自然优美的生态景观环境

二、地域与环境关系

在进行设计时，首先应该考虑的是天然材料护岸工程与自然和当地人文环境之间的相互影响。特别是要注重护岸植物种类的选择与当地物种相协调，并尽可能地选择当地物种作为护岸和景观材料。任何地方的乡土植物都是经过几百甚至上千年的自然演变形成的，具有先天平衡生态环境的能力，且生命力强，适应性好，也更能形成地域的和乡土的植物生态系统，更有效地建立和保护好动植物的生长环境，或是为这些地域生态环境的再形成提供条件。

归属于一地的乡土植物和其他护岸材料，又是表达乡土文化的标识之一，成为该地乡土特征不可分割的一部分。如果当地植物不能完全满足护岸要求，在引进外来品种时，以不与当地物种发生冲突为原则，更不能扼制当地物种的生长。选择取长补短的最佳互补配置，以达到和谐共融的生长，实现护岸工程与地域环境和自然的和谐，见图 4。

[3] 较窄的河道，边岸的树冠生长过于茂盛，侵占了水面上太多的空间，加之疏于维护，致使倾倒的树木影响行船和洪水期的过水能力

60

天然材料生态护岸·概述

[4] 多样性的乡土植物护岸，与山川融为一体，自然和谐中呈现出地域特征的生态环境

三、维护与管理

1. 生长中的护岸 采用天然植被和树木保护河湖边岸存在着随植物生长过程的维护问题。需要定期的检查、修剪、补栽或刈割的常年管理，特别是天然护岸完成后，要经过若干个生长季节，才能达到所要求的防护标准，因而管理工作尤为重要。

一般来说，选择天然护岸进行植物栽植时，就要充分预测栽植后的管理工作内容，以便进行切实、合理的植物栽培管理。这种管理应以植物全年生长过程中的经常性管理为基本内容。当然作为以护岸为目的的植物选择和栽培管理还应考虑出现大面积洪水河道的要求，以及应对植物长期的生长过程或自然环境变化等所需的相应管理。

由于护岸使用的植物较多情况下是多种类、多品种的配置，有乔木灌木，也有草花植被。这些植物都是由春季发芽生长成为新枝新叶，并逐渐成长为成熟的枝条和叶片，进而形成护岸所需要的健壮的枝条、强壮的茎干和根系。每年这些植物都重复着这样的生长过程，要根据不同季节制定相应的管理计划，例如，夏季植物容易受到大风、病虫害和剪枝的影响，往往会导致植物养分生成的减少、树木生长不良并且易于枯死等状况发生。因此，应适时适量施肥补充营养。

要在适当的时期进行植物病虫害的防治，否则，不仅收不到应有的防治效果，而且还会有损于植物的生长，甚至可能导致植物的枯死。因此，制定适时可行的常年管理计划，其目的就是为了使所实施的施肥、剪枝、病虫害防治及除草等管理工作适合护岸植物的生长，使植物保持良好的生长状态。此外，常年管理计划还应包括护岸河湖边岸区域的管理，具体内容有针对河道流水障碍管理的树木修剪和倾倒树木的矫正、清除等，见图[3]。

2. 管理项目 护岸植物的管理应该有针对性，应按植物的类型分别制定管理项目。有关乔木、亚乔木和灌木的详细管理项目见表1，草皮等地被植物的管理项目见表2。

护岸植物的管理细目 表1

类型	项目名称	管理对象及内容
乔木	夏季修剪	主要为河道倾倒及有碍流水的乔木
	冬季修剪	有碍河道和特别需要修剪的乔木
	落叶乔木剪枝	需要修整和控制管理的树木
	常绿乔木剪枝	需要控制管理的树木
	修剪树枝	凌乱、枯死和无用的枝条
	病虫害防治	适时或视病虫害的发生情况
	倾倒树的清理	包括倾斜的树木，视阻碍流水情况
	施肥	按季适时，生长中需要的树木
亚乔木	夏季修剪	护岸植物中需要进行河道流水障碍管理的树木
	落叶树剪枝	需要修剪和控制管理的亚乔木
	常绿树木修剪	需要控制管理的亚乔木
	修剪树枝	枯死、无用的枝条和需要整形的树木
	病虫害防治	适时或视病虫害的发生情况
	倾倒树的清理	视阻碍流水情况
	施肥	生长过程中需要的树木
灌木	修剪整形	护岸需要修剪特别是丛植的灌木群
	落叶树剪枝	需要修剪和控制管理的树木
	常绿树剪枝	需要控制管理的树木
	病虫害防治	适时或视病虫害的发生情况
	施肥	生长管理上需要的灌木

注 根据地区和气候的不同，管理项目和内容会有差异。

地被植物的管理细目及实施时间 表2

项目名称	对象及内容	实施时间(月)	每次实施(%)
修剪	地被类	5、7、10	
除杂草	地被类	9	100
施肥	地被类	6、10	100
培养草皮覆土	草坪整体	2	30
通风	地被类	4	30
浇水	地被类	7、8、9、1、2	根据需要
病虫害防治	地被类		根据需要

注 视地区、气候及工程标准，除草时间和次数及其他管理项目的内容会有一定差异。

3 天然材料生态护岸·设计程序和方法

一、设计要求

天然材料护岸方法，一方面具有河岸防护的水利土工功能，另一方面又具有水边景观视觉效果。现代护岸设计在满足防护要求的前提下，更多地兼顾环境的景观设计。此外，天然材料护岸特别是天然植物的栽植护岸，又明显具有生物工程的属性和特征，更准确地说是一项有关植被的生物工程，见图 1。

具有生物工程性质的天然植物栽植护岸工程与其他传统的工程形式是不同的，而又与定量设计理论或规划相反的是，生物工程学包含有相当多的实践经验，对设计方法有重大影响。在应用方面，欧洲在 20 世纪 80 年代就建立了一套完整的针对滨水护岸的生物工程的规划设计和施工准则，不仅是在植被种植期，而且整个初始生长期的全面管理也包含其中。

1989 年，针对土木工程中利用植被而最早提出全面准则的是英国，而后在欧盟推广。这个被称为 CIRIA［英国建筑行业研究及资讯协会（Construction Industry Research and Information Association）］的设计准则，为设计和管理者提供了一整套基本的植物种植、管理原则和要求，也是一部更为全面的关于选型、种植和管理的可靠资料。但遗憾的是我国还没有类似 CIRIA 的全面准则和规范。我们将在下面章节中，结合我国实际参照 CIRIA 的相关内容，以便广大设计人员和管理部门有据可依。

1 多种水生植物、多样的边岸树木，构成了生态的生物护岸工程

值得注意的是，一些对园林园艺和植物知识了解不多的水利或土木工程师，在进行护岸设计时，应与相关的专家特别是植物专家合作，或向他们咨询请教。对要求标准较高的植物护岸，所采用的护岸方法应在与要求相同的保护环境中进行试验或测试，以检验其可靠性。

二、设计方法

天然材料护岸的设计方法　　　　表 1

主项	分项	设计方法与说明
技术要求与说明		设计者必须根据所判别的设计条件来决定护岸功能。采用植被作护坡时，需要考虑以下几点
设计步骤	植物种类的选择	可采用基本的植物群是水生植物、草、灌木和树。植物种类的选择，以护岸常用植物选用表中汇总的植物的不同功效为依据，并考虑可使植物存活的土壤物理和化学成分、气候条件和土壤/水状况。 必须考虑以下方面： （1）人工种植的植物群与自然植物群落的优胜劣汰，例如，人工草皮仅是成熟期相同的草种中的少数几种。 （2）植物维护所需的大量管理工作。必须考虑和规定植物材料供应的可获量和来源
	土壤要求	植物必须有适宜的土壤条件才能按预期的要求生长。在未经试验的条件下，土壤的适宜性按本书第 1 章"护岸设计程序与方法"有关工程土和土质的小节中的方法来确定。这个问题涉及对现有的基土和表土来源的考虑。对植物来说，土壤剖面通常需要考虑至少 0.5m 的深度，但有时要增加很多，以为根部的生长提供最佳条件以及为吸取水和养分利用合适的土壤量。必须注意植物生长的要求（如较小的土壤密实度）可能明显地与基土的稳定性和强度的通常要求相抵触。 应注意负效应：植物会造成极高的水力糙度，且其地面以上的部分会缩减渠道的横截面。除非植物的茎具有柔性并且能向水流中弯曲，否则在洪水期植物形成的阻力会将植物连根拔起并引起局部塌岸
	地表预处理	恰到好处的地面预处理工作能增强植物的成苗能力，这就需要做到以下几点： （1）开垦出合格的耕作层或苗床，或对陡坡作适宜的修整。 （2）沿等高线开垦适于排水和未来管理的地形。 （3）翻土或松土以降低过大的基土密实度。 （4）土壤改良以改善土壤结构、持水量和肥力。 （5）防治短期的冲刷直到植物生根。 当用表土覆盖在现有的基土上，尤其在斜坡上时，需要特别注意确保翻松基土使边界为渐变层，这样既减小了潜在的软弱面，又帮助植物根部插入基土。对于陡坡则需要采用配有脊刃或长齿的长臂挖土机来翻松表层土

续表

主项	分项	设计方法与说明
设计步骤	植物的种植	种植技术与具体的植物类型和种植地点相关。五种基本的播种方法可供考虑： （1）钻孔，将种子直接置入土中。 （2）撒播，在土壤表层干撒种子。 （3）水力播种，用泥浆撒种。 （4）覆土播种，湿或干的组分上覆以干的厚覆盖土层（包括预先准备的种床）。 （5）手播，包括用手撒播和定点插播。 预先栽培植物例如草皮，其他可以单株或成丛地移植。 应注意植物栽培乃是季节性活动，会受到一年中特定时间的限制。一旦耽搁则需采取应急措施，并对种植计划作出修改。在初始种植后的两年或更长时间内要继续进行检查和后期维护。在此期间，一定要对管理要求和补救工作事先作出考虑，这已超出工程合同中缺陷责任的一般维护期。最好是由单一的机构来负责种植和后期维护
	长期管理	工程师必须制订管理目标和管理计划，并取得业主或委托人的一致意见。特别重要的是保证植被在适宜的环境下成长以实现其预定作用
技术规范		天然护岸的性能取决于草地、土壤、护桩等组成部分及其相互作用。CIRIA的技术规范中推荐的方法如下： （1）确定诸组成部分性能的必要特征。 （2）指定不同施工阶段内通用的作业方法和可接受的准则。 （3）草地规范中的各种要点见表3。超出上述各种要点的通常包括在工程规范中
天然护岸的地区和地带		在使用天然材料护岸方法的情况下，特别是采用活性的天然材料作护岸诸方法，不同材料的有效性更多地取决于它们相对于外侧水位和底土土质与水的状况和位置。采用天然材料以实现有效的护岸，设计者几乎不可避免地需要在河岸的不同地区和地带（不同高程）采取不同的护岸方法。 应当注意，植被特别是草皮通常用于铺砌护岸或防护墙以上地带的保护，以防止在极端水位下波浪和水流的作用，或防止地面排水所引起的河岸冲刷。在此地带内采用植被与惰性材料联合组成复合护岸，形成在环境上有吸引力的过渡带，逐步地过渡到常规护岸，是比较适当的方法。 前面所述的有关地面清理和植被成苗问题，应该评估在植被有效地成苗以前河岸被侵袭的风险。就前述的上部地带而言，如果认为河岸土壤在植被成苗期间不能抵抗很可能的冲刷作用，则可采用诸如有生物降解作用的黄麻织物等成苗的临时辅助设备。在我国，植被生长最旺盛的季节通常是在河道流量低的期间

注 本表参照CIRIA并结合我国护岸设计实际情况而制定。

三、植物护岸的功能及其要点

1. 植物的护岸功能 植物的护岸功能及质量要求见表2。

植物的护岸功能及质量要求　　表2

功能	质量要求
阻碍	植物地面以上的部分，用以降低表土的局部水流速度
防护	植物地面以上部分形成浓密的覆盖，和地表根系一起保护土粒不被水流冲刷
限制	密集的地表根系结构限制水流把地表土粒带走
加固	植物地下根系结构，通过密集的根系发育到要求的深度，密实、加固和改善基土的强度
固定	植物深的地下根系结构将地表植物固定在基土中
支柱	利用单株植物的"支柱"效果来约束大面积土体的位移
蒸发	大面积的叶片蒸发根部所吸收的土壤水分

2. 护岸草皮的技术规范要点 护岸草皮的技术规范要点见表3。

护岸草皮的技术规范要点　　表3

项目	条目	范围
物资	种子	种类；质量；储藏；来源；混合物
	肥料	氮、磷、钾及其他培养基含量；石灰；颗粒尺寸；诸如缓慢释放等特殊要求
	特别材料	诸如种植植物临时辅助防止冲刷
	除莠剂	配方；活性成分；形态，例如流体或粒状
	移入土壤	土壤质地分类；来源；pH值；肥力；有机质含量
	土工织物	商品名称/产品等级，或功能/特性；储藏；抽样；试验
	混凝土系统	商品名称/粒度，或单位质量/特性；储藏；抽样；试验
土方工程	土的剥离	剥离深度
	土料	储料堆的尺寸和形状，临时保护，例如用草覆盖
	压实	终用1m厚土层的密度要求；压实方法
	土壤填筑	填筑方法；填筑时间安排（特别是雨季）；填筑含水量
	开挖	堆积；可接受的地层；次要部门的开挖；孔穴回填；适宜的填筑
	平整/修饰	人工平整；容许偏差，纵剖面的陡变；松土；修饰表面
播种	方法	撒播，水播；手工操作；作业程序和应用的工具；播种速率；操作的均匀性
	时间安排	根据预测或实测天气状况的容许播种期
	地面清理	现场清理（例如杂草），捡除石子，耕作
	后期管理	追肥；间苗；洒水；防杂草滋生；修剪
	性能与缺陷	必需的发芽速率或草皮密度，补救工作
设施	全系统	装卸；承包商施工方法报告书；现场损坏——拒收准则，修复程序；配置方向
	土工织物	定位——波纹、褶皱，连续接触；临时固定；剪裁；接缝与搭接，覆盖——时间安排，通行车辆；铺设的记录
	混凝土系统	与垫层接触；砌块之间的接触；容许偏差——定线，纵剖面的陡变；锚固；钢丝绳——端的固定；剪切固定——材料，方法和原地试验

注 本表参照CIRIA的相关要点、条目制定。

3　天然材料生态护岸·活性天然材料及其应用

一、边岸环境与分带

影响河湖边岸植物生长环境的因素是复杂多变的。其中，影响植物生长种类的主要因素是与植物相关的水位，是水位决定了水生植物和陆生植物两大类型。而水流、光照条件、土壤和养分等因素均对植物的生存状况和功能构成影响。故而，我们可以将对边岸有保护作用的植物，按其生长条件，并根据温度气候和种类进行分类，图1是英国植物学家塞伯特作出的边岸植被分层图，图2和图3是不同水位下的边岸植被分层实例。当然，这些分带和分层之间有时并不是截然分明的，它们之间存在着一些渐变和交叉。尤其是在水位变化范围较大、植物又能使其根部生长去适应水位的变化的地方更是如此。

1. 水生植物带　水生植物的根部永远浸没于水中；叶片与藻体既可浸没于水中，又可连同花一起浮在水面上。主要分为挺水植物、浮水植物和沉水植物等，水生植物的生长习性见图4。植物可在水面附近起保护和阻碍作用，但这些作用随深度增加而明显地变小。水生植物的大多数种类，不论繁殖方式如何，均自行繁殖，生长较快，在做护岸种植设计时，应注意这种情况。水生植物可能大大减少渠道过水能力，它通常限制了其护岸效益。水的深度少于2m时，不利于沉水植物的生长。植物需要风平浪静的环境与充足的生长日照。常用的水生植物是水毛茛、水马齿以及各种池塘杂草、水百合和苔苏。

2. 沿岸带　沿岸带主要适宜种植芦苇、荻和水葱等挺水植物，这些植物可将叶、茎露出水面生长，也可将根部伸至地下水位以下沿水边线生长。露出水面植物的高度可达2m，但大多数品种限制在小于0.5m的高度。芦苇对河岸有保护、阻碍和较小的加固作用，一般更喜欢风平浪静和缓慢的流水。沿岸带除了广泛种植芦苇外，还可种植灯心草、水葱和蔗草等挺水植物，见图5。

3. 潮湿、季节性洪泛带　潮湿、季节性洪泛带包括基本的天然护岸带、耐冲草地和快速生长灌木以及树类，并容许有时被淹没。所有植物均能提供一定的加固与阻碍作用，但较大植物除能弯曲的以外可能遭受到不可承受的洪水的曳引力。接近平均水位处的植物需要最大的耐水性，见图6。小而密集的植被通过保护或约束作用可防止冲刷，而根系较深的植物通过加固、支柱作用可大大增加土体的稳定。在复合结构中可利用根部的锚固作用。

4. 干燥、偶然的洪泛带　干燥、偶然的洪泛带属离水的边岸顶部，生存在这个地带的植物相对地不受水位状况的影响。虽然较大植物可能影响泄洪能力，但可生长的草、草本、灌木和树类，其范围很广，通常可容许偶然发生的较小冲刷。草地广泛用于洪泛河岸的上部高程与背面。

因此，仅在正常水位或在正常水位以下的有限范围内采用植被作为岸坡防护的措施。在种植不久的新的植物护岸刚刚完成时，或在初始的栽植和生长期内，仍然需要某些其他形式的保护措施。在水位以下的主要天然材料护岸是树类和灌木的根部所起的加固作用。人工护岸往往用于正常水位以下，它与植被一起成为复合系统以防止冲刷，从而在芦苇河岸或季节性洪泛带保护植被的根部。应注意的是，尽管水生杂草生长在无遮蔽的河渠中通常成为一个问题，但杂草干扰带经常有利于防止大型水道中行船激浪所引起的冲刷。

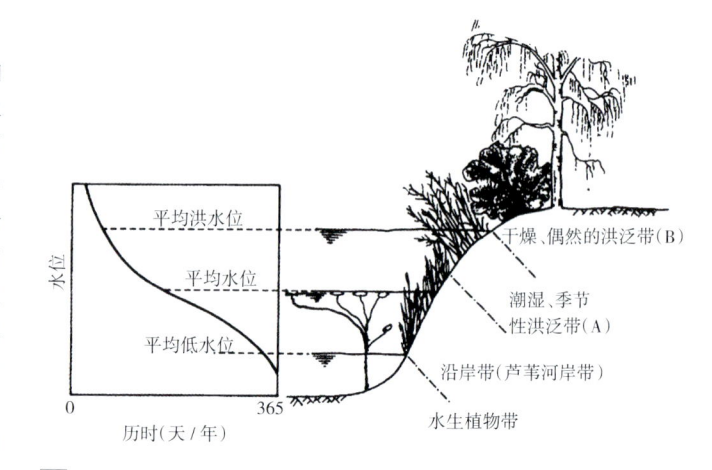

1　河岸的植被分层

2　正常水位状态下的分层种植的边岸植被

3　低于沿岸带的枯水位的边岸植被

用于天然护岸的植物有许多,例如,芦苇、草以及柳、黑杨木、桤木等树类,它们是亲水的,在潮湿环境中也能较好地生长。从品种和数量上来看,用于护岸的还是以水生植物和喜湿植物为多,上述的四个植物分带中,水生植物带、沿岸带(芦苇河岸带)和潮湿、季节性洪泛带三个分带都种植和生长水生植物和喜湿植物。水生植物主要类型、品种、花色和株高等详见表1。

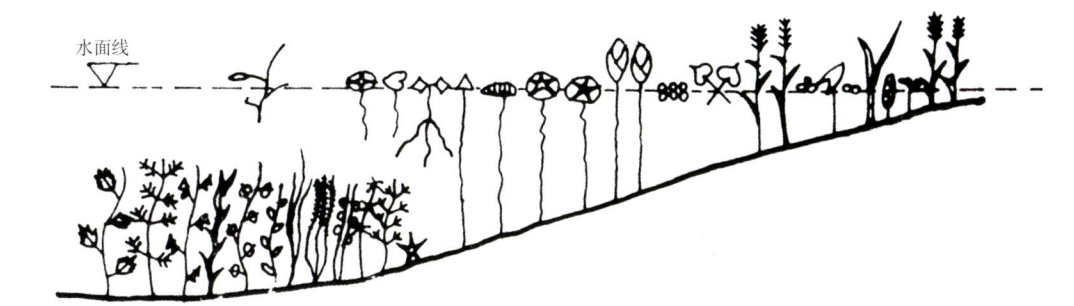

4 水生植物生长习性示意图

5 沿岸带既可种植芦苇,也可种植其他挺水植物

6 潮湿、季节性洪泛带上的植物均具有极好的耐水性

护岸常用水生植物 表1

类型	植物名	花色	株高(cm)	说明	类型	植物名	花色	株高(cm)	说明
挺水植物	菖蒲	红	50~150	喜湿、浅水可种	浮水植物	水浮莲		10	水中
	海滨鸢尾	淡紫	25~40	可水中生长		荇菜	黄		水中
	马蔺	蓝紫	30~40	水中		绿萍			水中
	黄菖蒲	黄乳白	50~70	喜湿、浅水可种		萍蓬草	黄		水中
	金钱蒲		20~30	浅水生长		王莲	白、粉		水中
	鸭舌草	蓝带红	30	喜浅水、湿润	沉水植物	眼子菜			水下
	花菖蒲	红紫	40~50	水中能生长		苦菜	绿	20~40	水下
	水葱	黄褐	60~120	浅水		莼菜	紫	5~12	水下
	慈姑	白色	100	水中		玻璃藻			水下
	水芋		40~50	水中		黑藻			浅水
	荸荠		20~70	水中	漂浮植物	田字萍			水面
	水芹		15~80	水中		满江红			水面
	水蕨		30~80	水中		水鳖	白		水面
	灯心草		70~100	水中		凤眼莲			水面
	香蒲	褐色	100~150	深水		浮萍			水面
	芦苇		100~300	潮湿、水中能生长		大藻		2~10	水面
	于屈菜	玫瑰红	80~120	水陆两植		粗梗大蕨		30~50	
	荻		200~300	浅水、河滩					
	雨久花	白、蓝红	80	水中					
	燕子花	蓝紫	40~50	水中					
	石菖薄	绿、黄白		水中					
	荷花	红、粉、白	30~90	水中					
	睡莲	粉、黄、紫白	7~45	水中					
	蘘草		100	浅水					

二、挺水植物护岸

挺水植物在用于护岸时，又被称为露出型、出水型和沿岸型水生植物。由于这些长在水边的挺水植物外形相似，常被非专业的人们统称为芦苇，如普通芦苇、荻、宽叶香蒲、棒状灯心草和蓑衣草等。

1. 挺水植物的护岸作用 挺水植物经常被作为阻碍水浪冲刷和保护边岸的天然植物材料，使河湖沿边岸水线形成一个保护性的岸边带，见图1～图5。这些密植生长的植物可消除水浪和水流能量，以使泥沙沉淀，减少水流的挟沙量，从而达到保护岸坡的目的。

芦苇等挺水植物用于护岸主要有两个作用：一是繁殖浓密的茎叶能消除水浪、避免或减弱水浪对岸坡的冲刷；二是其根茎能发挥有效的固土作用。以芦苇为例，它的呈球样茎的根部称为根状茎，从根状茎上芦苇向旁侧繁殖，而且通常繁殖较为旺盛，有极好的护土固岸作用。

有通航功能的河道在选择芦苇等挺水植物护岸时，必须避免其蔓延至深水中而导致碍航。行船频繁的河道还应注意行船激浪的过渡冲刷容易使芦苇变稀，并导致其根状茎周围的土壤疏松，进而失去护岸功能。因此，在进行种植设计时，有必要采取保护措施，使其免受高速水流和水浪的过度冲击和破坏，见图2。

用于护岸的各种挺水植物　表2

种类	水深	土壤种类	水质	流速	备注
普通芦苇或诺福克芦苇	极浅，最深0.1m	砂	清洁	极低	最少采用，不喜流水
普通棒状灯心草	深到中深，最深1.0m	粘土粉砂	中等清洁～清洁	低速～快速	非常有用的芦苇，对流水有良好的抵抗力
宽叶香蒲	浅，最深0.5m	粘土粉砂	清洁	低速	优良护岸物
大池塘蓑衣草	中深，最大0.5m	粘土粉砂泥炭	污浊～清洁	低速～中速	能承受侵袭，有用的护岸物
小池塘蓑衣草	中深，最大0.5m	粘土粉砂	污浊～清洁	低速～中速	能承受侵袭，在中速流水中是有用的护岸物
甜草	深到中深，最大1.0m	粘土粉砂	污浊～清洁	低速～中速	优良的护岸物
黄莺尾	中深，最大0.6m	粘土粉砂	清洁	低速～中速	优良的护岸物

注 此表引自英国CIRIA。

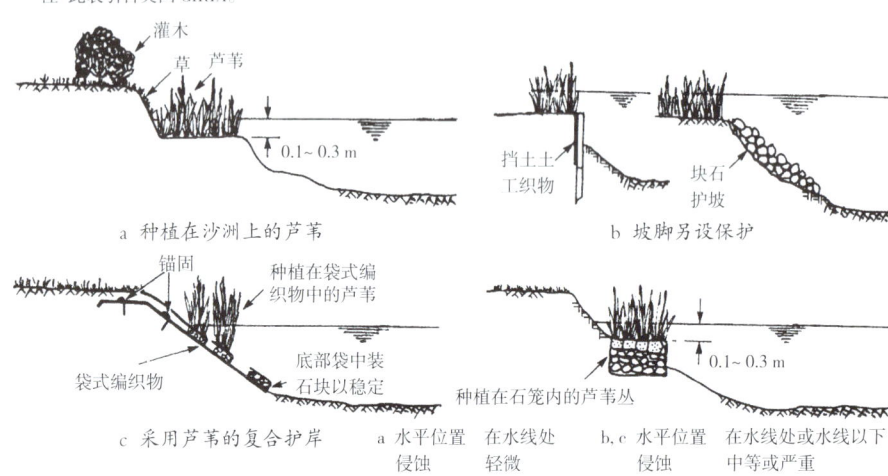

2 挺水植物护岸的种植方法
　a 种植在沙洲上的芦苇
　b 坡脚另设保护
　c 采用芦苇的复合护岸
　a 水平位置 在水线处 轻微 粉砂-粘土 侵蚀 土壤
　b,c 水平位置 在水线处或水线以下 中等或严重 侵蚀

1 热带地区湖边种植的蕉草和水生海芋

3 湖边沿岸带的芦苇护岸

4 水边沿岸带的蒲苇护岸

5 芦苇丛、植草坡形成生态的边岸保护带

2. 种植方法 传统上认为的只要将芦苇等挺水植物种植在边岸就能发挥护岸作用的想法是不正确的，至少是不全面的。没有保护性的规划和种植方式，将很难长期发挥它们应有的护岸作用。只有采取了保护性种植措施，这些水边植物的茎与叶才能保护其上的河岸。表2是几种常用于护岸的挺水植物，以及推荐水深、土壤种类、水质和容许流速预计的生长指标。图2是已被实际运用证明有效的3种可供读者选择的种植护岸方式，每种方式可根据具体环境选用，但都具有保护根状茎免受冲刷的功能。

有许多挺水植物来源广泛，无需通过花卉苗圃和经销商订购，如普通芦苇、荻和香蒲等，都可以从当地郊野或农村的池塘、湖泊甚至在工地现场的岸边获得。在每年3~5月份生长季节的早期，在需要护岸的边岸整治完毕后，就可以去那些地方取幼苗。最好带铲去将幼苗小心铲起，放在预先准备好的木盘内，不能叠压，取回的幼苗要在一周内栽种。如果在边岸沙洲或有护脚的岸坡较大面积种植，可以以0.5~1.0m的间距栽种；如果是种植在编织袋和石笼内，间距可密些。此外，还可以从嫩枝上剪裁取枝并成对地以较密的间距进行种植。无论采取以上哪种方法，都要按要求栽种，精心对待和恰当固定。栽种后要细心管理，为控制生长强度可进行适当剪截，但应注意不能伤害根部。生长期内不要使幼苗缺水或干枯。

3. 护岸实例 挺水植物的护岸实例见图6~图29。

6 芦苇护岸的郊野河道（中国江苏）

7 图6的河段局部

8 小船通航河道的芦苇护岸（中国江苏）

10 在湖泊的边岸浅水处种植蒲苇，其后的沿岸种植菖蒲（澳大利亚）

9 图10的局部

11 图12的护岸局部

12 水边的千屈菜护岸，有着较好的环境美化效果（中国北京）

3 天然材料生态护岸·活性天然材料及其应用

⑬ 两岸均由芦苇护岸的河道(中国上海) 　　⑭ 城市景观湖边的芦苇护岸(中国北京)

⑮ 城郊河道的芦苇护岸(中国北京) 　⑯ 城市河道两岸的荷花护坡(中国上海) 　⑰ 芦苇和水葱混合种植的边岸(中国上海)

⑱ 采用块石护底的芦苇种植(中国上海) 　⑲ 湖岸新栽种的芦苇幼苗(中国上海) 　⑳ 湖边沿岸带的灯心草护岸(泰国)

㉑ 鸢尾、菖蒲和蒲苇混合种植的护岸(中国上海) 　㉒ 水葱、芦苇、菖蒲及几种浮水植物混合种植的植物护岸(中国北京)

天然材料生态护岸·活性天然材料及其应用

23 密植在袋式编织物中簇栽的澳洲水葱（澳大利亚）

24 图 23 的局部河段

25 种植在湖边沿岸带的宽叶蒲苇（中国江苏）

26 菖蒲、芦竹和荷花混种的挺水植物护岸（中国江苏）

27 图 26 的局部

28 多种挺水植物混栽的湖岸（中国广东）

29 湖边沿岸带和水中两个层次的芦苇种植设计，更加强了湖岸抵抗风浪冲刷的防护能力（中国北京）

69

三、灌木和乔木护岸

1. 功能与作用 在无人类干扰的天然环境河道，水流和水浪对天然边岸的冲刷和侵蚀比较严重的是那些裸露的土岸和沙滩，见图1。特别是沙土和砾石构成的非粘性土质的河岸，情况更为严重。但是，当冲刷至有植被保护的地方，特别是有密集灌木和成排乔木的树林，冲刷引起的河岸滑坡和坍塌就会停止，见图2~图5。

1 裸土河岸被水流冲刷得多处坍塌、滑坡，岸形破坏严重

2 水流将裸露的泥土都冲走了，遇到浓密植物发达的根系便稳定下来

3 灌乔木发达的根系抵挡了水流冲刷，河床和河流形态固定了下来

4 湍急的水流在密林护岸的河道中奔腾

5 乔木发达根系固结的急流边岸，经得住咆哮水流的侵蚀、冲刷

由此可见，无植物保护的河岸土壤受水流和水浪的影响相当大，而河岸生长灌木和乔木可影响临近边岸水流的流速梯度，从而减小局部剪应力，可将表土保护、滞留和固结在边岸基土层。没有激流而经常有风浪的河湖边岸，其表土的抗冲刷能力也会大大增加。

在自然环境的河流中，凡是没有植被或是植被毁坏了的地方，河岸都比较容易被冲刷。这就使人产生一种误解，认为是植被保护了河岸，其实植物直接保护河岸的能力是有限的，其对河岸的保护是通过发达的根系来稳定和锚固土壤使其不易被冲刷来实现的。而失去护岸作用的植物之所以被冲刷，也是因为植物根部的土壤被冲走造成的。

此外，河湖边岸及邻近地带有良好的植被和树林，能使土壤保持较好的疏密状态，并有较好的雨水入渗能力，减少地面径流，增强边岸附近土壤的稳定性。在大多数非干旱区的自然河流和湖泊，边岸上大都生长着大量的各种植物，呵护着大自然中的河川和湖泊，使其得到天然的护岸，见图6~图8。

6 灌木丛自然生长形成的植物护岸

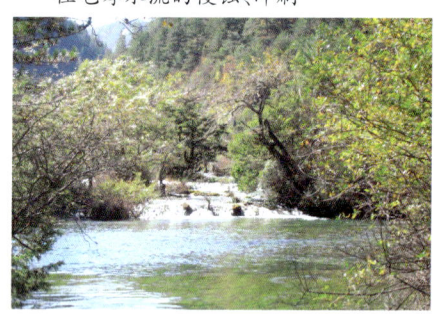

7 乔灌木密生形成的天然植物河岸

8 优美迷人的河流，层层叠叠的河岸树木，自然天成，造物主的杰作给我们以启示和借鉴

2. 灌木和乔木的应用

（1）护岸树种的选择 用于固堤护岸的植物是指那些耐水湿、耐水淹，适于在江河湖边生长，能减缓水流水浪的冲刷，防护堤岸并避免垮塌的乔木和灌木。在众多的灌乔木树种中，喜湿、耐水适宜于固坡护岸的树种并不是很多，如果以植物工程结构在水生带和潮湿带用作护岸防洪的树种也很有限，这就在很大程度上限制了在护岸种植设计上的选择。表3是目前比较常用的护岸固坡的灌乔木树种。

用于滨水边岸和河湖堤坡护岸的树种以杨树和柳树最为常见。柳树多用在沟边、河畔、湖堤和池塘旁，由于柳树耐水性强，生长迅速，既使树干被水浸淹，仍能维持生长，因此，柳树是滩地、河湖水边护岸的首选乔木，见图9和图10。杨树喜光耐湿、生长快，特别是成年小叶杨、响叶杨、枫杨和毛白杨具有更强的耐水湿能力。有些树种夏季生长坡堤积水达一个多月，仍能正常生长。

图9 种植在高低水位之间泛水带的柳树

图10 布置在河岸顶上的成排柳树

护岸固堤的常用树种　　表3

类型	科属	品种	高度(m)	习性及特点
乔木	柳属	普通杞柳	3～5	喜光、耐水湿、耐修剪
		分枝柳	可高至18	喜分枝、耐雨涝，树干作篱笆和护岸之用
		白柳	3～5	抗涝耐旱、喜肥水、根系发达、适土性广
		垂柳	8～12	喜光、耐水湿、较耐寒、适应性强
		河柳	7～10	喜光、耐寒、喜水湿、适于护岸
		紫柳	8～10	树冠开展、耐水湿、喜生于河湖岸边
		旱柳	可高至18	耐旱、耐寒、耐水湿、阳性、速生，是固堤保土的树种
		腺柳	最高至3	喜生沟边、池塘、河湖岸边向阳处，有抗洪固堤、防沙作用
		红梢柳	最高至30	喜温、喜湿和肥厚土壤，但不耐积水，可用于无侵泡河岸
	杨属	小叶杨	最高至20	喜光、耐寒、耐旱、适应性强，用于河湖、池塘旁防风保土
		响叶杨	最高至30	喜光、喜温暖湿润、生长快、较耐寒，天然更新能力极强
		枫杨	最高至30	耐水性强、侧根发达、喜低洼湿地，有很强的护堤固岸能力
		毛白杨	10～12	喜温凉气候、有一定耐水湿能力、深根性、速生
		太青杨	9～11	喜温凉气候、耐寒、深根性、春天发叶早、生长快
		加杨	25～30	原产美洲、喜湿、耐寒、对水涝、盐碱地有一定耐性
		美国白杨	高至30	喜光、耐寒、耐水湿和盐碱，但不耐积水和土壤干燥
	大戟科	重阳木	最高至35	耐水湿、根系发达，为河堤、湖岸、水库护岸树种
		乌桕	高至20	喜光、能耐间歇或短期水淹，对土壤适应性较强
	杉科	水杉	最高至35	喜光、喜温湿气候、适应性强、可用于湖边、河旁护岸
		水松	8～10	阴性、喜暖热多雨气候、耐水湿、用于护堤及水边绿化
		池杉	最高至25	强阳性、不耐阴、稍耐寒、适生于水滨湿地条件
		墨杉	30～50	喜温暖、耐水湿、耐碱土，用于护岸及水边河湾绿化
		落羽松	30～50	喜温暖、耐水湿能长于浅沼泽中，用于水边护岸和绿化
		黄花落叶松	最高至40	耐严寒、喜湿润、适应性强，有一定的耐水湿能力
	桃金娘科	细叶桉	10～50	喜光、耐湿、深根性、耐干旱与轻霜、可防风固土
		赤桉	最高至50	耐高温、适应性强、生长快，可用于行道和岸边树
		野桉	10～50	耐寒性强、萌芽力强、生长快，用于营造防洪林
		蓝桉	35～60	阳性、耐湿、适应性强、生长快，用于行道树和岸边树
灌木	柳属	柽柳	0.2～0.5	耐水湿和盐碱、枝密生，可用于湖边、河滩护岸
		三蕊柳	0.5～1	枝密，生于沟边、河滩或湿地水边，为护岸抗洪植物
		银芽柳	2～3	喜光、喜湿润、耐涝、耐寒，在水边生长良好
	蝶形花科	紫穗槐	2～3	阳性、耐水湿、耐涝、耐碱，护坡护堤抗洪优良树种
		胡枝子	1～2	阳性、耐寒、耐干旱瘠薄，用于护坡及林下木
	沙棘属	沙棘	1.5～2.5	喜光、耐水湿和盐碱、萌生力强，用于固土护坡
		沙枣	1～2	速生小灌木、耐干旱瘠薄又耐水湿，用于固土护坡
	豆科	田菁	1～1.5	速生小灌木、耐寒、耐碱、又耐水湿，适于低洼及河滩
	白刺属	白刺	0.2～0.5	速生小灌木、耐旱、耐重碱、又耐水湿、适于护岸护岸
	马鞭草科	蔓荆	0.5～1.0	耐碱、耐水湿沙地、耐寒又耐高温，适于防风固沙

3 天然材料生态护岸·活性天然材料及其应用

一些杉科树种,如水杉、水松、池杉等亦是较好的固堤护岸树种。它们都具有树干通直、树冠圆锥形和适应性强的特点,都能够用于固土护坡和营造防洪林,见图 11 和图 12。

柳和桤木对生物工程特别有用,因为它们能通过截枝进行繁殖,这些树既可直接从树桩繁殖起保护作用,又能以结构方式在植被形成以前对河岸起短期保护作用。一种密集的根结构尤其能够给予河岸一定的保护以及显著的加固作用,以提高平均水位上、下的河岸稳定性。截枝栽埋时应使其一部分置于地下水位以下或潮湿地层中;然后将长出再生根系并从休眠的芽中发出嫩芽。

不能耐水的树类虽然可遮阴以控制水生杂草的生长或在偶尔洪泛带可以改善一般的河岸环境,但对护岸无任何的直接功能。这种树的根系通常在平均地下水位处形成一个特殊的地带,因此其根系相当浅,而且,当这种树类生长时,能逐渐地容许风的摇曳。

如果灌木或树类用作护岸和遮阴,则为了将来河渠的维护必须考虑交通问题。如果已生长的树丛对交通已构成一道连续的障碍(栅栏),则将来渠道维护可能不得不从对岸来进行,还得与岸线业主达成协议。还有一种方法是,可以采取成簇地栽种树丛以在树簇中间提供交通道路。

(2)柳树的种类 在我国,柳树是用途最多的树类。它有若干种类,但是对特定的用途要选用适用的种类,见表3。某些单树干的树种生长得高大,而另一些可作灌木林使用,它们在河渠沿岸带生长繁茂。

普通杞柳广泛地用于护岸,因为它生长茂盛而浓密。杞柳需要定期修剪(至少每4年一次),否则它可显著地减少渠道的过水能力,因此它实际上不能用于小型河渠。分枝柳和白柳生长得高大,能产生有益的遮阴作用,但是由于它们的体积大,在根部附近又无枝叶,因而不适于护岸工程,除非用作桩柱。分枝柳和白柳两者都需要截去树梢,以避免树因分枝而倒落。

必须注意的是,不要在夏季砍伐柳木,维护以及伐木作岸之用应在晚秋和初春之间的冬天进行,因为夏天砍伐或牲畜侵入易破坏树林。

11 由水杉和水松等几种杉科乔木配置的护岸防洪混合林带

12 湖畔边岸上由几种杉科混合种植的防洪护岸林

(3)柳树繁殖 柳树通常是通过截取100mm左右直径的树杆进行繁殖,并在插入被保护的河岸的顶部或底部以前把它们削尖,使树杆尖端处于地下水位以下或在潮湿地层内。成年的黑杨木可用同样的方法进行繁殖,但它喜欢砾质土。柳树秧或长1.5m的短杞柳梢料可压入或插入砾质或砂质河岸中。由200~250mm直径的梢料扎成的柳梢捆可水平地用桩固定在河岸表面并部分地用土覆盖。通常情况下,插枝的大部分应当埋入。繁殖不只限于插入地下水位以下的一些部分,而且对地下水位以上的繁殖来说,需要更多的养护以保证适当的土壤水分。

插枝、梢料和树杆应是绿色活树,以从当地取得为宜。在从截取到栽殖之间的几个小时存放期内,应避免日晒使树枝干枯。

（4）在护岸上的应用 柳树通过截枝进行繁殖的能力，使得工程师因地制宜地选择护岸方式有了相当大的范围。图13～图18所示为可以采用的某些主要方法。

图13为用截柳树杆修复现有河岸的冲刷区或保护新建河岸的示意图。先沿岸脚线打一排柳树桩，然后在岸顶后部打一排柳树桩，桩的中心距为1.5m左右。柳杆松散地放入前排桩之后，把下部的几根柳杆放在水位以下。当坑穴需要填满时，在前后两排桩之间用粗铁丝固定树杆的位置，并全部用从渠道中挖出的土覆盖。柳杆将迅速扎根并发芽。

图14所示为沉排的结构，它们用于保护河岸的下部免于受到高速水流或行船激浪所引起的冲刷。杞柳捆用铁丝捆扎在一起并放置在河岸的低水位处，往往用石块固定位置。

图15所示为柳梢捆（或称为柴捆），用于填充现有河岸的冲刷区或加固新建河岸。柴捆分为两层互相垂直叠置。此外，重要的是下面的柳杆是在水线处或在水线以下，以保证其有效的繁殖。

图16所示为桩或挡土结构，沿岸脚打入木桩，用杞柳围绕木桩编织而成，用于在空间不容许岸脚向前伸展的地方形成垂直河岸。杞柳与木桩将发芽，其根长入挡土结构物后面的填土中。

图17所示为柳杆围成的石笼护面。这种组合结构物是长期天然护岸的一个有效途径。石笼给予短期护岸。空笼用树杆护面，树杆比笼的长度稍短一些，块石放在树杆的后面，另有一层树杆在笼盖检固以前铺在笼的顶部。

图18所示为打入密集柳杆以支承和保护陡岸坡的坡脚。与柳树相反，桤木小树通常应距岸顶一定距离种植在里侧，如图19所示。桤木不如柳树长得快，但它可在河岸里侧构成一个迎河的后退区，直至树根长成足以加固堤岸后才容许该区冲刷。桤木长出粗壮的垂直树根和树干后，对河岸提供了有效的加固、保防和支撑作用。但它可能长得很高，应定期剪枝，防止长成向四周伸展的大树，这种大树最后将对河岸的稳定带来不利影响。

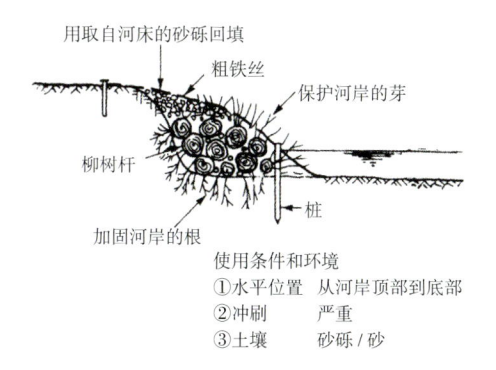

13 用截柳树杆修复河岸的冲刷区

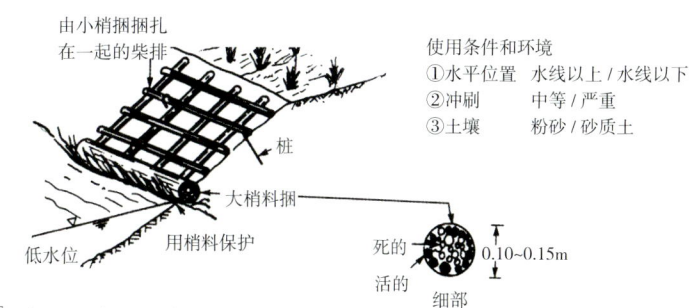

14 采用柳排护面作法

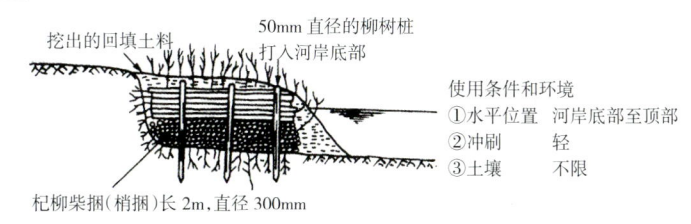

15 采用梢捆修复和加固河岸作法

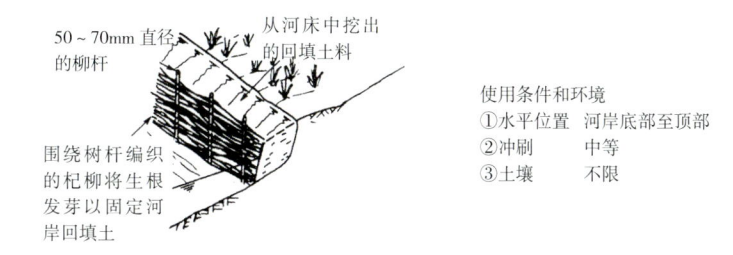

16 采用木桩和柳梢编成篱笆进行护岸

17 石笼和柳杆组合结构护岸

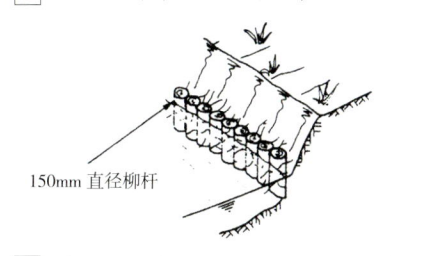

18 采用打入密集柳杆的方式保护坡脚

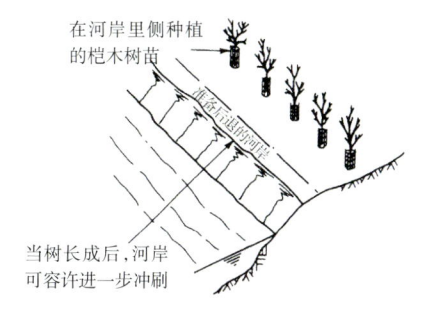

19 种植桤木，利用根系长期加固河岸

3. 防洪护岸林的营造技术

（1）湖泊、水库防护林　湖泊、水库防护林可减弱风浪的冲刷，防止湖岸被风浪冲蚀破坏，减少泥沙淤积，避免湖塘库容过度蒸发，从而延长湖泊、水库的使用年限。

护岸林的种植设计，通常从常水位开始，在常水位与最高水位之间可能的浸水地带，营造生长茂密的灌乔木柳或其他耐水湿的灌乔木防浪林，以削弱波浪的冲击力量，稳固岸边土壤，增强湖岸抗蚀能力，见图20～图22。

防护林栽植密度通常采用 0.5m×1m 的株行距。灌木柳以下可栽植芦苇、蒲草等挺水植物，减缓波浪冲淘岸基。在最高水位以上，可营造一定宽度的乔灌木混交林带，以调节径流过渡泥沙，巩固湖岸和减少水面蒸发，见图23。林带宽度视水库的大小及库岸侵蚀冲淘的程度而定，侵蚀作用小的缓坡沿岸为 20～30m；坡度较大、水土流失严重时可扩大至 30～50m。

乔灌木混交林带，下部宜选用耐湿的乔灌木树种，上部可选用较耐旱的乔灌木树种。乔木株行距为 1.5m×2m，在行间混交灌木，株距为 0.5m，见图24。库坡植树应等高成行，品字形排列，使其发挥调节径流过渡泥沙的作用。水库边岸上，土壤条件一般较好，可营造速生用材林，面积较大而平缓时，也可栽植一些果树。

（2）护滩护岸林　护滩护岸林的作用和效果取决于浸水深度内树木的分枝多少，应采用耐水湿的乔灌木进行密植，作灌木林经营，一般应垂直于水流方向成行，行距 1m，株距 0.3～0.4m。为避免护滩林被洪水冲毁，应在滩头和滩地迎冲地段修筑相应工程措施。当滩地造林地段顺水流方向较长时，可营造雁翅式护滩林，顺着规整流路所要求的导流线，使与水流方向呈 45°角，依次每隔 10～20m 进行带状造林，每带 5～10 行。株距宜小，约 0.5m，行距 1～1.5m，见图25。

如果采用扦插法，最好选用 2～3 年生枝条，长度依地下水深而定，进行埋杆造林，栽时要深埋少露。

20　乔灌木营造的茂密的护岸林，起到极好的抗风浪冲刷和稳固岸边土壤的作用

21　垂柳与灌木营造的岸边混合林

22　小乔木密植的湖岸防护林

23　固土保湿的乔灌木密植林

24　边岸坡上为柳乔木，坡下为灌木的混交林

25　水岸为水杉，坡岸为垂柳的湖畔滩地护岸林

无堤坝河流两岸,应营造护岸林,利用乔灌木的根系巩固河岸,见图26~图29。当河床稳定,河的边岸形态清晰明确时,护岸林可靠近岸边进行造林,见图30和图31;河身不稳定时,河水经常冲击滩地,可在常水位线以外营造乔木林,常水位线以内枯水位以上可造灌木林;河流两岸有陡岸不断向外扩展时,可先作护岸工程,然后再在岸边进行造林,亦或在岸边预留与岸高等宽的地方,待护岸工程完工后再进行造林,见图32和图33。

护岸林的宽度,主要是根据水流的速度、水流向两岸的冲力、河岸陡峭度和弯曲程度及河宽和河流两岸土地利用状况来决定。宽度范围为 10~60m,采用 0.75~1m×1~1.5m 的株行距,林带宜采用混交复层林,在靠近水流的 3~5 行应采用耐水湿的灌木柳,其他可采用乔灌木混交类型。

(3) **护堤林** 堤坝及其附近地带,湖河的堤坝上和靠近堤坝的地带,应营造护堤林,以保护河堤,免受水流的冲刷和风浪的打击。按堤坝距离河身的远近,护堤林可分以下两种:

靠近水面的堤坝,应将乔木林带植于堤坝外侧,因乔木易被风摇撼及其粗壮根系的穿孔,会使堤坝的土壤变得松软而漏水。因此,在堤坝顶端和内外坡上,不可栽植乔木,只能营造灌木。利用灌木的稠密枝条和庞大的根系网来保护和固持土壤,堤坝顶留出一定宽度的人行道,以便检查汛情和修理堤坝,护堤林带应距堤坝外坡脚 5m 以外处,以防根系可能穿过堤坝,株行距宜为 0.7~1m×1.5m。

堤坝与水面有一定距离时,堤内的河滩上,距堤脚 5m 处,营造 10~30m 平行于堤坝的护堤林带,在靠近水面一侧,可栽几行灌木柳,以缓流拦沙,防止破坏林带和堤坝,见图34。在堤顶端和内外坡上,应栽植灌木丛林,堤坝外侧,条件允许时可栽植 10~20m 宽的林带,护堤林带应采用乔灌林混交的复层林。

26 利用乔灌木发达的根系固土护岸

27 图26的局部

28 岸边根系发达的灌木护岸

29 枯水位线以上营造的毛竹丛

30 水际线边种植的护岸小乔木

31 河道稳定,河岸明确,可紧临边岸造林

32 在河流护岸池内营造的防护林

33 图32的护岸梯级造林局部

34 堤内临水的柳林和堤坝上的单行柳树构成两道防护体系

四、草花及草皮护岸

1. 功能与作用 在天然的河边、湖畔,我们不仅看到了自然天成的乔灌木护岸,也能见到野草之类的地被护岸,这些都是造物主的杰作,见图1和图2。丛生的水边野草和着高坡的密林,不仅呵护着美丽的河流,而且构成了一幅迷人的生态景观画面。

草花和草皮对堤坡的保护作用,主要是由于植草之间的相互交叠,形成一种类似屋顶瓦片的结构。由植草覆盖的岸坡主要有两个作用:一个作用是当雨水等形成的径流通过时,可有效地保护土壤的土颗粒不随水而流失;另外一个重要作用就是植草根系的蔓延和根瘤的分枝,固定了草根之间的土壤,使岸坡土体更加稳定,起到了一种加筋的作用,从而使岸坡能够经得住水流的冲刷,见图3～图5。

植草更适宜于在堤坡为粘性土层时进行坡面保护,亦或在较平缓的非粘性土层边岸才能发挥显著作用,见图4。较陡或有一定高度的堤岸采用植草,容易在坡底出现潜淘而使草皮坍塌。在水流较急或常发生洪流的河岸,植草一定要与灌乔木配合种植才能抵御急流的冲刷,见图3。

3 密生的野草与乔灌木发达的根系共同抵御了急流的冲刷

4 平缓的粘性土层草岸也能抵御一定的水流冲刷

1 河滩蔓草既保护了滩岸,又是滨水的天然美景

2 密生的草丛很好地保护了没有堤坝的边岸

5 自然山川中的平坡草皮护岸

2. 草的应用 草广泛应用于正常水位以上区域的岸坡保护。然而，草根不能耐受长期的淹没，并且，尤其应注意确保在整个接近岸坡湿润区的过渡带都要维持适当的保护。能取得的草种范围很广，可从这些草种中选择出多种混合料以满足护岸方案功能的、环境的和管理方面的需要。

在岸坡保护中，植草的主要作用是阻抗水流保护岸坡，以草根加固和约制土体。水流作用留下的地面，植上草皮后可提供一个良好的覆盖层。表面草根形成了一层土/根的复合面层，增强了裸露基土的抗冲蚀能力，并且，深的草根锚固了基土。

（1）草的构造与护岸功能 与大多数植物一样，草类由根、茎和叶组成，见图6～图8。茎由一系列空心圆筒组成，圆筒由若干鼓起的实心节分隔。从实心节生出一片叶壳包在节以上的茎上。如果草茎向下弯折，它可在节下侧再长出茎，变成直杆。

①茎。典型的草茎是直立的，但也有些草的茎是水平生长的。从主茎分出的地下茎沿近表土层生长，有主茎的构造而其性状很像根。在地下茎的节上有褐色鳞状叶片，这是隐芷的芽，可以产生具有枝和根的新草。此外，葡匐茎沿土壤表面生长，在近土壤表面一定的潮湿条件下，它可以再节生出根而发育成新的草。具有地下茎和葡匐茎的草能很快在裸露的地上繁殖，然而，另外一些草则有赖于播种繁殖和蔓延。

②叶。叶由包在茎周围的壳组成，叶片以一定的角度外伸。初生草的外壳很短，具有一簇叶片。由于开花的茎伸长，叶片再分开，有些草十分短，叶片宽而扁平；有些草的叶则长而窄；而另外一些则成针状，细而硬实。在干燥条件下，有些草叶卷起以减少水分损失。草皮生长的旺盛程度取决于良好发育的根系。同时，均匀结实、长势良好的草地可以显示出其有一个发育好的根系。

③根。草根固定草并从土壤中吸收水分和矿物养分。绝大多数草都具有从主根上产生出的大量的毛细根。草根的穿透深度十分不同。草根的生长状况明显地反映出土壤中水的含量和土壤的均质性。由于深根系的发展，草有这样两种作用：一种是在干旱条件下很好地保持土壤水分；另一种是将土壤/根网很好地锚固于基土中。如果地下水位高，根只生长到能获取足够的水分为止。如果能从土壤得到的水分很小，草根将会穿透得很深，甚至伸入岩石的裂缝中以寻求水分。草根一般粗为0.1～0.3mm，但它可生长达到2m长以寻找足够的水分。达到这种深度的草根仅占很小的比例，大部分草根生长在250mm的表层土内。一般生长力较强的草，例如多年生的黑麦草，有最深的根系。发现其

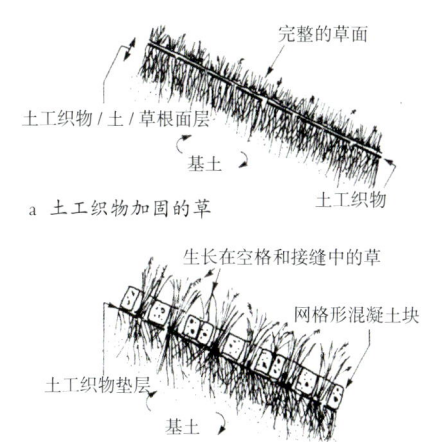

6 草的结构　　7 小羊茅草

8 羊茅草的根与地下茎和葡匐茎

9 近年培育并广泛种植的麦冬草

a 土工织物加固的草

b 网格形混凝土块加固的草

10 用土工织物及网格形混凝土块加固的草根长超过200mm的，所占比例少于10%。而麦冬草的根系粗壮而发达，根长超过茎叶的长度，具有极好的固土作用，见图9。

④花与种子。大多数草在5～7月产生花头。花头的结构因草而不同，开花几周后所结的种子的大小和结构也是如此。野草的种子每粒仅有0.05mg重，而多年生黑毒草的种子每粒重达1.5mg。草常由散播种子而繁殖。

（2）草的物理特性与工程作用 决定草护岸有效性的物理特性主要有以下几点：①草的长度和劲度；②草的叶片表面面积；③草根结构的强度和深度；④地下茎、葡匐茎和表面根结构的稠密度。

草的工程作用可通过土工织物或格形混凝土块的加固（见图10～图12），构成一种复合保护而得到增强。在极端水力荷载条件下，用草来防冲的详细资料请参考CIRIA中用加固草的护岸设计的相关内容。在水流作用下，草根周围土壤侵蚀而使草皮发生冲刷，因而，将削弱草的锚固作用，直至草被水流曳引力带走。单独的草丛可能会受到毁坏，因为它们与邻近均匀的草皮相比有相当

11 植草生长于混凝土块的网格中和块体之间的缝隙中

3 天然材料生态护岸·活性天然材料及其应用

[12] 种植在土工织物中的护坡植草

大的侧面接触水流，而且会遭受很高的局部曳引力。草皮护岸的效果可能会由于任何的小块土区局部裸露或生长不良的草区而大大减弱。

3. 水力糙率 草面的水力糙率取决于草皮的物理特性（例如，草的高度、劲度和密实度等）以及草与水的相互作用。流量强度的增加会使草逐渐变平，水力糙率会相应地减小。对于不同长度的草皮，可以由图 [13] 所示方法估算水力糙率，图中的糙率曲线是由美国农业部美国水土保持局根据经验推导出来的。此曲线将流量强度参数 VR 与曼宁公式的糙率系数 n 建立了相关关系。因为曼宁公式的系数包含了其他因素，例如趋向于阻滞水的干扰的影响，因此，在这些资料中它可作为阻滞系数参考使用。

对于长草的河渠，或是植草护岸的河渠，其流量和平均流速可由这些糙率曲线曼宁公式（参见第1章第六节"护岸设计程序与方法"）迭代估算。对于坡度陡于1:10的河渠不要采用这些数据，因为这类河渠的曼宁公式的 n 似乎并不取决于流量强度及草的长度。几乎没有几条河流或排水渠属于这类河渠。

4. 植草护坡的抗冲阻力 无论是完全采用草皮覆盖护坡固岸，还是人工加固构成复合护面层的草，护岸效果取决于以下四个基本要求：①密植草种，使之完全面紧密地覆盖基土表面；②阻滞处于草面以下平行于外部水流方向的水流；③土壤/草根层或护面层与下伏的基土间良好的结合；④避免能引起局部高曳引力的表面参差不齐。

草作为抵抗外部流场的表面防冲层十分有效。用草来保护高渗透率的基土可能是无效的，因为诸如沙质土等类基土的高渗流必然会导致管涌和其他内部作用，从而带来危险。这一点，我们已在第2章作过

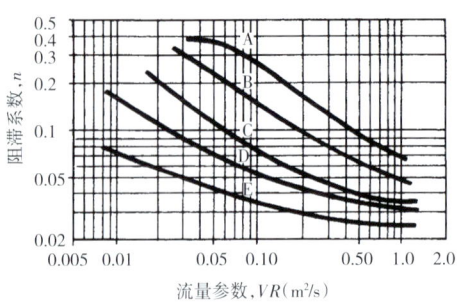

[13] 植草表面水力糙率

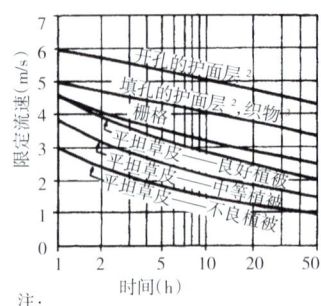

注：
1. 系对于平坦和加固草皮的抗冲阻力。
2. 最小名义厚度20mm。
3. 铺设在草表20mm以内，或是与表面栅格连接。

[14] 草面的抗冲阻力

详细叙述。

计算用草衬护后的低渗透性土河渠的抗冲阻力，必须考虑的水力荷载参数是：①流速；②水流历时。图 [14] 所示的流速历时曲线可用于评价具有不同覆盖质量的草皮护岸的抗冲阻力。草的特性曲线的应用仅能满足河渠护岸中所遇到的草种和土类的一般范围。特殊构造的土层和土质应通过试验和现场测试。

在草皮护岸的河渠中仅考虑到湿周的边缘范围，或是在二渠道中只考虑平均流速，将会过高地估计了草面附近的流速。并且，应恰当地用较低的流速来评价抗冲阻力。

假定良好的草被是密实的，已植的草皮至少两个生长季节才能变得密实紧凑。不良的草被由不均匀的丛生草组成，留有裸露的地面，或是含有相当比例的杂草。新播种的草地在第一个生长季的大部分时间，可能是不良草被。

5. 草的加固 用土工织物加固后，草的抗冲阻力可以提高，主要有以下方法：①二维编织织物和栅网；②三维开孔合成物护面，铺设后用表土质填充；③三维合成物面层，在铺设前用沥青粘结的砾石填充。同时还可用格形混凝土加固，主要方法有：①非捆扎的咬合混凝土预制块，每块单独铺设；②缆索捆绑咬合混凝土预制块，按柔

植草水力糙率参数表 表4

草的平均长度 (mm)	阻滞分级 良好草皮	中等草皮
L < 700	A	B
280 < L < 700	B	C
150 < L < 280	C	D
50 < L < 150	D	D
L < 50	E	E

性沉排方式铺设；③用现浇钢筋混凝土板，按标准单件制作。这两种加固形式，对草有明显的约束影响。

若用土工织物加固，整个表面区域将是一片土和草，以致表面根系与周围的土工织物粘结而形成一种强而连续的土工织物/土壤/根系面层。若用混凝土加固，混凝土本身提供了主要的保护，但草的作用也有助于混凝土块锚固到基土上，并且由于根的楔固作用改善了块间约束。混凝土加固通常用土工织物作垫层，这种垫层有加固根的作用，并且在混凝土下形成第二层防冲保护。

使用土工织物加固较之单独使用草皮有以下的优点：

（1）改善了地面的被覆，从而可防止土表的冲刷。可以阻止由于脚踩、家畜或干旱而引起的局部萎缩。

（2）有助于根系结构约束土壤颗粒，以防止外部水流引起的冲刷。

（3）改善了草间的侧向连续性，从而减小了由于单独的草的冲蚀或大面积的土壤/根系的位移而产生的局部破坏的危险性。

图 [14] 给出了已加固的草皮的抗冲阻力指标值。所有值都假定是精心定植的良好草被。这些设计曲线由陡的水道诸如土坝上的辅助溢洪道或遭受漫顶的防洪堤的堤后表面推导而得。这些数据仍然提供了可获得的增强了的抗冲阻力指标。已加固的草皮的水力糙率类似于图 [13] 给出的值。

土工织物的网眼愈小，对在草皮建立前的裸土或在低标准的草被区，防冲保护效果愈好。然而，网眼不能太小以致约束草通过土工织物的生长或是阻止土工织物之下水压的释放。建议最小开孔尺寸为0.5mm。

混凝土和土工织物加固材料都能有效地延伸到平均水位以下的保护系统，虽然对两区之间的过渡带需要作出详细设计。土工织物和混凝土护岸的铺设及其作为无草的铺砌护岸的使用将在第5章中论述。

6. 草的种类及选用 在进行植草护岸的实际操作中，通常的做法是通过播种混合料来综合几种草的特性。这种做法又称为混合草皮，是用两种以上草种配植的混合体。表5给出了常用草种范围。然而，种植的不同草种比例与播种的草种比例是很不相同的，尤其当其生长条件有某些不适应时。草种混合体的选择必须注意草的工程特性、土壤类型、气候条件、土壤/水状况、自然植物群落和预期的管理策略。此外，还有必要考虑是否有良好的条件足以成功地种植生长力不旺盛的草种。因此必须针对每个特定场所选择草种混合体，并且不能预料"标准"的混合草会产生最优结果。

从生态学上考虑，最好避免选择标准的工程性混合草类种子，因为多年生黑麦草和白三叶草占有支配地位。虽然这些草具有良好的工程特性，其本身生长旺盛，但抑制了较弱的当地草类的生长。混合物分为两大类——含多年生黑麦草和不含多年生黑麦草。含黑麦草的一类适合肥沃的自然条件并需要定期刈割。由于这类品种自然生长旺盛，没有必要也不需要在任何混合物中占50%以上的重量比。当要求使用不含黑麦草的混合物时，例如对低维护条件下，主要组成成分一般是强壮的匍匐形红羊茅。不含黑麦草类的混合料需要相当好的培植条件。有时，如果混合料中含有10%以下的生长期短的杂种黑麦草类作为保护植物，可以取得很好的效果。

考虑以上因素选择适宜的混合物，是一个需综合考虑的问题。图15、图16和表6、表7示出了五种混合物的实例以及它们可适用的范围，数字表示重量百分比。有些草不能忍耐超过一天或两天的长时间浸泡，不同的品种具有不同的抗潮湿条件能力。同样，有些品种具有很强的抗旱能力，或是能够在盐碱条件下存活。

15 与图**16**所示相似的边岸环境

不同的草种特性　　　表5

种　类	栽培品种	特　性
多年生黑麦草	S23,梅勒,佩洛	生长力强,多叶的类型,适宜放牧。在贫瘠的土地上难以生长。能快速栽培
	洛雷塔,洛里纳,曼哈顿,斯科,埃尔加	生长力不强,生长较慢,但仍能快速栽培
匍匐生根的红羊茅(草):粗壮类;细长类	博里,S59,诺瓦拉巴,鲁比	有很强的生长力,有许多长的地下茎,生长力很旺盛
	默林,道林,霍克,洛格,索韦	生长力不太旺盛,生长力和侵夺性不强,较矮,具有较弱的地下茎。能承受极贫瘠的土壤和盐碱的条件
细叶软羊茅	诺维纳,巴罗科,罗塞特	较矮,生长稀疏,生长力不太强
硬羊茅	比利特,克里斯特尔,托纳门图,斯卡多	较矮,耐干旱
褐顶草(通常的翦股颖属)	海兰	具有许多地下茎,具有很强的侵夺性
海兰	巴尔舍特,萨布沃,特兰森塔	十分耐干旱。用途很广的栽培品种侵夺性不太强,较矮,较致密的草皮
匍匐形苇草(翦股颖属)	卡温,埃默拉尔德,彭科罗斯	生长力旺盛,具有短的匍匐茎
蓝草	巴伦,帕雷迪,莫诺波利,菲克林,阿基拉	呈旺盛的地下茎生长,但栽培慢
	达萨斯,奥米加,奥托福特	呈缓慢的匍匐茎生长,能适应贫瘠的土壤
狗尾草	绍斯兰,非洲纳罗克	能适应多种土壤类型的矮的丛生草
白三叶草	肯特,S184,格拉斯兰,胡亚	野生类,广泛用于放牧

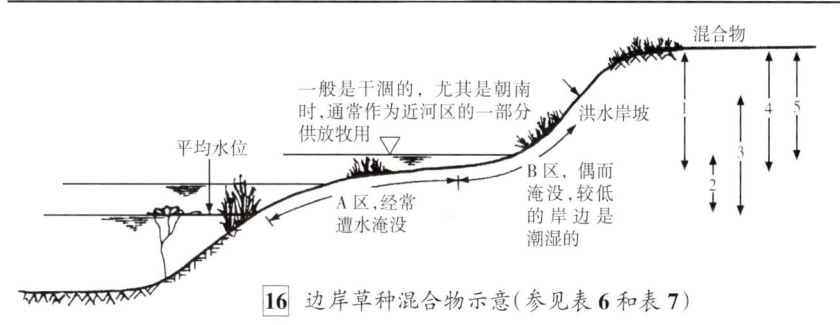

16 边岸草种混合物示意(参见表6和表7)

河岸草种混合物配比表　　　表6

组成种类	混合物中重量百分比(%)				
	1	2	3	4	5
多年生黑麦草	10	10	10		60
匍匐生根的红羊茅	30	30	30	20	20
细叶软羊茅				20	
硬羊茅	10		10	10	
褐顶草	20		10		
匍匐形苇草(翦股颖属)		20	10		
整齐的蓝草	10			10	10
参差不齐的蓝草		20			
加拿大蓝草(早熟禾属)	10		20	10	
狐狗尾草				5	
狐尾蓝草		10			
盐沼草			20		
白三叶草	5			5	10
鸟足三叶草		5			
播种率(g/m²)	10	12	12	5	5

注 对豆科植物必须将合适品种的根瘤细菌放入土壤中。

混合物的适用范围　　　表7

混合物	环境条件
1	干旱岸坡,能承受强的侵蚀力。能经得起偶然的但短期的浸水
2	湿润岸坡,能承受中等至强的侵蚀力。能经受频繁的并且长期的浸水
3	盐碱地的环境,湿润至中等干旱条件,能承受中等至强的侵蚀力
4	几乎不需要管理维护,并且在自然环境中生长,抗侵蚀力弱
5	用于放牧的农业用草,但具有一定的抗侵蚀能力

注 本表对应图**16**和表6。

3 天然材料生态护岸·活性天然材料及其应用

7. 播种与栽培

（1）**播种率** 播种的密度是指每平方米的播种量。播种量可按下式计算，再根据土壤条件和平整度等增加 20%～30% 的损耗。

$$播种量(g/m^2) = \frac{播种面积(m^2) \times 千粒重(g) \times 10}{1000 \times 种子纯度 \times 发芽率}$$

播种密度将会快速形成草被，而单丛生长的草一般弱小且易遭病害。若种子分布不均，局部的小块地种子密度很高而另一些地方空播，会导致局部地表裸露，易于遭受冲蚀和杂草的侵入。

当散播混合种子时，种子比率的选择尤其重要。在播种率高时，快速生长的品种，例如黑麦草，可能会抑制较小的生长慢的品种。在播种率低时，不同的草类品种之间不存在竞争，但草被形成很慢而且杂草也会侵入。一般，混合种子的播种率在 15g/m² 左右。不同的品种所占的比例取决于种子的体积以及相应的培植速度。

（2）**播种** 播种前，土壤表面必须符合要求，首先要进行翻耕与平整。全面深翻 25cm，必要时进行土壤消毒。随后将土耙细，土壤有板结的地带应进行人工或机械碎土，使土粒小于 1cm，对低洼处应填土整平，整体地形的平整应符合护岸设计要求。

此外，土壤的 pH 值应为 6～7.5，对总孔隙度 50% 的土壤，必须采用有机质或疏松介质加以改良，例如，一些粘重土和粉末结构土应加入 30%～40% 的粗砂。对有机质低于 2% 的土壤，应施腐熟的有机肥或含丰富有机质的介质，以使有机质含量正常。播种可以以条播、撒播和水播的方式进行，这取决于地面坡度、播种面积以及是否适宜用机械，见图 17 和图 18。

如果河岸坡不高，且有足够的可播面积，最好采用传统的农业播法播种，但当坡度陡于 1∶4 时，不能采用条播法。此法是将种子播入浅的犁沟内，并在其上覆盖 10mm 厚的松土。条播费用较低，种子分布均匀。盖土后，种子就可以发芽而不会被地表水冲掉，而且与表面撒种相比较不易遭受干旱。

当陡岸的坡度达到 1∶2.5 时，可用撒播法。尽可能均匀地将种子散播在岸坡表面。可由装在拖拉机上的播种机播种。当播种面积不大时，还可用非专业人员操纵的旋流播种机，或在播种不便的区域以手撒播。无论以何种方式，如果表面不粗糙，种子很易被风或径流带走。为确保取得满意的种植效果，应进行耙土，或是铺一层覆盖物或一层细土。

当岸坡很陡时，现越来越多地使用水播。水播是指将所有的种子放入以水为主体的泥浆中，并通过高压泵和胶皮管或喷枪进行播种。泥浆一般包括一种土质粘结料、养分和一种稳定的覆盖料。此工作专业性强且费用高，但对于某些难以到达的岸坡，它是唯一适用的方法。覆盖物包括纤维，诸如木纤维或切碎的稻草（切成 10～20mm 长），与粘结料结合在一起，粘结料有可能是化学胶或沥青。粘结料将覆盖料和种子粘在已处理好的土表面上，覆盖料保护岸坡直至种子发芽，并且在草生长时提供有机养分。当然，要使其成功地发芽和生长，还依赖于保持适当的表面湿度。

（3）**复合护岸结构的建立** 当草与土工织物或栅格状混凝土加固体一起用作复合护岸结构时，应该清楚地了解有关的植草方法，如有必要可参照加固材料生产单位的使用说明。

17 人工撒播的缓坡草坪河岸

18 原来是裸土的面积较大的平缓湖滩，采用机械播种植草，既起到固坡护的作用，又将烂泥滩改造成优美的滨水环境

19 枯水位以上的土工织物草护岸，平时是无水的，当汛期洪水淹没草坡时，由于土工织物的加固，可以经受短期浸泡和冲刷

天然材料生态护岸·活性天然材料及其应用

20 密植草皮生长形成的缓坡湖岸

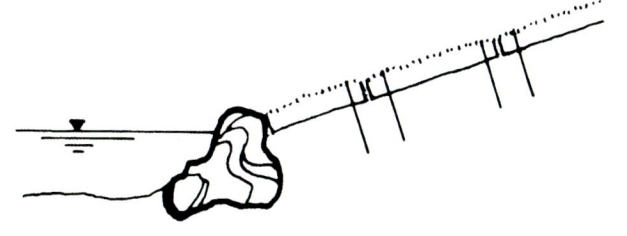

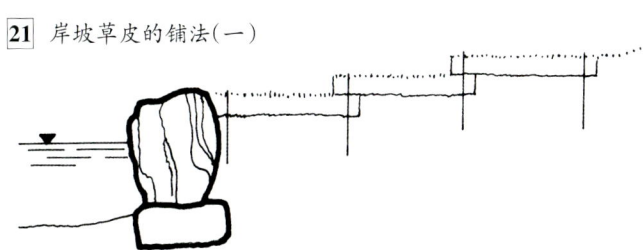

21 岸坡草皮的铺法（一）

22 岸坡草皮的铺法（二）

如果土工织物放在土的表面上或接近于土的表面，草种一般播在土工织物的一薄层土中，除非坡角太陡以致在种子发芽之前土壤被水冲走。一般情况下，仅需一薄土层（小于20mm），因为土工织物上的土愈薄，草根向下生长就愈深。如果草种播于土工织物网下，露出的草可能会将土工织物网抬起并使其脱离土的表面。直接在土工织物纤维上水播实际效果并不好，原因是在很陡的边坡上覆盖料和纤维很难粘结。使用土工织物的草坡护岸见图 19。

在格形混凝土加强结构的情况下，应先向网格中填土，距顶部约为25mm。然后，先将种子与土混合，再填表层土。

（4）播种时机的选择　播种时机的选择就是要恰当地选择播种期，适时播种。草种应播于温暖、潮湿的土壤中。草的幼苗，像许多其他植物一样，对干旱很敏感，而土壤温度在夏季月份里可能很理想，但又要考虑干旱的危险。临时的喷灌可用于缓解这个问题，不过偶然的大量浇水，使土壤湿润达到至少100mm深比多次轻微浇水更理想，因为这样可促进表面根系的发育。

植物的生长受温度限制。虽然，在土壤温度低到5℃时植物也能生长，但旺盛的生长需要10℃或更高的温度。除了冷季型草种外，当温度低于10℃时，种子一般不会发芽。

播种的最好时机一般是在4月和9月，因为在夏季月份里土壤湿度低，限制了草的生长。4月份，土壤温度可能仍很低，因此，9月是最好的播种月份。重要的是在9月初播种，可以使得秋季土壤降温而阻碍草类生长之前，草已生长良好。如果种子在9月中旬播种，将至少浪费一个月的生长季节。冷季型草种原则上除冰冻期和30℃以上高温期外均可播种，尤以9月初至11月底最适宜。如果种子在不良条件下播种，生长力不强的品种很易受到影响，而生长力强的品种会在生长中占支配地位。

（5）人工草皮的定植　植铺草皮有密植、间铺、点铺和茎铺四种做法。

密植是将草皮按统一标准切割成块，按砌砖的模式平铺在坡面上。草块间隙为1cm，缝隙处填干燥肥沃土，见图20～图22。铺后应及时滚压浇透水。冷季型草皮可不留缝隙。

间铺是将草皮切割成条或统一的小块，然后将1m²草皮摊铺到约2～3m²的坡地上，铺后滚压，浇透水。间铺除草皮铺植较稀疏外，铺种方法与密植相同。

点铺是将草皮切割成3～5cm²的小块，然后等距点植，通常1m²草皮可摊铺约3～5m²，然后滚压，浇透水。点铺适宜于不急于短期就需护岸要求的河湖滩地，见图23。

茎铺是将匍匐型草种选茎枝长的，剪为2～3cm小段均匀撒铺于种植坡地上，覆土1～2cm，铺后滚压，浇透水。

如果需要快速定植草皮或短期保护无草皮土壤表面，应考虑采用人工定植草皮的方法。为了定植草皮可由二维纤维网（例如黄麻网）、树枝篱笆，或把表面稳定床、覆盖料和种子组合成一个单独单元的特殊干纤维层等提供短期保护，同时也可改善微环境。所有这些建立短期保护的设施将在几年的时间内降解。快速草皮的定植可通过使用预生长苗床或草皮（尽可能地包括土工织物），直接置于已处理好的基面上。所有这些必须牢靠地就位直至已发育到有足够的草根伸入和锚固在基土中。如果草皮太厚（超过30mm），在一般的气候条件下，在这种草皮内，草根所处的优良环境足以使其伸入地基土中。

23 采用点铺法种植的河岸

3 天然材料生态护岸·活性天然材料及其应用

（6）初始生长期 不同的草的生长速率很不相同。有些品种，如黑麦草，在 7 天或更短的时间内就可发芽，而有些较小的草则需 3 个星期。完整的草皮一般需在播种后第一个生长季的中期才能形成，并且要在第二个生长季才能达到草皮的完全的保护长度。在此期间内，应提供生长期服务（包括刈割、施肥、除杂草）。此外，有必要将边岸用篱笆隔开，以避免羊、牛、人的行走对草的损害，直至草皮完全形成。设置永久性的篱笆有时也可能是必需的。

8. 管理要求 草皮一旦建立，需要恰当地维护，才能避免枯死、疯长、杂草丛生和各种病虫害，以增强护岸能力和景观效果，见图 24。如果木本植物未被除掉，草地将会回复为灌木丛。一般的做法是刈割和放牧。反复剪裁能使草产生更多的侧向芽，所以这种处理方法至今仍在使用。定期刈割放牧可形成紧凑、密实和平整的草皮，并且有助于避免不希望的草丛的形成。草皮可受的刈割高度和放牧强度取决于草皮中所包含的品种。从防止冲蚀的观点出发，仅在生长量过分时（例如超过 150mm 时）才进行刈割，并且，为了避免出现裸露地斑，不应刈割得短于 50mm。对于任何品种而言，刈割的次数太多、太密，可能抑制草根的生长。

在草皮维护的低限度情况下，草未刈割的草皮一般生长较慢，通常生长密度很低，并有裸土地斑，只有茅草覆盖。最佳割草的频率取决于所有草种的生长特性。含有快速生长草种（例如黑麦草）的草皮较之以生长慢的草种（例如羊茅草或苇草）为主体的草皮，需要更频繁地刈割。混合草种中没有大量的黑麦草时，一般可认为是"低维护"的，需要减少刈割次数。播种草坪的苗期管理参见表 8，草皮铺植后的管理参见表 9。

牧羊可以改善草皮，因为羊会紧密和平整地咬草，并且羊的体重轻，即使在潮湿的条件下也不致破坏岸坡的结构。但牧牛会对岸坡有很大损害，这既与放牧时牛吃草的方式有关，也与牛脚践踏岸坡有关。所以，必须严格限制牛接近岸边。

9. 草地保护 凡是不会受到冲刷的地方，如岸顶的干燥区域、不宜人之处，或只需自然保护的地区，则可由种子培植多花草地，并可从各种花房中获取满足大多数土壤类型的合适的种子混合物。可不用施肥，因为可采用野花来适应低肥力条件，并且，在贫瘠条件下向基土中播种比用表土覆盖好。

在播种后的第一个生长季内，应对草皮定期进行刈割，以尽可能地保持 50~60mm 的高度，并且要阻止幼籽苗被野草的生长所抑制。在实际中，刈割的草应从现场带走以避免籽苗闷死。在第二年和以后的年份里，或用放牧，或用刈割进行草皮管理，就像其他草地刈割一样，但是，为了促进有效的开花，不宜在盛夏季月份进行。

这种技术不适应于野生生物已经具有很大势力的区域。当以一般建议的比例的一半播种苇草、羊茅草或类似的维护工作少的草种混合物时，会产生松疏的草皮，周围草地上的野生花会自然蔓延到这种草皮中。

由于保护这种种子混合物比标准的混合物费用较高，因此，并不需要对整个岸坡进行播种。保护一种单独的囊状混合物，例如每 100mm 中有 10m 的草囊，可能是比较合理的。

播种草坪苗期管理 表 8

管理项目	人工撒播	机械喷播	植生带
喷水	小苗初期每天喷灌 1~2 次，视天气情况可逐日减喷次数	种子萌发前 2~3 小时喷水一次，喷水量不可太大，喷湿为止，出苗后视天气情况酌喷水次数	幼苗期每天喷水早晚各一次
除杂草	除早、除小、除净，可用适当的除草剂除草	选用适当的除草剂或人工除草	除早、除小、除净
除去覆盖物	小苗出土 50% 左右时，可除去覆盖物，及时拣除草坪内的垃圾	及时清除垃圾等杂物	及时清除垃圾等杂物
其他管理	需要间苗的，应在幼苗分蘖时一次完成	覆盖率达 70%~80% 时滚压一次，使根系与土壤紧密接触，草坪平整	幼苗发芽时，再覆 2~3cm 土层，促使匍匐茎生根

草坪铺植后管理 表 9

管理项目	密植、间铺、点铺	茎铺
浇水	每周浇水一次，浇透、浇匀	保持土壤湿润，表土干即浇
除草	草皮成活后及时清除杂草	发现新苗后及时清除杂草
病虫害防治	以防为主，及时防治病虫害	及时防治病虫害
其他管理	铺植后 2~3 天滚压一次，以后每周至少一次，直至成活，若有明显隆突现象，应适时重铺	铺后检查，有茎裸露应及时覆土压平

24 播种和管理较好的护岸草坡，同时具有极好的河岸景观效果

天然材料生态护岸·活性天然材料及其应用

10. 实例

1 有木桩护底的植草护岸（中国浙江）

2 播种法生长的植草护岸（中国上海）

3 池塘边的麦冬草护岸（中国江苏）

4 与水草配植的河道边岸（中国上海）

5 采用间铺法生长繁殖的植草河岸（中国上海）

7 播种法生长的植草河岸（中国上海）

6 穿越森林的小河，平缓的植草边岸与林下草坪连为一体（中国浙江）

8 羊茅与麦冬混合种植的边岸（中国江苏）

83

3 天然材料生态护岸·活性天然材料及其应用

9 图 **12** 局部，砌石护底的植草湖岸

10 与森林连为一体的湖滩草坡（中国上海）

11 小河道的植草边岸（中国上海）

12 河石和砌石护底的缓坡植草湖岸（中国上海）

13 几种草种混合种植的陡坡河岸（中国上海）

14 陡坡湖岸的攀爬和葡匐植草护岸，既有防水浪冲刷作用，又有极好的景观效果（中国广东）

15 老河道的岸坡植草护岸与绿化（中国上海）

16 季节泛洪的小河道植草河岸（中国上海）

天然材料生态护岸·活性天然材料及其应用

17 植草固坡护岸的城郊河道(中国上海)

18 上有乔木,林下边岸植草的防汛河道(中国上海)

19 湖畔大面积的缓坡植草护岸(澳大利亚)

20 大河边岸的植草护岸(澳大利亚)

21 边岸下部种植狗尾草,上部为羊茅草的护岸(澳大利亚)

22 长茎狗尾草沿水际边带种植的护岸(澳大利亚)

23 内海湾沙滩涨潮水位线以上的植草护岸(澳大利亚)

24 图23沙滩植草局部(澳大利亚)

85

3 天然材料生态护岸·木材、石材及其应用

一、木质材料的应用

1. 功能与作用 采用木材或利用河湖沿岸林中已死的木材进行护岸，既符合生态环境要求，又能起到保护、加固的作用。同时，木质护岸在某些情况下还具有良好的排水功能。

木质护岸设施既可作为临时性的应急措施，也可与其他材料结合构筑成永久性的固堤护岸设施。一般来说，常见的乔灌木均可用作护岸，采用的方式有木桩护底、柴捆和木板护坡等。

2. 树种、材质 木质护岸材料，常取自当地的软、硬树材，如榆木、桉木、槐木、橡木和柳木等。木材的使用寿命较长时，即使建于岸坡水面以下，仍可完整地保持约8～10年。而用在水面上的，则可保持更长的时间。

根据经验，完全没入水中和暴露在外的木材，其耐久性相对较长。就木材易腐蚀部位和耐久性来说，处在平均水位附近的干湿交替带是最严酷的环境，也是最影响木材耐久性和护岸安全的地方。

二、木质护岸

1. 木桩护岸 作为非植物的生态护岸形式，木桩护岸的主要功能是用于固土护脚，再结合植被、柴捆和填石等达到保护堤坡以及营造生态环境的作用，见图1。实例见图2～图8。

木桩护岸分为单排木桩、双排木桩和多排木桩；按其构造又分为一般木排桩护岸、木桩编栅护岸和植桩护坡等。木料规格尺寸应符合设计要求，护岸使用的木桩入水前应进行防腐处理，见表1。

木桩的入水深度不应小于桩身长度的50%。打桩时，通常应从河岸内侧向外侧进行，木桩打入角度应与地面基本垂直。如果是多排多层木桩护岸，那么每阶木桩护岸高度应控制在1m内，层阶间回填土后可植草皮或种乔灌木，见图1。

有关木桩护岸的功能，适用环境和范围、设计要求、规格尺寸和注意事项详见表2。

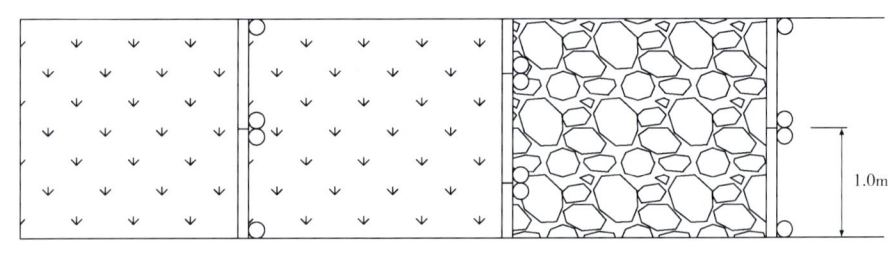

a 平面图

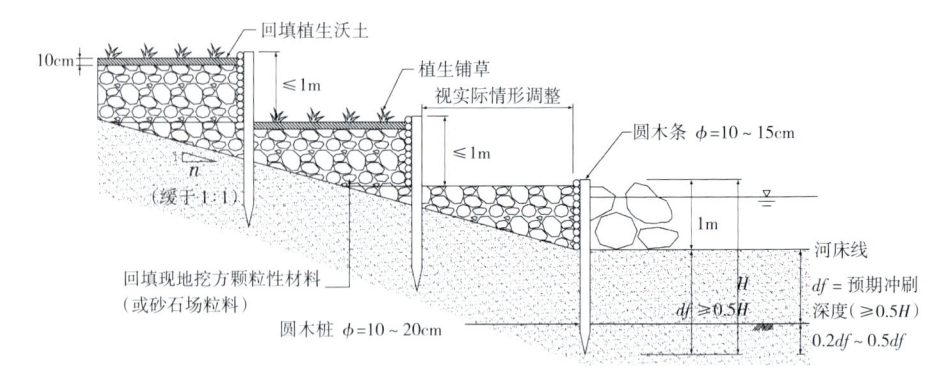

b 木桩护岸断面图

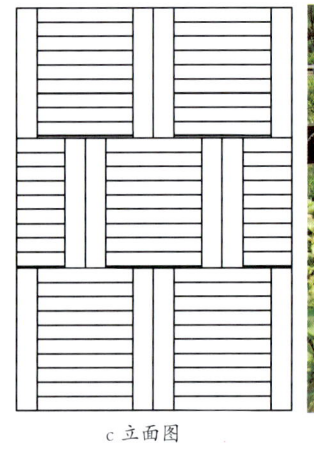

c 立面图

d 护岸效果

1 多阶的木排桩护岸

木桩护岸的防腐处理、使用环境和规格尺寸　　表1

名称	处理要求	使用环境	备注
防腐处理	（1）使用木料和防腐剂均应符合LY/T1636-2005的规定。 （2）凡用于护岸的木料应按要求进行防腐处理，并应符合LY/T1636-2005的规定	在室外环境中使用，暴露在各种气候中，且与地面长期接触或长期浸泡在淡水中	防腐剂在木料边材中的透入率应≥90%，海水中使用时透入率应≥100%
防蚁处理	（1）凡与泥土接触的木料，其接触面应满涂防白蚁剂，待其完全干燥后方可使用。 （2）所有结构木料必均须做防蚁处理，并确保有效使用10年以上	长期户外使用，且接触土壤或长期浸泡在淡水中 处在难以更换或关键结构部件	防蚁处理应符合LY/T1636-2005的有关规定

天然材料生态护岸·木材、石材及其应用

2 用于固底护坡的单排木桩

4 人工湖畔的木桩固底的草皮护岸

3 布置在枯水线上的单排木桩

5 与地面相平的木桩上缘

6 图 2 的局部

7 布置在河岸平均水位线上的多排木桩

8 图 5 的木桩局部

87

3 天然材料生态护岸·木材、石材及其应用

木桩护岸的功能、适用环境和范围、设计要求、规格尺寸和注意事项　　　　表2

项次	项目名称	内容及要求	说　明
1	基本功能	稳定河岸,减缓水流冲刷,消减风浪冲击	
2	生态功能	（1）透水性好,有利于营造生态廊道和多层次生态栖息地。 （2）所用木材没有二次污染的负面影响,人工干扰因素较少。 （3）木桩间的空隙可为鱼、虾等水生昆虫或鱼苗提供庇护,也有利于水边植物附着生长	木桩护岸具有生态功能,但为了护岸去任意砍伐山林,则会破坏其他地方生态环境,因此严禁滥砍滥伐
3	适用环境和范围	（1）适用于对景观绿化要求较高的河湖边岸,木桩护岸低矮且亲水性高,使水体、木桩和植栽和谐统一。 （2）也适用于需紧急处理或临时性的护岸和修补工程。 （3）施工方便、迅速,成本相对较低。 （4）特别适合在蜿蜒曲折河岸施工	
4	设计要求	（1）木桩材质应符合设计要求,粗细应基本一致。 （2）应尽量采用当地既有树材,或以当地其他树材取代,如竹材等。 （3）多阶层木排桩的每阶层高应限制在1m内。 （4）木桩打入角度应以与地面垂直为原则	
5	规格尺寸	木桩护岸使用的圆木条规格为 $\phi 10 \sim 15 cm$,圆木桩 $\phi 10 \sim 20 cm$	
6	辅助与配合护岸	（1）多阶层的木桩护岸,可在阶层间种植地被草类和乔灌木。 （2）木桩可与岸坡置石结合使用。 （3）紧急护岸可与砂包结合使用	参考本章的其他综合护岸方法
7	注意事项	（1）木桩护岸只适用于低流速、低冲蚀的河岸。 （2）木桩使用前应进行防腐处理。 （3）木排桩中发生单一木条断裂或毁坏时,应立即更换。 （4）无木材资源的地方,建议采用其他护岸方法	

2. 木桩编栅护岸 木桩编栅护岸又称为打桩编栅。单纯的打木桩主要用于固土护坡,而在打桩露土的上部再钉上木栅或木板,则既能固土护坡,又能保护边岸免受冲刷,见图9～图12和表3,实例见图17～图23。

当在木桩上安置木板时,其上部边缘应高于平均冬季水位或是由于波浪及行船激浪所能达到的最高水位。木桩栅板护岸的耐久性主要取决于所用木材质量和所处环境限制。如果构造坚固又未遭受破坏,其使用寿命可达10年。经过加压和防腐处理的软木可用来代替硬木,两者使用寿命基本相当。

9 木桩编栅护岸实景

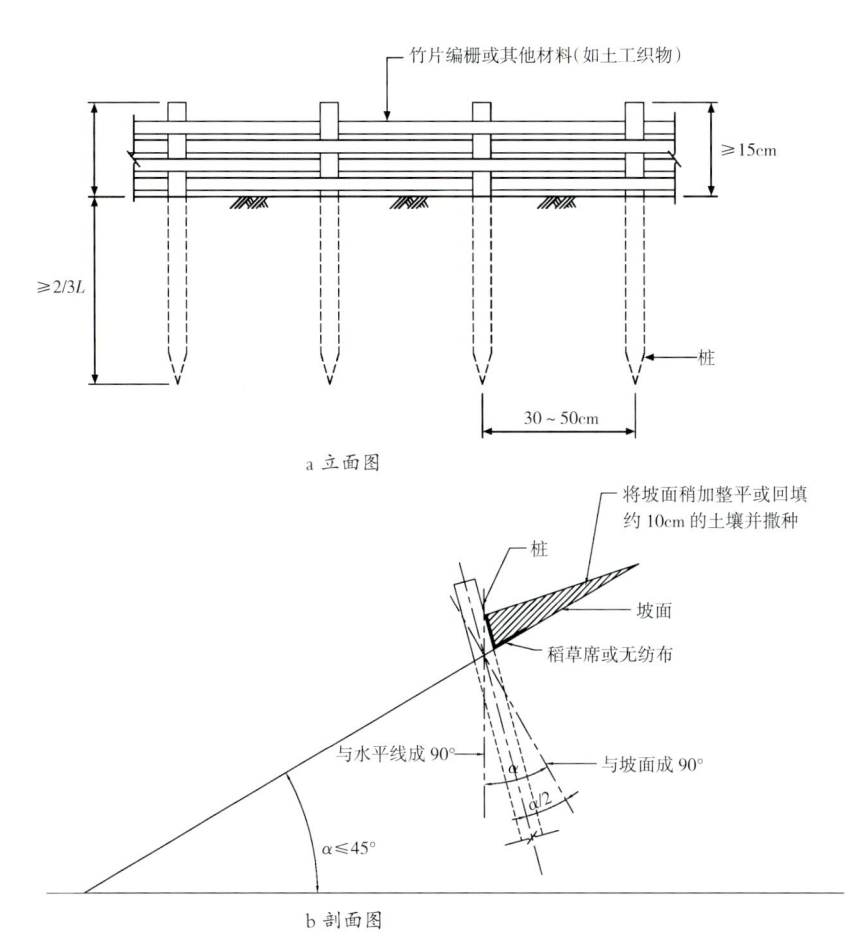

天然材料生态护岸·木材、石材及其应用

a 立面图

b 剖面图

10 上部带编栅的木桩护岸

木桩编栅护岸的功能、适用环境、设计要求、规格尺寸和注意事项参见表2。

11 与图 10 构造相同的护坡实例

12 木桩编栅制作示意

木桩编栅护岸的功能、适用环境和范围、设计要求、规格尺寸和注意事项　　表3

项次	项目名称	内容及要求	说明
1	基本功能	具有护坡挡土、稳定坡面的作用	
2	生态功能	（1）可防止岸坡土壤流失，使沿岸栖息地免遭破坏，也可以使原生植物附着于坡地生长，实现生态的初期演替功能。 （2）木栅和木板腐坏后不会造成二次污染，木栅木框内植物长成后，即可恢复原有生态环境。 （3）如果采用萌芽桩，则木桩会成活并融合于天然环境中	水流过急或深层滑动的河湖边岸应慎用
3	适用环境和范围	（1）适用于坡度45°以下需填方的堤坡护岸。 （2）也可用于一般挖方坡面和崩塌及浅层崩塌坡面。 （3）坡度超过45°的坡面应视土壤和地质条件选用。 （4）既要求固土护底，又需要挡土护坡的堤岸	
4	设计要求	（1）为确保上部木栅和木板的牢固，木桩应打入土中2/3以上，地表预留应小于桩身的1/3。 （2）桩与桩的间距应根据坡度和地质条件而定。 （3）上部编栅或木板的大小和排列密度按木桩大小和设计要求。 （4）采用编栅可使用薄木板、竹片等，以挡拦砂石	
5	规格尺寸	（1）采用多阶层护岸时，每排桩之间距离为1～3m。 （2）木桩的桩距以30～50cm为宜。 （3）如采用竹木桩，末端直径一般为5～8cm，长度为90～120cm	
6	辅助与配合护岸	（1）可利用当地气候和土壤等环境条件选择适合的植物配种种植。 （2）可利用竹子代替木桩，并配合坡面排水系统加以处理	特别应注重桩排后的填充措施和填充物
7	注意事项	（1）本护岸方法不适用于深层滑动面的地质河岸。 （2）施工前应修整坡面以消除沟坎，清除边岸乱草和杂物。 （3）应视环境需要修筑拦水沟。 （4）采用萌芽桩应保持木桩鲜活，打桩时应保护桩头，有开裂的应锯除，以免影响发芽能力。 （5）打桩时应自坡下方向坡上进行。 （6）木桩栅板较少单独使用，设计时应充分考虑配合最佳的挡土、填充及排水措施	

3 天然材料生态护岸·木材、石材及其应用

3. 植桩护坡 植桩护坡是最具生态性的护坡形式之一。植桩木框内种栽的原生苗木的不断生长，会使兴建的工程痕迹消失，并逐渐融入自然环境中。特别是对业已形成丰富的自然环境并拥有重要动植物资源的地方不会造成不利的影响，见图13～图16和表4。

植桩护坡的功能、适用环境、设计要求和注意事项　　　表4

项次	项目名称	内容及要求	说明
1	基本功能	挡土、固坡、稳定边岸	
2	生态功能	(1) 防止岸坡流失，有利于原生植物附着生长。 (2) 木结构内苗木生长后，木框逐渐腐朽，无二次污染，人为痕迹干扰会完全消除。 (3) 木结构内苗木生长后，能融合到自然环境中	边坡不稳、水流过急和有滑坡边岸慎用
3	适用环境	适用于有重要排水要求和生态敏感地区护岸	
4	设计要求	(1) 稳定设计高度为每阶梯2m。 (2) 基础承载强度要求为15t/m。 (3) 木结构内可放置砾石的同时，可掺入土壤混合草种，以利植物生长。 (4) 可分阶分段施工，以提高工期及效率	
5	辅助与配合护岸	(1) 木结构初期为辅助挡土、稳定边岸，确保植物生长。 (2) 待苗木逐渐长成后，木框朽毁并自然分解。 (3) 初期木结构应具有耐腐性，需选用较高防腐材质。 (4) 土壤混合草种以原生为主，苗木选当地品种	
6	注意事项	(1) 木结构所用木料应选用具有较高防腐蚀性的材质，但严禁使用防腐涂料。 (2) 木结构内的回填料可用砾石，但应避免上格框间隙中流失。 (3) 木结构对横向不均匀沉陷很敏感，要加强基础的处理。 (4) 护坡木料不应取自周边林地	不耐腐蚀的软木料应慎用

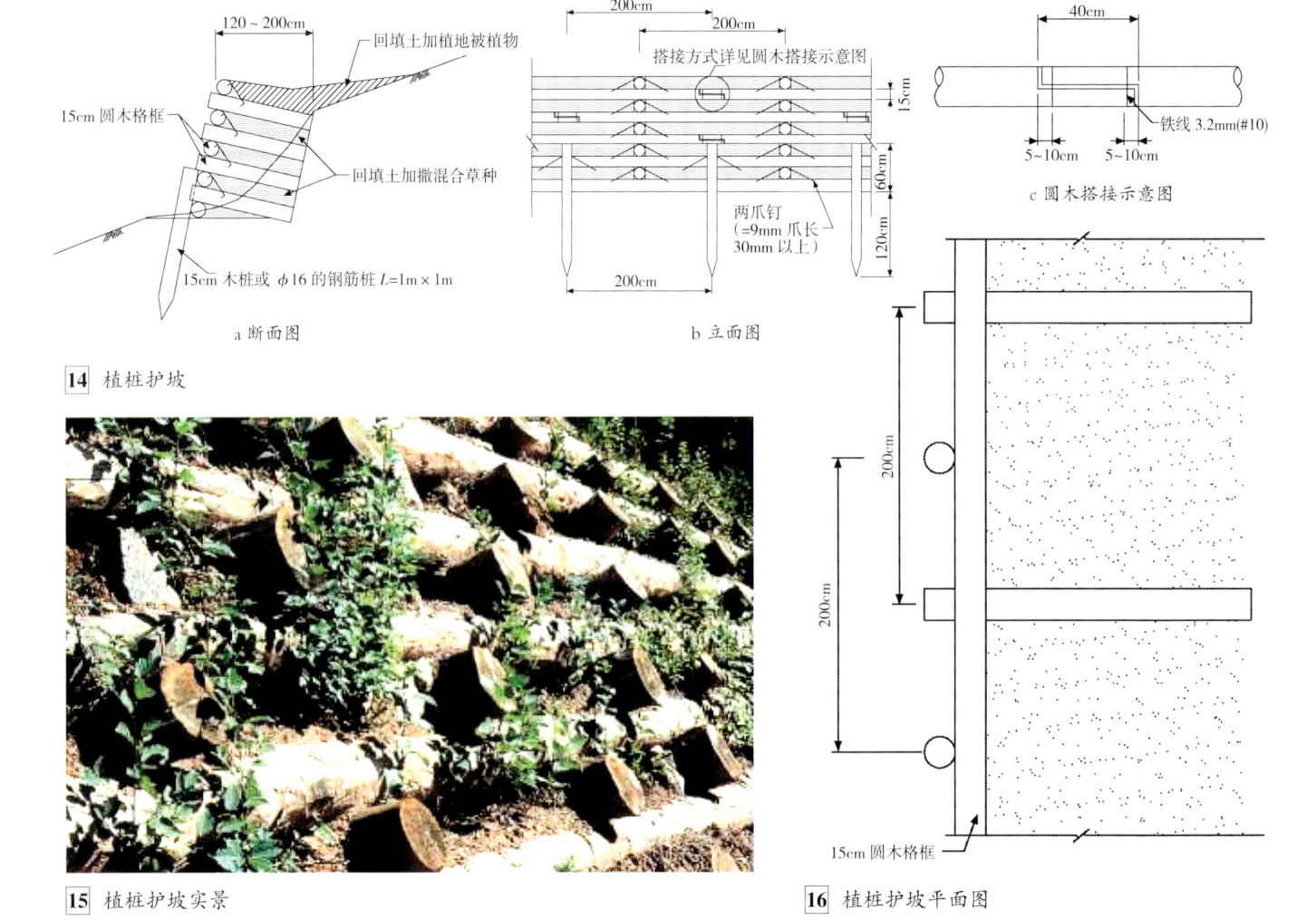

13 植桩木框内栽种的苗木生长效果

a 断面图　　b 立面图　　c 圆木搭接示意图

14 植桩护坡

15 植桩护坡实景

16 植桩护坡平面图

90

天然材料生态护岸·木材、石材及其应用

17 木材竹材混用的打桩编栅护岸

18 与边岸地面相平的打桩编栅

19 下有打入木桩，上有圆木栅的护岸

20 图 19 的护岸局部

21 木桩和圆木排护岸

22 木桩圆木排固底并填充石块的护岸

23 木排后填充沙袋的护岸

3 天然材料生态护岸·木材、石材及其应用

4. 木桩卷包护岸 木桩卷包护岸是以木桩固坡、卷包覆面护土的天然材料护岸。网状的袋包内填石砾不仅有利于植物生长，还为边岸虾蟹和昆虫等小型动物提供繁殖生存环境，有助于边岸自然生态的维持和恢复，见图 24。

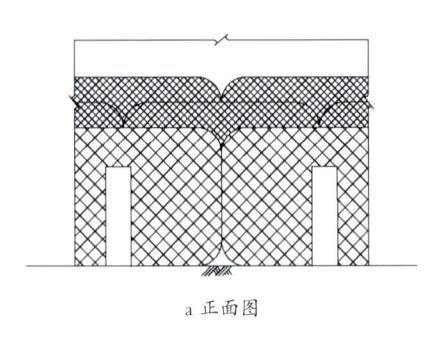

符号及尺寸：
ϕ = 卷包直径（30～60cm）
S = 木桩间距（约150cm）
L = 木桩长度（约2.5～3.0倍）
d = 木桩直径（约10～15cm）
L_p = 木桩贯入深度（≥0.5L）

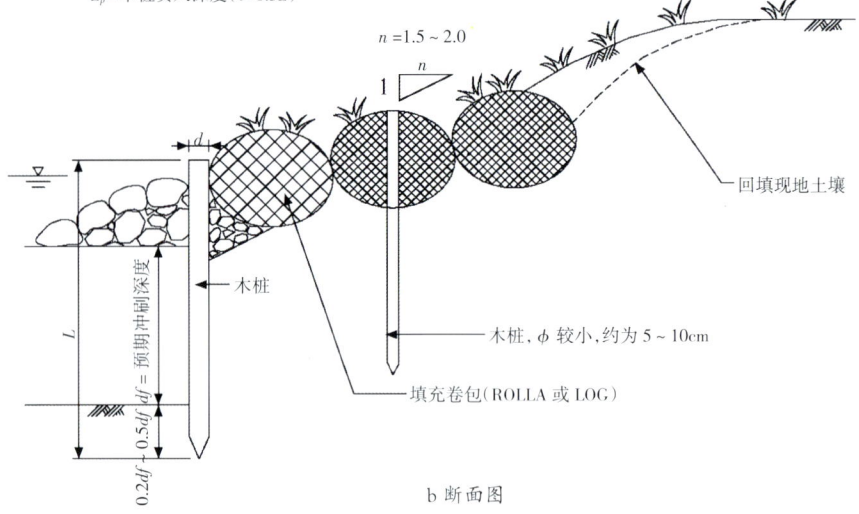

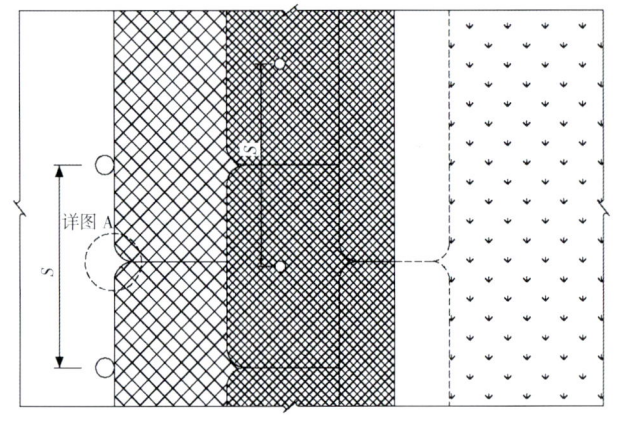

a 正面图

b 断面图
- 回填现地土壤
- 木桩
- 木桩，ϕ 较小，约为 5～10cm
- 填充卷包（ROLLA 或 LOG）
- 预期冲刷深度
- $n = 1.5～2.0$

c 平面图

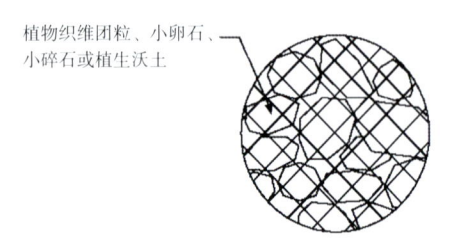

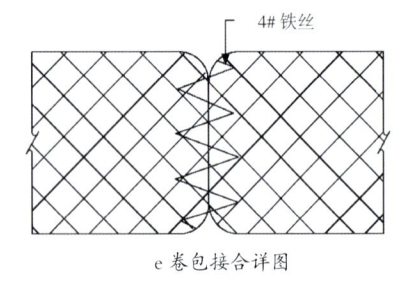

d 网袋卷包详图
- 植物织维团粒、小卵石、小碎石或植生沃土

e 卷包接合详图
- 4#铁丝

f 木桩卷包护岸实景

24 木桩卷包护岸

5. 砍伐的木材 作为特定的护岸方法，可以利用河流日常维护工作产生的砍伐硬木材。例如，由栎树和榆树上修剪下的枝条可以扎捆置入岸坡中，以保护受冲刷的区域。这主要是因为硬木条不会发芽，而且，硬木十分耐久，并且能发挥保护作用直至自然的植被形成。

同样，把已砍伐树木的树根放在已受冲刷的岸坡上或已坍塌的区域，在其周围回填砾石可防止或控制进一步的冲刷，如图 25 和图 27 所示。

6. 荆棘柴捆 在木质护岸中，所有木质材料中用得最多的除了柳树，就是荆棘，其中包括黑棘李和山楂。荆棘柴捆广泛用于需排水的护岸，其作用有两方面：其一是加固软弱土基，其二是提供排水。它的使用寿命可长达约 30 年，之后才完全腐烂。

在秋季开始用人工砍荆棘，通常应使用有经验的劳工进行作业。这种柴捆是由绳子将枝条捆成长 1m，直径为 300mm 的柴束。与柳树柴捆不同，荆棘柴捆常与岸坡正交放置。约 3 捆 1m 按单一层厚铺放，每一层在下一层放置前均覆盖 150mm 厚的土。每 3 层用劈削的树桩钉住，树桩钉从 75~100mm 的树枝锯下，约 500mm 长的一段，劈成四部分，穿 3 捆柴捆，见图 26。

柴捆用于大型土体坍坡的新结构中和小范围的修补中。当修补完成时，柴捆刚好留下末端并伸出岸坡。在排水维修期间，其末端一般会剪去，但在柴捆护岸中仍常能看到。

7. 临时保护 传统上使用篱笆栅栏保护刚完成的岸坡免遭冲蚀，这种临时性的保护措施可维持至适当的植被已完全长成，并可提供永久性的保护为止。通常情况下由榛木幼树编成栅栏，长 1.8m，高度在 1.2~1.8m 之间。

由于其经受干湿循环，一般耐久性差，然而费低，效果好，而且有利于生态环境。也可以使用木桩，或是用更常用的轻型加固钢箍将其固定于岸坡上。当与其他短期护岸型式一起使用时，从长期的环境保护观点出发，由于它能生物降解，较之同等的非降解的土工织物更令人满意。

由多层灌木、芦苇和其他有机材料编扎而成的梢料沉排，可用石头加重下沉以提供水位以下的连续保护。

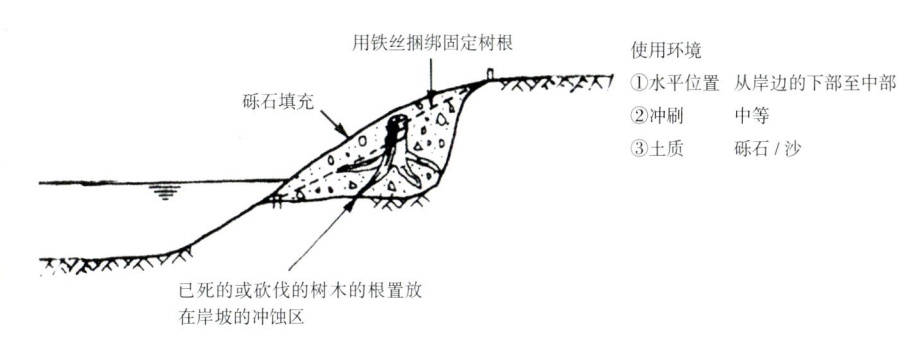

25 用树根防冲刷的边岸区域

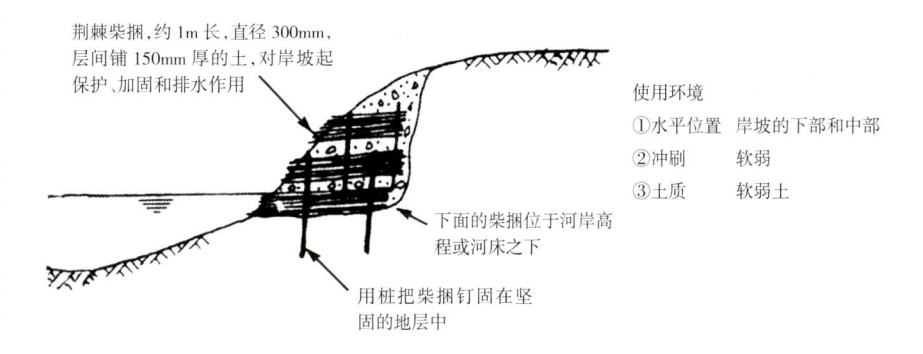

26 用荆棘柴捆护岸图

27 将枯树根固于被冲塌的边岸，然后填充砾石，具有很好的防冲作用

二、石材、石料的应用

1. 功能与作用 这里所讲的石材、石料的应用,是就河湖的生态护岸而言的,即不使用水泥和混凝土的、非砌体的石材护岸,主要包括岸边抛石护岸、多阶垛石护岸和岸边置石、植石互层护岸等。这些护岸方式的生态性主要体现在利用天然石材的坚硬度抗水浪和水流冲刷,并将它们按需要随形随势地堆垛起来,而不用沙浆砌筑。因此,也就没有混凝土、浆砌石那样切断了水、空气、土壤、植物和生物之间有机联系的负面作用了。

2. 主要特点

（1）**生态性** 无论是抛石还是垛石都不使用浆砌,不仅透水透气,植物还可以在其中生长,而且亲近自然环境,满足生态要求。

（2）**整体性** 虽然不使用砂浆砌筑,但随形随势堆垛具有很好的稳定性。

（3）**透水性** 各种堆垛结构内部均可透水,不需专门的排水设施。

（4）**耐久性** 具有与混凝土和浆砌石同样的使用寿命。

（5）**造价低** 由于没有水泥灰浆湿作业,加上能就地取材,投入很节省。

（6）**施工方便** 只要按照要求选料,按设计堆垛,施工方法简单,一般农工都能胜任。

（7）**效果好** 具有很好的抗水流冲刷和消浪性能。

3. 材料种类及要求 石材的生态护岸具有很强的地域特征,这些差异的存在,就是大都使用当地易得的石料所致。作为护岸工法之一的石料护岸仍提倡就地取材为主,对规格的要求也只是一般性的原则。表1是生态石材护岸常用的石材品种及其规格和用途。

常用石料主要有天然卵石和不规则形状的块石两大类型,但均要求质地坚硬,无明显风化,无裂缝及页岩夹层和其他构造上的缺陷。

一些未经琢刻、具有天然形状的自然山石,被以叠石或塑山的形式用于景观池塘和湖泊的固坡护岸,既能满足护岸功能,又有极好的园林景观效果,在传统园林和水利整治中应用广泛。在这些自然山石中,北方以青石为主,南方则多用黄石和红石。

三、石材护岸

1. 抛石护岸 抛石护岸是传统的护岸方法,使用卵石、块石均可,但须逐层抛放。上层通常采用 70~100cm 石料;下层采用约 50~60cm 石料,并注意石块间的相互契合,将石块间的空隙做到最小化,完成后的抛石护岸应是紧密、稳定的整体,见图 1 ~ 图 11。

抛石护岸的坡度应缓于 1:1.5,才能保证抛石层的整体稳定性。抛石下方可根据河岸土质条件铺设过滤垫层,材料可选用碎石级配料或土工织物,也可将上述二者同时采用。抛石护岸的功能、适用环境和范围、规格尺寸以及设计要求等见表2。

生态护岸石材的常用品种、规格及用途　　　　表1

品　种	规格尺寸(cm)	主要用途	说　明
大型卵石	15 以上	坡面铺石、护底、基础	有卵石和河石两种
中小卵石	15 以下	坡面铺石、基础	
大型块石	$41 \leq \phi \leq 80$	坡面铺石、岸边垛石	也可用于基础
中小块石	$15 \leq \phi \leq 40$	坡面铺石、基础填石	还可用于基础填石
巨石	80 以上	岸边置石、坡面铺石	

1 采用中小卵石的抛石护岸

2 采用大卵石的抛石护岸

抛石护岸的功能、适用环境和范围、设计要求、规格尺寸以及注意事项　　表2

项次	项目名称	内容及要求	说　明
1	基本功能	保护河岸,减缓水流和水浪对河湖边岸的直接冲刷	
2	生态功能	(1) 石块间的自然间隙可使蕨类和原生植物附着生长。 (2) 水际线处的大块石能形成更加粗糙的表面和孔隙,为鱼等水生动物提供产卵和繁衍生息的场所。 (3) 生态自然,可提供多样的滨水栖息地,生态功能整体性表现较好。 (4) 抛石护岸对原地岸地貌的改变较少。 (5) 所用材料无二次污染的负面影响,人为干扰因素较小	
3	适用环境和范围	(1) 适用于城郊和乡村对抗洪要求不高,却有生态环境要求的河道 (2) 适用于低流速(≤3m/s)、冲蚀小和水深较浅的河岸。 (3) 较多用在河床坡度较缓、河岸相对广阔的堤坡。 (4) 最适用于当地有丰富石材资源的地方	河湖边岸较陡,不宜使用抛石护岸。水流较大、水体较深的边岸应慎用
4	设计要求	(1) 护岸坡度应缓于 1∶1.5。 (2) 护岸底部(趾部)应嵌入冲蚀线以下。 (3) 抛石下方可视实际土质条件铺设过滤垫层,以防止基础土层的细粒被冲刷流失,以及抛石定位后产生大量沉陷。 (4) 抛石过滤层一般采用碎石级配料或土工织物,也可两者同时采用。 (5) 抛石表层尺寸应大于 D_{min},其最小直径与流速关系详见表3	
5	规格尺寸	抛石常用的石块规格尺寸(直径)见表3	
6	辅助与配合护岸	(1) 作为运用石材置放于堤坡的护岸形式,抛石方法既可采取人工摆放倾倒,也可配合起重设备施工。 (2) 抛石层的冲蚀线附近应抛放大块石或巨石,以保护河岸抵抗水浪的曳引力,见图 3	
7	注意事项	(1) 抛石层底部必须延伸至水际线以下,且将石层嵌入河床土壤中,并需增加抛石厚度以增强抗水流冲刷和侵蚀能力。 (2) 抛石层应有一定的高度,有防洪要求的河道,应将抛石层延伸至高水位线以上,以期在洪水时或流量极高时,能满足防护要求。 (3) 所使用的石材不能有明显风化、裂纹等缺陷	可参照建筑、园林和水利的行业规范和标准

单粒抛石最小直径要求与流速关系表　　表3

流速 V (m/s)	直径 D_{min} (cm)	说　明
<1.0	5	D_{min} < 16cm 的石块(包括卵石和块石),适宜于水流较缓、冲刷力较小的河岸。D_{min} 在 16 以上的石块,适用于水流相对较高冲刷较重的河岸
1.0	5	
2.0	16	
3.0	36	

3 在抛石层上修建的堤岸马道,马道上是滨水公园。马道完成后,又再次采用船载大块石和巨石,从水面上沿坡岸底部进行固底抛石

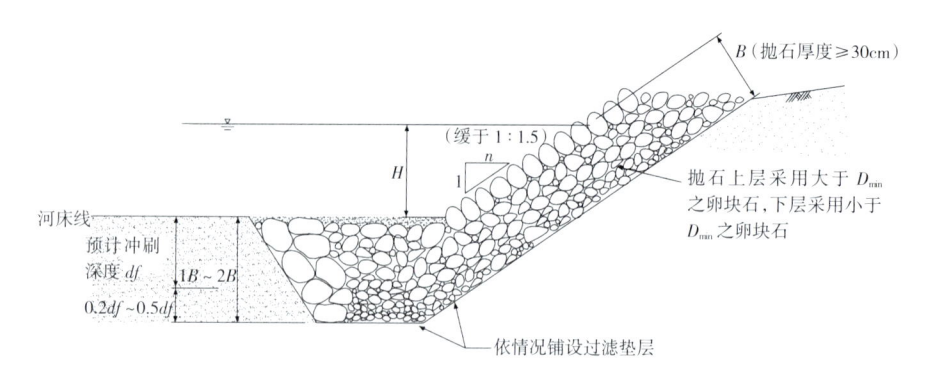

3 天然材料生态护岸·木材、石材及其应用

4 抛石护岸构造

(图中标注：B（抛石厚度≥30cm）；缓于1:1.5；H；$n:1$；抛石上层采用大于D_{min}之卵块石，下层采用小于D_{min}之卵块石；河床线；预计冲刷深度df；$1B\sim2B$；$0.2df\sim0.5df$；依情况铺设过滤垫层)

5 构造同图 **4** 的抛石护岸实景

6 间隔植草的抛石护岸

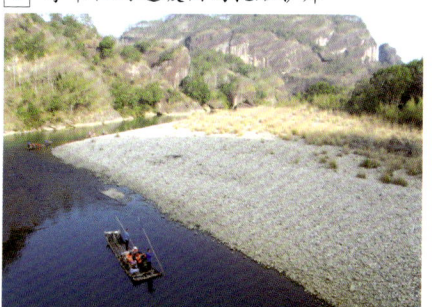

7 季节性河道坡面的抛石护岸

8 常有急流冲刷的山溪抛石护岸

9 湖边的抛石护岸，底层已深入坡土中

10 大小卵石混合的抛石护岸

11 伸入河床较多的抛石护岸

天然材料生态护岸·木材、石材及其应用

2. 与石梁固床结合的抛石护岸 有时为了减缓水流和消能，以及在河段中增加流域河况的多样性，可在抛石护岸的同时，选择恰当的地方以大块石在河道中构筑石梁。

石梁坝与抛石施工同时进行效果最佳，这样可以使石梁坝与抛石护岸完全结合为一体，使石梁坝的两端与边岸抛石层能够有机结合，从而更能抵抗水流的冲击，提高抛石和石梁坝的使用寿命，见图12~图31。

13 横亘在自然河道中的石梁坝，使流域形成多样性的流况

12 人工垒筑的石梁坝

与石梁坝结合的抛石护岸，其设计和功能较复杂，有关其功能、适用环境、设计要求、规格尺寸和注意事项见表4。

石梁固床的功能、适用环境、设计要求、规格尺寸和注意事项　　　　　表4

项次	项目名称	内容及要求	说　明
1	基本功能	除了具有抛石护岸功能外，石梁坝能缓和水流侵蚀，能够减缓流速与消能，还能局部改变冲流的方向	
2	生态功能	（1）由于石梁坝改变了河道单一流水况，提高了濑潭比，使流况具有多样性，因而为不同水生物种提供了不同成长阶段所需要的河况。 （2）抛石形成的石梁坝使石块间产生许多孔洞和缝隙，能为水生植物提供栖息和避难场所。 （3）石梁坝露出水面的石块，又可以为石蝇等水生昆虫提供羽化的空间。 （4）能避免诸如防砂坝和拦水坝所造成的阻绝水流的后果，不会造成鱼类回游或迁移的问题。 （5）石梁坝使水流产生跃动的波浪和跌水，增加曝气效果，提高水中溶氧量，从而加强河溪的自净能力	石梁坝最重要的是确保其生态功能，否则会破坏河流生境
3	设计要求	（1）石梁坝是构筑于河川中的横向构造物，应尽量采用大型天然石块。 （2）设计石梁坝应避免全断面阻绝，应多留高度适中的流水路，以利于水生动物上下水域的迁移。 （3）石梁坝最好与抛石护岸同时施工，以确保石梁与护岸的完全咬合连接。 （4）石梁坝应嵌入护岸底部，以增强抗水流冲击能力。 （5）河床坡度较陡处可作连续设置，形成阶梯式落差，使上游流速降低，增加泥沙沉降，使其具有拦砂及稳定河床的功能	注意利用石块的组合排列营造出深潭浅滩效果
4	规格尺寸	（1）石梁坝所用石块不能选用统一规格，因为石块颗粒大小配合使用可形成较多孔隙，为水生动物提供多层次栖息地。 （2）石梁的高低和宽窄应视水溪河流和水深情况而定	
5	注意事项	（1）应避免石块形成断面的完全阻隔，石料应大小搭配和高低层次排列。 （2）石梁坝应设于水流平缓、水位低处。 （3）除非特殊需要，石梁坝一般不使用浆砌，埋埠石块应力求稳固。 （4）如果石梁坝设于水流湍急处或坡度较陡处，为安全稳固起见，可在关键的局部梁段使用浆砌，并将重点石块粘接，再将其他石块堆垒其间	石材最好就地取材

3　天然材料生态护岸·木材、石材及其应用

14 石梁坝构造示意

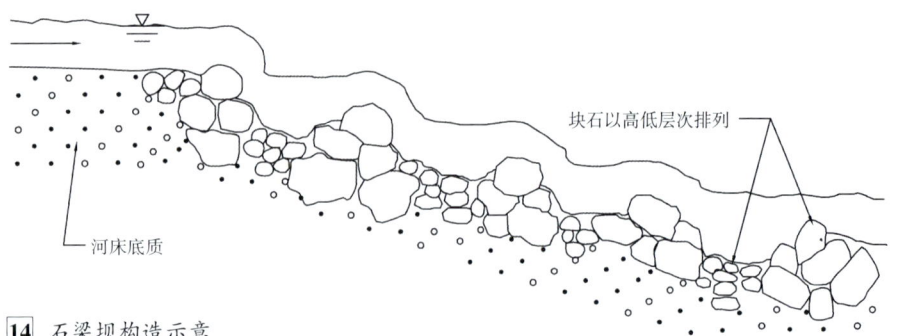

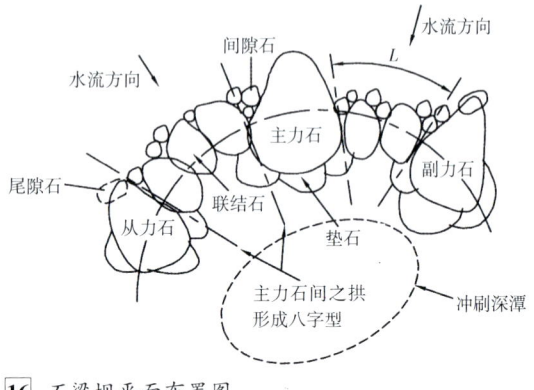

15 河道中的典型石梁坝

16 石梁坝平面布置图

17 石梁坝正立面图

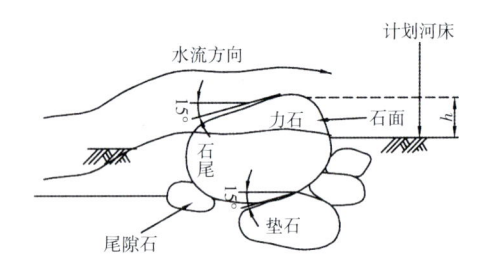

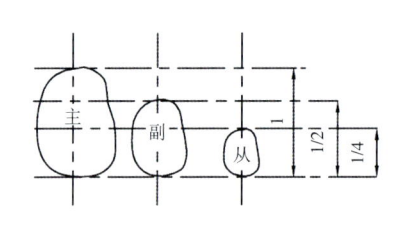

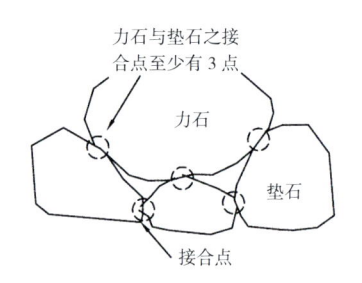

18 石梁坝断面图

19 石梁坝主、副、从三石规格

20 石梁重点部位构造图

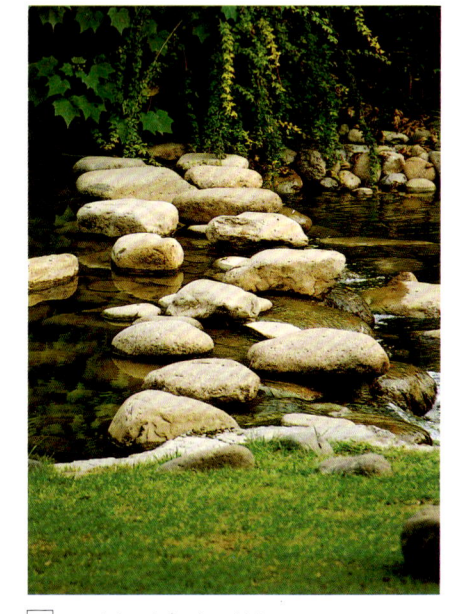

21 由大、小卵石和河石构筑的石梁坝

22 山林河道中的石梁坝

98

天然材料生态护岸·木材、石材及其应用

23 城市景观河道中的抛石护岸与石梁坝

24 在河床坡度较陡处连续设置几道石梁坝，形成阶梯式落差，使上游流速明显降低

25 图24中一道石梁坝局部

26 图24的局部石梁中的水流

27 图24石梁坝孔隙中的水流

28 图24的局部

29 图24中多道石梁的拦阻使水流由急变缓

30 巨石和中小石块组合构筑的石梁坝，使上游急流得到控制，而石梁孔隙和空穴较多，水流不断。石梁坝下游又形成多处水潭，使这条河的濑潭比明显提高，河道流况更趋多样性

31 图30的局部

3 天然材料生态护岸·木材、石材及其应用

3. 干砌石护岸 干砌石与砌石的砌筑方法很相似,只是不用灰浆粘固。在农村,很多农民用干砌法垒筑柴房和猪圈等简易建筑;在山坡的梯形田中垒筑挡土墙。因此,干砌法应用极为广泛,将其应用在河堤护岸具有极好的生态功能,且成本低、施工简便。

32 单阶干砌石护岸

(1)单阶干砌石护岸 单阶干砌石护岸的主要功能、设计要求和适用环境见表8。

单阶干砌石的设计应用实例见图 32。单阶干砌石护岸构造及与岸坡关系示意见图 33。单阶干砌石护岸高度、坡度及石粒直径大小的关系见表5～表7。

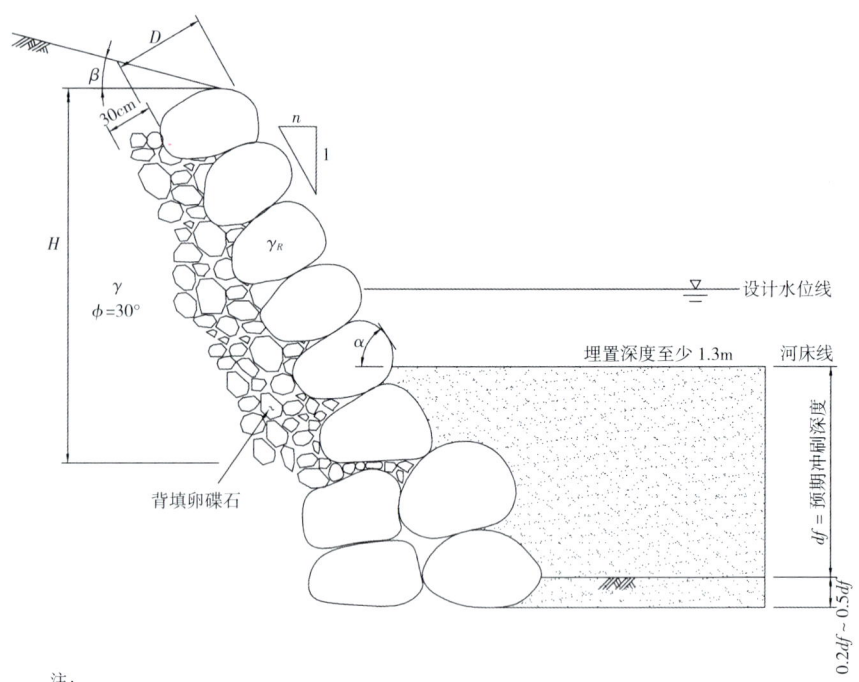

注:
1. γ_R = 砌石单位体积重,γ = 墙背回填材料单位体积重,ϕ = 回填材料的内摩擦角。
2. 基础型式应视整体构造和地质条件而定,可设计成砌石基础或比单粒砌石直径大的块石作砌石基础。
3. 砌石护岸图 33 的构造及相关参数见表5～表7。

33 单阶干砌石护岸构造及与岸坡关系示意图

干砌高度与坡度、粒径关系表(一) 表5

护岸高度 H=1m	D(cm)		
岸面坡度 1:n	β=20	β=10	β=0
1:1.5	12	10	10
1:1.0	15	13	13
1:0.9	16	14	14
1:0.8	17	15	15
1:0.7	18	16	16
1:0.6	19	17	17
1:0.5	21	19	18
1:0.4	22	20	20
1:0.3	24	22	21

干砌高度与坡度、粒径关系表(二) 表6

护岸高度 H=2m	D(cm)		
岸面坡度 1:n	β=20	β=10	β=0
1:1.5	23	20	19
1:1.0	30	26	26
1:0.9	32	28	27
1:0.8	34	30	29
1:0.7	36	32	31
1:0.6	38	34	33
1:0.5	41	37	36
1:0.4	44	40	39
1:0.3	47	43	42

干砌高度与坡度、粒径关系表(三) 表7

护岸高度 H=3m	D(cm)		
岸面坡度 1:n	β=20	β=10	β=0
1:1.5	35	30	29
1:1.0	45	39	38
1:0.9	48	42	40
1:0.8	50	45	43
1:0.7	54	48	46
1:0.6	57	51	50
1:0.5	61	55	54
1:0.4	65	60	58
1:0.3	70	65	63

天然材料生态护岸·木材、石材及其应用

单阶干砌石护岸的功能、设计要求、适用环境和范围以及注意事项　　　　表8

项次	项目名称	内容及要求	说　明
1	基本功能	固土护坡,具有保护、稳定河湖边岸的作用	
2	生态功能	(1) 石块间无灰浆粘固,具有极好的透水透气功能。 (2) 干砌石表面粗糙、多孔,为植物的附着生长提供条件。 (3) 砌石间的多隙多孔能为多种生物提供多样的栖息环境。 (4) 施工完成后不会对河湖生境造成二次污染的负面作用	
3	设计要求	(1) 单阶干砌石护岸构造的底层必须铺设碎石级配,以防止单颗砌石发生不均匀沉陷。 (2) 单阶码垛护岸高度应小于3m。 (3) 护岸底根部承载力应足以支撑垛石结构体,防止护岸底部发生大量沉陷	如果某段冲蚀严重或有地面径流,可采取有针对性的局部浆砌石施工
4	适用环境和范围	(1) 适用于非高流速河道或冲刷作用较小的河岸。 (2) 流速小于3m/s的山林河流和山谷溪流	
5	规格尺寸	单阶干砌石护岸的单粒石大小与护岸高度和坡度有关,见表5~表7	
6	辅助与配合护岸	(1) 干砌石墙身背可配合采用多种回填材料。 (2) 具有挡土墙功能的码垛石护岸,其墙背堤坡可配合种植地被或乔灌木等	不可用灰浆等凝固材料砌筑
7	注意事项	(1) 干砌石底根部埋入河床深度不应小于1.3m。 (2) 砌石底根应按基础要求放置大块石,以确保垛体稳定,尽可能避免冲蚀淘空问题的发生。 (3) 单颗砌石粒径不应小于50cm	

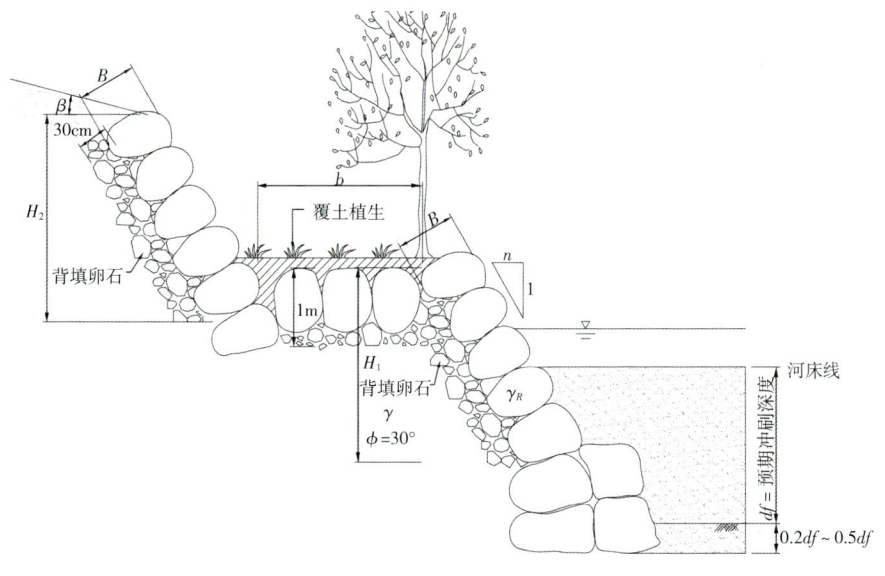

（2）多阶干砌石护岸　多阶干砌石护岸通常为2级以上,而且第1阶的砌筑高度一般较高,从第2阶开始往上逐层递减。除了多阶形式外,多阶干砌石护岸与单阶护岸的砌筑和设计要求等基本相同。多阶干砌石护岸的功能、设计要求、适用环境和范围以及注意事项见表9。其砌体构造见图34和图35,应用实例见图36。

注:
1. γ_R=砌石单位体重,γ=墙背回填材料单位体积重,ϕ=墙背回填材料之内摩擦角。
2. 阶梯间的平台不能作为车辆通行的道路。
3. 砌体的基础形式应视整体构造和地质条件而定,可设计砌石基础。
4. 多阶干砌石的构造及相关参数见表10~表12。

34　多阶干砌石护岸构造及岸坡关系示意图

35　多阶干砌石护岸实景

3 天然材料生态护岸·木材、石材及其应用

a

b

36 多阶干砌石护岸

多阶干砌石护岸的功能、设计要求、适用环境和范围以及注意事项　　表9

项次	项目名称	内容及要求	说明
1	基本功能	对面积广阔的堤岸可作连续的固土护坡，具有保护、稳定河岸的作用	
2	生态功能	（1）该护岸方式的物理结构比传统混凝土和浆砌石护岸复杂且有多样性，能为水陆多种动物提供栖息环境。 （2）表面多孔的和粗糙性可为原生植物和蕨类附着生长。 （3）阶梯间形成的多层次空间，既可提高空间的利用度，又有助于提高生态环境多样性。 （4）阶梯间的平台成为良好的生态廊道，可为野生动物提供栖息活动空间	阶梯间的平台、廊道不能作为行车的道路
3	适用环境及范围	（1）适用于非高水流的河道和冲刷相对较小的河岸。 （2）流速小于3m/s的河岸。 （3）不要在土石流危险的溪流曲线段施工。 （4）对于河床弯曲段，特别是处在弯道的顶冲部位或易发生崩岸的地方应慎用此护岸做法	
4	设计要点	（1）该护岸做法因无条型基础，高宽比应根据施工地的实际情况而定。 （2）河床承载力应足以支撑结构体，须防止垛石大量沉陷。 （3）每阶干砌石的选料要求和规格应基本一致	
5	规格尺寸	（1）每阶干砌石的护岸高度$H \leqslant 4.5m$，见表12。 （2）干砌石护岸所用石料每单粒砌石平均长径$\beta \geqslant 50cm$	
6	辅助与配合护岸	（1）阶梯之间平台可配合护岸种植灌乔木，形成真正的生态廊道。 （2）利用砌石间存在的大量间隙，可引种蕨类和耐阴耐湿的原生植物。 （3）岸底可用抛石，营造蜿蜒的水际线增加生物栖息空间	应以生物、生态性为主
7	注意事项	（1）底部的干砌石应埋于河床线以下，其埋入深度至少1m以上，以防冲蚀或淘空。 （2）护岸应选择有施工经验或经过培训的工人	

4. 干砌石沟护岸 干砌石沟护岸的构造见图37，其设计应用见图38。实例见图39、图40。有关功能、适用环境和范围、设计要点、规格尺寸以及注意事项等见表10。

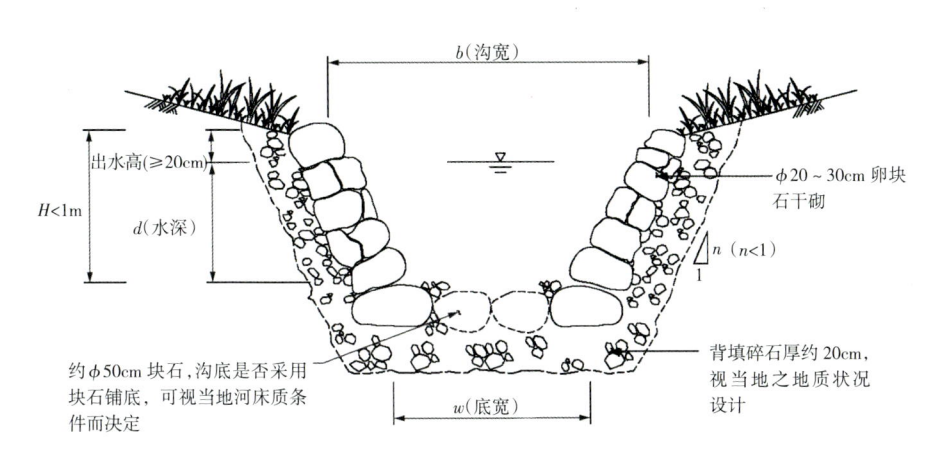

图37 干砌石沟护岸的构造

图38 干砌石沟

干砌石沟护岸的功能、适用环境和范围、设计要点、规格尺寸以及注意事项				表10
项次	项目名称	内容及要求	说明
1	基本功能	（1）具有导水和排水作用。 （2）能够控制排水沟的侵蚀程度。 （3）表面较高的粗糙度，能起到消能和减缓水流冲刷的作用	
2	生态功能	（1）表面较高的粗糙度和多孔隙，有利于植物的附着生长。 （2）较缓的坡度，能维护原有生态功能。 （3）使用卵石或块石垒砌而成，不仅透水性好，还有保水及补充地下水的功能。 （4）对原地貌改变较小	
3	适用环境与范围	（1）适用于侵蚀沟的治理。 （2）适用于卵砾层地质，有利于就地取材。 （3）也适用于耕地排水系统、农塘溢洪道、农路边沟和坡地社区排水等环境下的流速较大且土壤易冲蚀的地方	
4	设计要点	（1）应根据流速不同选用不同粒径的卵石或块石干砌。 （2）沟渠两侧边岸与沟底部可采用不同规格的石料。 （3）利用现有排水路，顺应地形变化，可适当改变沟渠断面的大小。 （4）尽量避免断面尺寸的单一化。 （5）应保证完工后的维护管理，才能避免由植物过度生长或土石淤积导致的通水面积减少的情况	径流量估算可比照一般排水沟的标准或规定
5	规格尺寸	小断面沟渠采用直径为5~16cm的卵石，大断面可采用直径为16~30cm的卵石	
6	辅助与配合护岸	（1）可在流速较大的沟段设置石梁坝或滚水槛，以减缓水流和消能。 （2）也可直接往流速较大的沟段抛置大型石块，可有效减少沟底的冲刷和侵蚀	
7	注意事项	（1）沟渠两侧边岸坡度不宜太陡。 （2）如沟渠长年流速较高，沟底可改用直径约50cm的石料	

3 天然材料生态护岸·木材、石材及其应用

|39| 小沟渠配小粒径卵石护岸 　　|40| 卵石、块石配合使用的干砌石沟

5. 植石互层护岸　植石互层护岸利用岩石的坚硬耐蚀和植物的固土护坡生态功能，是既有抗冲刷作用又有极好的生态功能的完美结合。其主要功能、适用环境和范围、设计要点以及注意事项等，见表11。

利用块石间的空隙种植苗木，形成多样性的、结构复杂的护岸形式，既起到抗冲和稳定边岸的作用，又有利于生态的恢复，提高自然环境的多样性。

植石互层护岸的构造见图|41|，设计实例见图|42|和图|43|。

|41| 植石互层护岸的构造

（图中标注：原有坡面、植物根系、回填土、块石、可萌芽树枝、河床线、df = 预期冲刷深度、$0.2df \sim 0.5df$）

|42| 刚完工的沟梁植石护岸，植物有待生长 　　|43| 植物生长良好，植物与岸石已充分契合

104

植石互层护岸的功能、适用环境和范围、设计要点以及注意事项　　　　表11

项次	项目名称	内容及要求	说　明
1	基本功能	（1）抵挡或减缓水流冲刷河岸。 （2）提供植物生长并配合护岸	
2	生态功能	（1）置石表面有较多土壤空隙能给植物提供生长环境和空间。 （2）物理结构的复杂性和多样性，能为多种生物提供栖息之所。 （3）可采用扦插法在石间土孔中插枝，萌发后能形成多层次空间，不仅能提高空间的利用度，也有助于提高生态环境的多样性。 （4）块石具有抗冲刷功能和提高岸坡稳定作用，植物对水面有极好的遮阴效果，能提高水面罩盖度、降低水温	块石间隙中可栽植耐湿性原生植物
3	适用环境和范围	（1）适用于河床、边岸较稳定的河道。 （2）对生态环境要求较高的环境	
4	设计要点	（1）采用块石以置石、垛石护岸，并以土壤填充于块石间的孔洞，形成岩墙。 （2）可采用在石块土壤间隙扦插活枝，并维护其生长正常。 （3）移植一些根系发达的植物，以其根系固土护石，增加抗冲蚀能力。 （4）利用茎、叶发达的植物，可减缓水流直接冲刷河岸	
5	注意事项	（1）扦插最好采用当地原生树种枝条。 （2）宜选小灌木种植，其根系在生长过程中可紧固土壤，提高河岸稳定度	扦插法应在初春时节进行

6. 岸边置石　　岸边置石不像抛石、垛石和干砌石那样在岸坡大面积铺设，而是针对冲蚀或坍塌的部位进行局部水边置石。此外，利用岸边置石进行水边造景是传统园林的一个重要手法。岸边置石既有固坡护岸功能，又有极佳的造景效果，在现代园林景观设计中应用极为广泛。岸边置石的做法见图44，岸边置石的设计应用实例见图45～图49。

44　岸边置石的做法示意

45　布置在水边挺水植物中的置石

46　湖边阻挡水浪的岸边置石

47　挺水植物中的岸边置石

48　散布在湖边草坡上的岸边置石

49　与植草结合的岸边置石

3 天然材料生态护岸·综合材料的护岸

一、设计应用

1. 主要特点　在实际应用中,采用单一形式或单一材料的护岸多是有针对性的措施,更多的是多种材料和手法并用,以达到较全面安全的护岸目的。综合材料护岸有植物的综合护岸和植物与木材、石材结合的护岸方式:前者是充分利用地被、灌木和乔木的特性和优势并将三者完美结合,形成从水中到堤岸的自然湿生演替林带的多层次的、综合性固坡护岸体系,以达到多功能的护岸效果;后者则是在此基础上又将木材和石材的功能引入,以发挥各种材料和护岸方式的优势,实现功能多样、作用广泛和安全性更高的生态护岸,见图1和实例图1~图46。

2. 功能与作用　综合材料护岸的功能、适用环境和范围、设计要点以及注意事项见表1。

1 由木桩、砌石、地被和乔灌木结合的综合护岸

综合材料护岸的功能、适用环境和范围、设计要点以及注意事项　　　　表1

项次	项目名称	内容及要求	说　明
1	基本功能	(1)多种材料结合,能扬长避短。 (2)固土护坡功能更多、安全性更高	
2	生态功能	(1)综合材料护岸比单一材料护岸更具有生态多样性。 (2)草皮等地被类与灌木和乔木结合能形成立体的岸坡植物覆盖,形成防沙挡风的生态植物廊。 (3)地被、灌木和乔木的结合,能营造丰富的植物空间,提供庇护各种生物的生存空间环境。 (4)植物护岸与木桩和抛石、垛石结合,既可保持护岸生态性,又可弥补植物护岸普遍存在的耐冲蚀不佳的缺陷。 (5)木材、石材都有极好的抗冲刷功能和稳定边岸的作用,而植物又能在多方面弥补硬质材料的不足,从而实现活的植物与无二次污染的天然石材和木材的完美结合	要注意发挥各材料间的生态优势,防止地方原生物种与引入物种的冲突
3	适用环境和范围	(1)适用于边岸环境和水情状况复杂的河道。 (2)对那些既有生态环境要求,又存在水流冲刷严重的河道很适用	
4	设计要点	(1)应尽量选用当地的原生植物,对于引进品种,特别是引进国外的品种应慎重使用,以避免与当地物种发生冲突。 (2)如果只采用多种植物的综合护岸,应采取植物的互补性配置,以实现取长补短和谐共融的生长。 (3)注意河岸的植被分层,特别是从水生植物带、沿岸带到潮湿性洪泛带和干燥带植物的合理布置。 (4)设计时,必须特别注意植物管理的可行性和管理成本。 (5)与非植物天然材料配合护岸时,要注意护岸方式与植物生长的关系	
5	注意事项	(1)综合材料护岸所用材料和护岸工法较多,使护岸投入成本加大。 (2)选用的材料应符合要求,植物要具有一定的耐水湿性。 (3)要注意各材料的相互配合,特别是植物与非植物天然材料之间的配合。 (4)设计时,要注意植物生长过程中对河道空间的影响,特别是灌乔木枝条生长对河道空间的影响。 (5)同时选用多种植物和木材、石材组合岸时,要充分考虑各材料的施工方法和程序,以及各材料施工间的协调	应遵循先坡下后坡上的施工顺序,避免交叉施工

二、应用实例

1 由木桩、砌石、草皮和乔木组成的湖边综合护岸（中国江苏）

2 图1的一段护岸局部

3 木桩、灌丛、乔木和草皮护岸（中国江苏）

4 图3的一段护岸局部

5 图3同一环境中的曲岸局部

6 木桩固底、挺水植物和植草护坡的湖边综合护岸（中国上海）

7 圆木桩、植草和灌乔木组成的城市河道护岸，具有很好的景观效果（中国上海）

3 天然材料生态护岸·综合材料的护岸

8 图7的一段河岸局部

9 木桩护底、植草护坡的河岸(中国浙江)

10 木桩、挺水植物和灌木组成的湖边护岸(中国上海)

11 木桩、植草和灌乔木组成的综合湖边护岸(中国浙江)

12 图11的护岸局部

13 图11的护岸局部

天然材料生态护岸·综合材料的护岸 3

14 木桩和灌乔木组成的池塘护岸（中国上海）

15 城市河道的自然材料生态综合护岸（中国浙江）

16 极具景观效果的城市河道自然材料综合生态护岸（中国上海）

17 图 **14** 的护岸局部

18 图 **19** 的综合护岸局部

19 根据边坡受冲状况采取的综合护岸（中国上海）

20 干砌石固底、挺水植物和灌乔木组成的湖边护岸（中国浙江）

3 天然材料生态护岸·综合材料的护岸

21 置石、植草和灌木的护岸（中国上海）

22 植草、灌木与水杉组合的护岸（中国上海）

23 灌木丛和乔木林组合的护岸（中国上海）

24 水边浮水植物与芦苇的组合护岸（中国江苏）

25 水边浮水植物与岸坡植草护岸（中国江苏）

26 图 25 的护岸局部

27 水边巨型水草与岸坡植草护岸（中国江苏）

28 水边挺水植物与浮水植物护岸（中国江苏）

29 以草花、灌木和乔木组成的植物景观生态护岸（中国浙江）

30 置石、挺水植物和灌木组合的生态护岸（中国浙江）

31 湖边置草、灌木和小乔柳组成的生态护岸（中国江苏）

天然材料生态护岸·综合材料的护岸

32 木桩、芦苇和柳林组成的生态护岸（中国江苏）

33 图32的护岸局部

34 图32木桩与芦苇局部

35 水生植物、耐湿小乔木、柳木和岸坡植草组成的生态综合护岸（中国江苏）

36 图35不同角度下的护岸效果

37 图35的护岸局部

3 天然材料生态护岸·综合材料的护岸

38 图 35 中的疏散护岸布置

39 图 35 的局部

40 图 35 中的密集布置

41 图 35 中乔木与植草的立体布置

42 图 35 中延伸到水中的局部

43 图 35 中乔木林下的水中植草与堤坡植草护岸效果

44 水际线布置挺水植物、堤坡布置灌乔木的生态护岸（中国浙江）

45 名胜风景区排洪道的态生护岸（中国浙江）

46 岸坡以木桩固底、堤坡以植草、灌乔木组合的护岸（中国浙江）

一、形式与特点

1. 主要优点 垂直护岸，又称为直立式护岸和挡墙护岸，其护岸形式属于典型的人工护岸。垂直护岸在城市河湖改造中应用广泛，见图1。采用其进行河道改造主要有以下特点：

（1）**安全耐用** 对于经常遭受暴雨和洪水侵袭的河道，垂直护岸具有良好的防洪防潮作用，亦能很好地控制河势，减少水土流失。

（2）**抗冲刷、耐侵蚀** 垂直护岸多采用混凝土、石块和砖等硬性材料，形成坚固的挡墙，能抵抗急流和风浪的冲刷、侵蚀。

（3）**减少工程占地** 采用垂直护岸来改造河道，使两岸占地相对减少，增加土地使用面积，减少拆迁，从而降低工程成本。此外，又能有效保护河道净宽。

综上所述，垂直护岸的优点是显而易见的，特别是暴雨、洪水较多地区的城市河道，河道容易受到潮起潮落、流水走势和河道形态等因素的影响，造成河势不稳。在暴雨洪水期间，又经常会引起内河河道排水不畅、水位壅高、退水缓慢，使沿岸地区防汛排水压力加大，严重影响边岸居民安全。

垂直护岸的坚固堤坝成为防洪抗汛的有利屏障，这也是垂直护岸能够得到广泛应用的主要原因。

2. 不足与缺陷 在环境保护和生态意识日益高涨的今天，垂直护岸的不足之处和在生态方面的缺陷越发明显，主要体现在以下几方面：

（1）**人工化、渠道化** 采用垂直护岸易将自然的河湖水岸线变成一字形，表现在平面布置上就是河湖形态直线化，使本来蜿蜒曲折的天然河湖变成直线或折线形的人工河和人工湖。

（2）**河道断面几何化** 对于原来河流自然复杂的边岸形态，通过改造变成了规则的梯形、矩形和弧形的几何断面。这样做虽然易于施工、减少占地，也可提高输水排水能力，但却丧失了河流生态。

（3）**材料的硬质化** 由于大量使用混凝土和砌石等硬质材料，尽管减少了水的渗漏，抗冲刷、侵蚀性较好，安全性和耐久性提高，但却阻断了水体与土壤交流，水生动植物的多样性被扼杀。

垂直护岸的几种常用材料和结构的功能和优缺点比较见表1。垂直护岸中的各种挡土墙适用性和优缺点比较见表2。

1 人工湖边的砌石垂直护岸

垂直护岸的几种材料和结构的功能和优缺点比较 表1

结构	生态效应	透水性	柔韧性	抗冲刷	稳定性	抗拉	施工	造价
浆砌石墙	一般	差	差	一般	一般	差	一般	较低
干砌石墙	好	一般	差	差	差	最差	方便	最低
混凝土墙	差	最差	最差	好	一般	较好	复杂	高
蜂巢挡墙	好	好	好	一般	好	好	简单	一般

垂直护岸中各种挡土墙适用性和优缺点比较 表2

护坡种类	使用坡高（m）	优点	缺点	建议使用时机
砌石挡土墙或重力式挡土墙	5以下	施工方便简单	体积庞大，而需较多混凝土和砂石材料	适合较低矮之边坡
悬臂式RC挡土墙	10以下	施工简单，材料较省	容易受基础不均匀沉陷之影响	适用一般边坡
扶壁式RC挡土墙	10以上	在坡高较高处，可有效减少挡土墙之断面	（1）施工略为复杂。（2）施工中临时开挖面较大	适用较高边坡，坡高超过10m，则比悬臂式挡土墙经济
蛇笼	10以下	不易受基础不均匀沉陷影响	耐久性略差	（1）适用于基础土壤较为软弱时。（2）透水性佳
框条式挡土墙	7以下	对不均匀沉陷之忍受度，比一般刚性挡土墙更大	（1）施工复杂，工资成本偏高。（2）沉陷过大时容易发生丁条断裂	（1）透水性佳。（2）容许适度的沉陷发生
加劲挡土墙	20以下	施工快速，可忍受较大不均匀沉陷	变形偏大，必须注意坡面受失火或撞击破坏	（1）适合高度填方边坡。（2）坡面可植生绿。（3）容许适度的沉陷发生
锚拉式挡土墙	30以下	可提供较大的下滑阻抗力	成本较高	（1）已发生灾害的边坡修护。（2）高挖方边坡

4 垂直护岸·概述

二、设计程序、步骤与方法

护岸工程设计程序、步骤与方法见表3和图2。

护岸工程设计程序、步骤与方法　　表3

主项	分项内容	要点和说明
设计步骤	（1）有关资料的搜集（含土地利用、地形、地质、水文等），尤其应对现场既有的破坏或滑动迹象作深入了解，必要时立即作应变处理。 （2）工址调查、测量、钻探和试验（含适当配置和数量）。 （3）地震影响的考虑。 （4）活载重和静载重的决定。 （5）各项地质分析参数的研选。 （6）边坡稳定分析安全系数（F_s）的选定： 1）平时：安全系数1.5以上。 2）地震：依工程现场地表加速度的大小、工程用途和重要性作适当的分析，安全系数1.1以上。 3）暴雨时的地下水高水位，安全系数1.2以上，但是不考虑地震与地下水高水位同时发生情况。 （7）经由前述的边坡稳定分析并衡量用地取得的难易、交通维持和施工可行性等条件后，作综合评估，以选择适当的处理方式。护坡型式应依据基本图标示的适用范围和说明，配合现场环境特征和工程目标，慎选护坡型式；同时考虑护坡的经济性和工程时效性，可局部变更基本图的材质、厚度、规格等，以适应现地环境需求。 边坡稳定处理方式如下： 1）修坡及植生：挖除上边坡部分土石方以减少作用于边坡的荷重，填方区须注意位于软弱地盘的沉陷量和滑动潜能，完成后的边坡应有适当植生保护。 2）设置三明治式、重力式／半重力式或悬臂式挡土墙：可处理浅层坍滑破坏，且其挡土墙高度大约在6m以下。 3）设置预力地锚或岩锚，钢筋混凝土（RC）幕墙：可处理崩积层与岩盘界面间的滑动破坏，常于较大挖方高度（6m以上）时采用。 4）设置地上与地下排水设施：用以减少冲蚀和入水、降低地下水位和水压，以增加边坡稳定性。 5）依分析结果与现地情况，实行适当的监测与评估（含施工中及完工后）。 6）护坡工程的单元断面、高度均有其限制，应配合现场地形以阶段化或多种护坡型式组合方式，降低单一护坡型式的量体大小。 7）采用植生方式达成工程目标时，尽可能减少人工构造物比例；工程时效允许植物自然入侵时，尽可能减少人为植生作业，以自然力恢复坡面稳定	
设计步骤	（8）结构体稳定分析及设计的考虑： 1）防止墙体倾倒。 2）防止墙体滑动。 3）挡土设施基础承载力查核。 4）挡土设施的结构分析与设计。 5）沉陷分析（包括总沉陷量与差异沉陷）。 6）视需要建立监测及维护计划。 有关护坡的设计作业和可扼要说明见图2的流程图	
设计方法	1. 护坡种类及其适用性 依护坡的功能可将其概分为两种： （1）仅为抗风化和抗冲刷的坡面保护，该保护并不承受侧向土压力，如喷凝土护坡、格框植生护坡、植生护坡等均属此类，仅适用于平缓且稳定无滑动之虞的边坡上。 （2）提供抗滑力之挡土护坡，大致可区分为： 1）刚性自重式挡土墙，如砌石挡土墙、重力式挡土墙、倚壁式挡土墙、悬壁式挡土墙、扶壁式挡土墙。 2）柔性自重式挡土墙，如蛇笼挡土墙、框条式挡土墙、加劲式挡土墙。 3）锚拉式挡土墙，如锚拉式格梁挡土墙、锚拉式排桩挡土墙。 较常采用的几种挡土护坡，其适用性和优、缺点概略比较见表2。 2. 护坡工程的工程取材 护坡使用的材料以现地取材为原则，但应避免因现地取材而损及原有稳定坡面或邻近地区安全，规划阶段应划定取材范围和数量，以免造成二次灾害。选用自然材料时应考虑其物理和工程性质以及生命周期，以确保工程安全，工程设施的组成材料尽可能采用生命周期接近的材料，避免设施局部朽坏，折减工程效益。 同时，植生作业亦选用本土或原生植物为原则，并考虑与现地植被的协调性，避免外来植物优势造成植被相的改变，尤应避免外来优势植物入侵造成失控蔓延 3. 护坡工程的工法 护坡工程工法应以安全经济为原则；依据现地自然度调整基本图内容，除了符合现地取材或施工条件外，对于运输道路等级、施工机具进出、施工便道辟设以及机具作业空间等限制，亦可配合调整施工方法，而构造与工法调整应考虑施工地点的区位条件，酌情予以调整工料分析内容或比例。 4. 生物和栖地多样性 护坡除应发挥稳定坡面和抑制表土冲蚀等功效外，亦应考虑创造生物和栖地的多样性，使恢复原有坡面的环境面貌，并诱导多种生物栖息繁衍，使其成为稳定生态系的一环	

续表

主项	分项内容	要点和说明
设计方法	护坡坡度尽可能平缓或做成阶梯型式,以利植物着生及动物栖息;植物选种除应以现地树种为原则外,亦应考虑小型动物和昆虫的觅食需要,选用食饵植物以诱引动物栖息。植物选种以多样化为原则,避免单一树种或草种的大面积栽植,以达成互补效果,并强化环境稳定性。 5. 护坡附属设施 护坡附属设施可考虑眺望赏景或亲水活动,可于坡顶或坡腰酌情设观景休憩设施和阶梯踏步,增加环境亲和力。配合结构性人工构造物设置观景平台,或利用现地材料构筑观景设施,结合生态解说,丰富护坡赏景和休憩与学习机能。 6. 排水和减少坡背涌水 护坡应配合坡面径流配置排水设施,以有效引导径流;纵向排水设施应防止高流速冲蚀,设置消能设施。坡面排水型式应考虑地质结构与岩性,妥善处理坡面涌水,避免管涌造成的背部淘蚀。此外,利用土袋构筑排水设施应考虑现地土料的取得以及取土区的稳定,避免造成二次灾害;为防止细粒料的流失,可利用透水织物或滤层过滤,并打设固定桩予以固定。 7. 基础和坡面型式 护坡基础在安全无虞情况下应尽可能降低,以减少视觉冲击或压迫感;基础可考虑多孔隙型式,以利植物附着生长恢复自然面貌。坡面型式可依据坡度、高度和表面冲蚀情况,分别采用不同型式,避免单一坡面造成环境单调。 坡面植生应配合排水设施配置型式设计,尽可能利用植物遮蔽或利用视点调整降低排水设施的可见度,以强化环境连续性。坡面上的人工构造物可考虑于初期提供坡面稳定性,待植物发挥固土效果后自然腐朽回归自然,或于植物长成时遮蔽人工构造物,以恢复自然样貌。 8. 稳定分析 为确保护坡工程设计的安全性,须进行两部分的稳定分析,概述如下: (1) 整体稳定分析。 在选择适当的挡土工法之前,必须先进行边坡的整体稳定分析,因边坡的破坏型式不同,故其分析的模式亦不相同。分析时计算相当复杂,常以计算机软件反复计算。目前国内普遍采用软件为 STABL 程序,该程序可仿真平面应变情况下任意破坏形状之稳定分析,同时亦可模拟求得在坡面加设地锚背拉后的安全系数。使用边坡稳定分析程序时,应特别注意各种不同程序在应用上的限制,程序本身只是一种辅助设计的工具,如何输入合理的参数,如何适当地模拟现场状况才是重点所在,这个属比较专业的领域,应由专业工程师来做。 (2) 墙体稳定分析。 不同型式的挡土结构体,其墙体稳定分析的细节不尽相同,但基本原理仍是大同小异,大致上应检核墙体滑动、墙体转动和容许承载力等三项破坏模式的安全系数是否符合规范的规定	

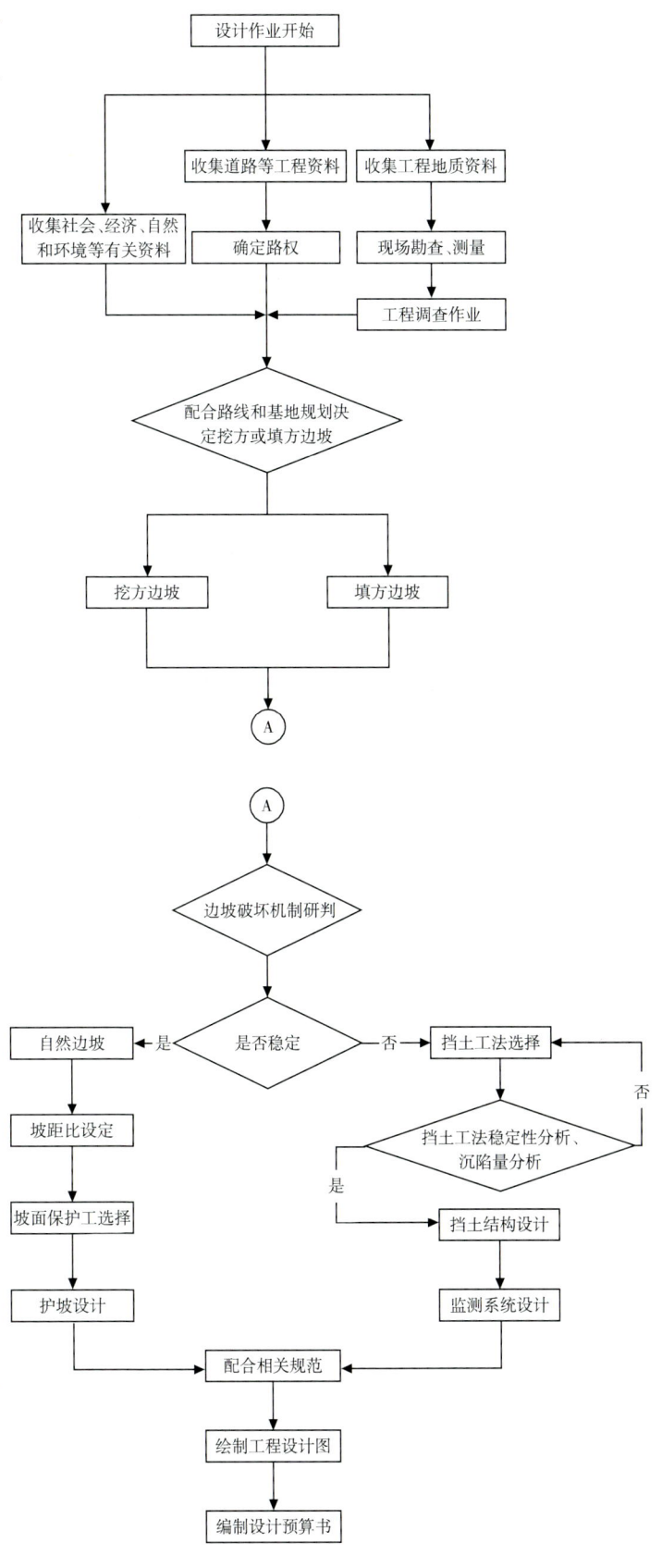

2 垂直护岸工程设计作业流程图

4 垂直护岸·概述

三、材料应用与结构类型

1. 基本要求 垂直护岸的结构和形式都类似于标准挡土墙的设计,因此,要求垂直护岸所用的材料要能经受潮湿环境的长期侵蚀。由于挡土墙下部的某些部分常常是较长时间浸没在水中,而另一部分则会受到浸没和暴露的循环作用,有时还会遭受冰冻,因而,根据工程环境状况来选择材料是极其重要的。这关系到挡土墙的各部分能否耐受这些条件,而不会使挡土墙剥蚀、溃烂和墙体失稳。

2. 材料与类型

（1）**混凝土** 混凝土主要用于垂直护岸中的重力挡土墙、悬臂式挡土墙和扶臂式挡土墙等。在修建混凝土墙时,混凝土标号应符合设计要求,现场搅拌作业时,应达到混合标准。有条件的应尽量使用抗硫酸盐水泥,以抵御来自土壤和水中硫酸盐的侵蚀和冻融、干湿作用的影响。

如果受施工环境所限,浇筑挡土墙的混凝土不能按正常时间终凝或是在持续疏干的围堰中修建混凝土墙,就应在混凝土中加入速凝剂,以实现在最短的时间内完成终凝拆除模板。混凝土修建的挡土墙见图3。

（2）**砖材** 垂直护岸挡土墙通常采用工程专用砖砌筑,它由吸水性和强度极限的密实性均能达到规定要求的粘土、混凝土和复合土制成。因此,这种砖的抗冰冻破坏能力大于一般的砖和护面砖,并具有良好的抗硫酸盐侵蚀性能。护岸工程专用砖既可用于砌筑重力挡土墙,也可用于一般挡土墙,见图4。

（3）**石材** 护岸工程用的石材主要是块石。一般的情况下,块石的选用取决于当地的石料品种和可使用的数量,但应避免使用那些暴露使用环境中会很快剥蚀的石料,而应选择坚硬的岩石和最能抗风化的石料。石块主要用于重力挡土墙,也可用于普通挡水墙,见图5和图6。

（4）**砂浆** 在块石和砖砌挡土墙的表面粉抹水泥砂浆,既能提高墙体耐久性,又能将墙体的吸水性降至最小。此外,这种水泥混和物还能提高硫酸盐的侵蚀能力,见图7。但值得注意的是,应使用无石灰的砂浆混和物,且比例应符合要求,水泥和砂之比为 1∶3 为最佳。

3 城市河渠边岸的混凝土挡土墙

4 工程专用砖砌筑的挡土墙,块石压顶

5 块石砌筑的重力挡土墙的湖边垂直护岸

6 石砌重力挡土墙局部

7 砖砌墙身砂浆抹面、石材压顶的护岸

一、挡土墙的设计

1. 功能与作用 所谓垂直护岸，其设计方法和形式类似于标准的挡土墙设计，通常用于边坡较陡需要长期保护的城市河道，或是防洪要求高和高水流冲刷的河道，见图 1 和图 2。

（1）基本原理 重力挡土墙发挥护岸作用主要有两个方面：①依靠自身的重量和强度且直接阻挡水体产生的水流和水浪；②凭借土的反力和沿着与土的连接面上的磨擦力，抵抗作用在墙上的外力。

（2）作用在重力墙上的力 图 1 为非粘性土环境下在重力墙上的主要作用力示意。虽然粘性土的主动土压力和被动土压力有些变化，但其原理仍可按图 1 所示表述。不过应注意以下两点：

1）静水压力对墙的抗力有较大的影响，如果能采取减小静水压力的措施，将使设计的成本降低。

2）土壤的内磨擦角（ϕ'）值的作用也非常明显，随着该值的增加，将使作用在墙上的力减少。

通常用于控制作用在墙体背面的静水压力的方法，往往是在邻近墙背面铺设自由排水材料，主要采用颗粒填料或土工织物形成自由排水层。由上述材料构筑的自由排水层必须具有适当的厚度和渗透性，以使水流在墙后垂直流动而无大的水头损失。

在墙体背面填充颗粒材料作用是很明显的，因为就任何密实的回填土而言，颗粒材料可替换内磨擦系数较低的软弱材料。

墙体基础的扬压力的分配可通过墙下的截水墙进行改善，截水墙可减少渗流的水力梯度，从而减少由管涌或冲刷引起的破坏的可能性。截水墙既可以是打进墙基础中的钢板桩，也可以是墙本身延长的混凝土墙。这两种方式的作用都是延长渗流路径的长度和减少水力梯度及渗流速度。

2. 挡土墙的类型 垂直护岸的挡土墙按材料可分为混凝土、块石和砖砌、钢板桩、石笼、预制混凝土件、土工织物和箱笼等多种类型；按墙体构造可分为普通、重力、悬臂式、内扶臂式、和外扶臂式五种类型，见图 2 ~ 图 6。

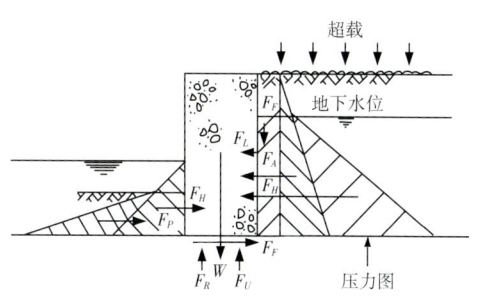

注：
1. 每单位墙长上的力：
墙自重　　　　　　　　　　W
摩擦力　　　　　　　　　　F_F
被动压力　　　　　　　　　F_P
超载力　　　　　　　　　　F_L
主动土压力　　　　　　　　F_A
静水压力　　　　　　　　　F_H
扬压力　　　　　　　　　　F_U
基础反力　　　　　　　　　F_R
2. F_P取决于墙的有限位移，否则将为$F_P > F > F_A$
3. F_L作用在墙背的力，分析中常常忽略不计
4. F_U取决于渗流网格

图 1　作用在重力墙上的力，非粘性土的受力简图

图 2　城市河道的重力挡土墙护岸

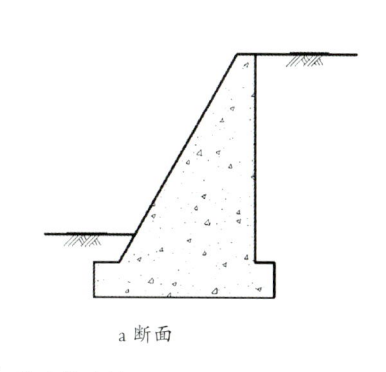

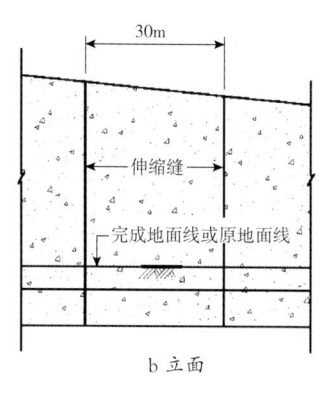

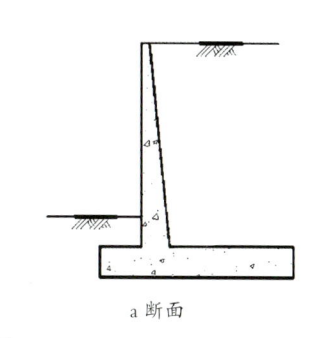

图 3　重力挡土墙 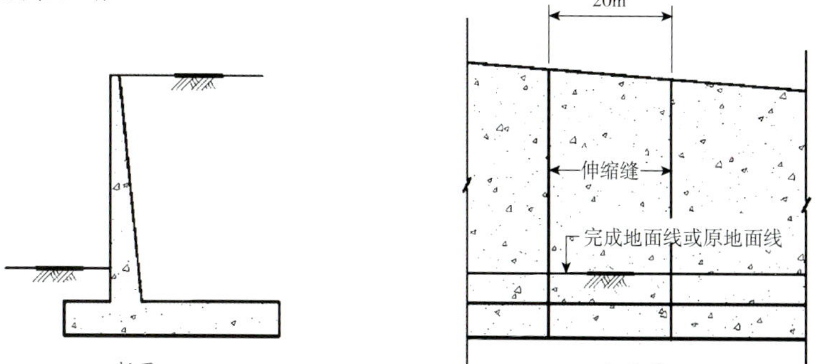
　　a 断面　　b 立面

图 4　悬臂式挡土墙
　　a 断面　　b 立面

4 垂直护岸·挡土墙

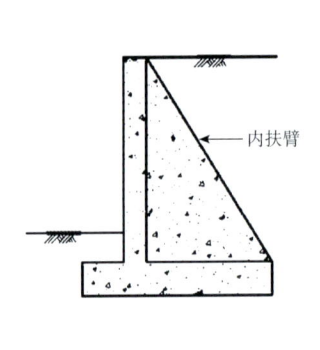

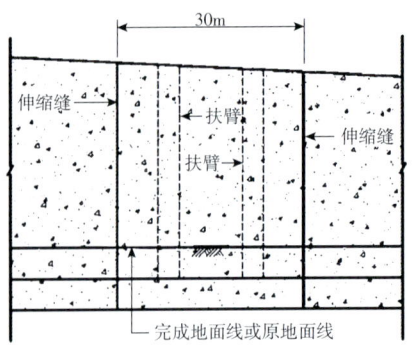

a 断面　　　　　　　　　　b 立面

5 内扶臂式挡土墙

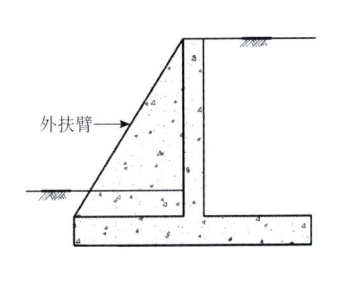

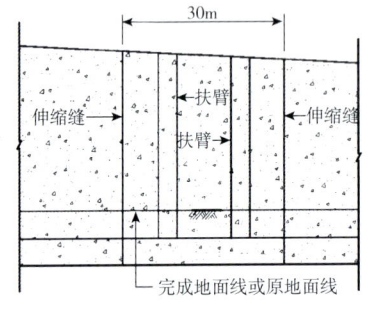

a 断面　　　　　　　　　　b 立面

6 外扶臂式挡土墙

7 混凝土浇筑的重力挡土墙，最短的渗流路径是通过墙体基土的短截水墙（参见图 8）

3. 物理力学性能及安全渗流梯度计算

较为广泛采用的、用以计算不同土壤安全渗流梯度的是著名的拉纳（Lane）加权徐变比法，见表1和图 7、图 8。

拉纳的加权徐变比为

$$C_W = \frac{(B/3) + \sum t}{n}$$

加权徐变比的最小值　　表1

土壤、土质	最小值（C_W）
很细的砂或粉砂(土)	8.5
中等砂	6.0
细砾石	4.0
包含卵石的粗砾石	3.0
中粘土	2.0
硬质粘土	1.8

注 引自美国垦务局。

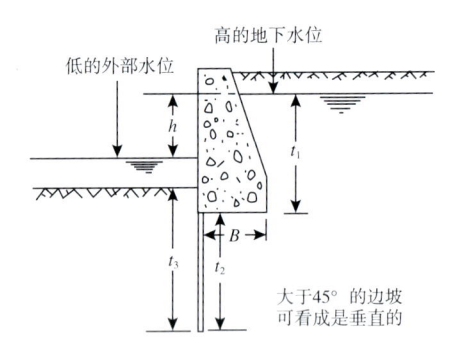

8 加权徐变比示意图，两条垂直渗径紧靠在一起

二、重力挡土墙的构造特征

1. 构造及参数　大体积挡土墙通常建成一倾斜的背面，一方面是为了结构的经济性，另一方面是为了增大抗滑的侧向阻力。如果不采用钢板桩做截水墙，则可采用建造墙体的材料构筑成楔状。凡是地基土比较松软的地方，挡土墙趾脚和墙踵的延伸部分可起到减少承载压力和将基础荷载分布到较大面积上的作用，见图 9 和图 10。

垂直护岸·挡土墙 4

挡土墙中的排水孔为管状的塑料制品,在墙体背面和回填土接触的地方,必须铺设专用的反滤层,以避免墙背面的土或其他填料被渗流水带进排水孔中。

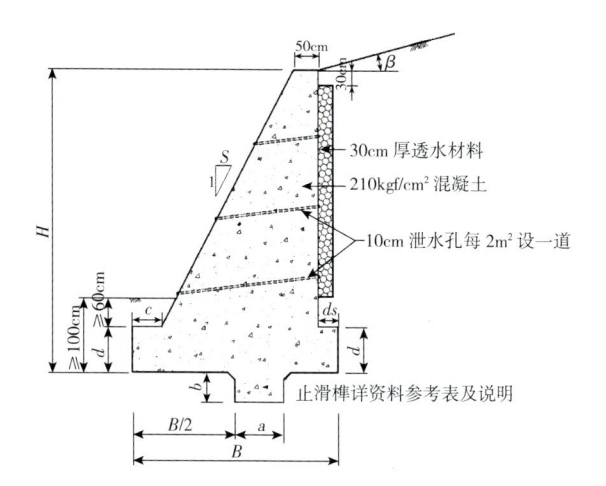

9 迎水面垂直的重力墙特征

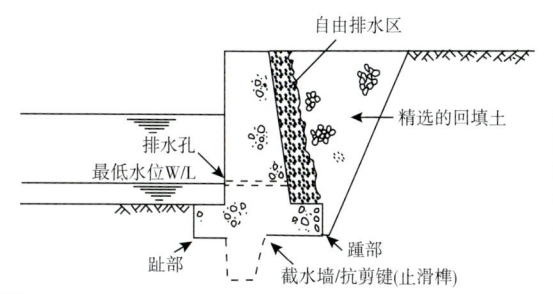

注：排水孔是减少通过墙体的静水压力差的主要结构。排水孔位于或低于最低外部水位。

重力挡土墙的各种地层磨擦角、地基容许反力和挡土墙断面尺度等设计参数见表2~表5。

各种地层摩擦角和单位重量参考表 表2

土质种类	状态	值(°)	单位重量(tf/m³)
砾石、开山石、煤； 碴砂、天然混合料	紧密	35~45	1.6~1.9
	尚为紧密	30~40	1.6~2.0
砂质土	紧密	35~40	1.7~2.0
	尚为紧密	30~35	1.6~1.9
粘土质砂	固结	25~35	1.7~1.9
	尚为固结	20~30	1.6~1.8
粘性土	坚硬	20~30	1.6~1.9
	尚为坚硬	10~20	1.5~1.8

10 迎水面为斜坡的重力墙特征

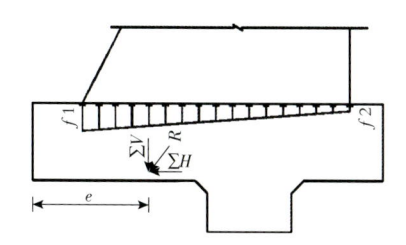

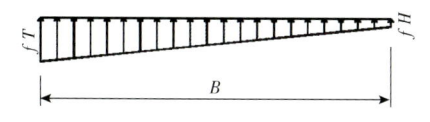

11 合力、地基反力和混凝土应力

符号说明

β　背填土摩擦角(°)。
H　墙身高度(m)。
S　墙面坡度 1：S。
B　墙身基础底面宽度(cm)。
a　止滑榫宽度(cm)。
b　止滑榫厚度(cm)。
c　基脚突出宽度(cm)。
d　基脚厚度(cm)。
ΣH　水平力的总合力(tf/m)。
ΣV　垂直力的总合力(tf/m)。
R　全部垂直力和水平力的总合力。
e　总合力 R 与墙基础底面的交点至墙趾端的距离(cm)。
fT　墙趾端的地基反力(tf/m²)。
fH　墙踵端地基反力(tf/m²)。
$f1$　墙脚顶面墙身前端的混凝土单位应力(kgf/cm²)。
$f2$　墙脚顶面墙身背面的混凝土单位应力(kgf/cm²)。
FS　抵抗倾倒的安全系数。

各种地层地基容许反力参考表 表3

地基种类	岩石种类、松实状态	地基容许反力(tf/m²)	
		平时	地震时
坚岩盘	花岗岩、石英等火成岩	250	500
软岩盘	砂岩、粘板岩等水成岩	125	250
	软砂岩、页岩、土丹等	80	150
砾石层	坚实	50	75
	不甚坚实	40	60
砂	紧密	40	60
	不甚紧密	30	45
砂质土	紧密	30	50
	不甚紧密	20	30
粘性土	坚硬	20	40
	尚为坚硬	10	20
粉砂、粘土	坚密	10	20
	尚为坚密	5	10

注 以上地基容许反力仅供参考。

119

4 垂直护岸·挡土墙

各种地层地基容许反力与 N 值关系参考表　　表4

土质种类	N 值	地基容许反力（tf/m²）
粘质土	4～8	5
	8～15	10
	15～30	20
砂质土	15～30	20
	30～50	30

注　以上地基容许反力仅供参考。

2. 设计说明

（1）土壤性质与设计参数应由实际地质调查试验作业中取得，表2~表4仅供参考。

（2）本设计采用土壤强度参数 f'=墙与土壤间之摩擦角 $\phi = 22°$。在实际操作中，须按现场实际工程与地质条件检核设计后方可引用。

（3）本设计系依据库伦土压力理论计算土压力，设计所假定条件如下：挡土墙背后水压力为0，背填土单位重量 $r = 1.8$ tf/m³，混凝土单位质量 $r_C = 2.3$ tf/m³，设计地震加速度 $A_{max} = 0.33g$，混凝土容许剪应力 $V = 3.6$ kgf/cm²，混凝土容许拉应力 $f = 0$，坡面水平时的车辆活载重 $q = 1$ tf/m²。

（4）挡土墙趾端前方若有挖基空间，必须以石块或片石回填并夯实。

（5）若墙底与地基间的摩擦力达 $\mu \Sigma V \geq 1.5 \Sigma H$ 的条件时，可免做止滑榫。

（6）挡土墙均应设置泄水孔，挖方坡处平均每 2m² 设置 1 孔，填方坡处平均每 4m² 设置 1 孔，上下交错整齐排列，泄水孔的最小坡度应为 1:10，泄水孔的进口处应堆放卵石至少 30cm 厚，以防泥砂阻塞。

（7）挡土墙每隔 10m 应设置 1 道施工缝，每隔 30m 应设置 1 道伸缩缝，宽度至少为 1.5cm，构造和填缝材料应依照设计图。

（8）挡土墙背的开挖空隙，应以适当材料回填夯实至挡土将顶部齐平，以利排水。

（9）现场和设计条件与基本图的设计假设条件差距较大时，请依实际情况和条件进行分析设计。

重力挡土墙的断面尺度和参考资料　　表5

H (m)	β (°)	S	B (cm)	a (cm)	b (cm)	c (cm)	d (cm)	fT (tf/m²)	fH (tf/m²)	f1 (kgf/m²)	f2 (kgf/m²)	FS
2	0	0.29	130	30	30	30	30	5.1	1.9	0.63	0.03	2.6
	15	0.35	140	30	30	30	30	5.6	1.60	0.64	0.02	2.4
3	0	0.37	180	40	30	30	30	8.1	1.8	0.94	0.01	2.3
	15	0.44	210	40	30	30	30	8.6	1.1	0.93	0.02	2.2
4	0	0.43	240	60	40	40	50	10.6	2.3	1.09	0.08	2.2
	15	0.49	280	60	40	40	50	11.8	0.7	1.15	0.03	2.1
5	0	0.44	300	80	50	50	70	13.9	1.6	1.35	0.05	2.2
	15	0.51	350	80	50	50	70	14.9	0.3	1.38	0.03	2.1
6	0	0.45	360	100	60	60	90	17.2	1.0	1.61	0.01	2.1
	15	0.53	420	100	60	60	90	18.1	0	1.61	0.03	2.0

注　以上数据仅供参考。

三、悬臂式挡土墙的设计构造特征与做法

悬臂式挡土墙的构造见图 12，常用钢筋配置图见图 13 和表 6。悬臂式挡土墙的设计参数见表 7。

1. 设计与构造

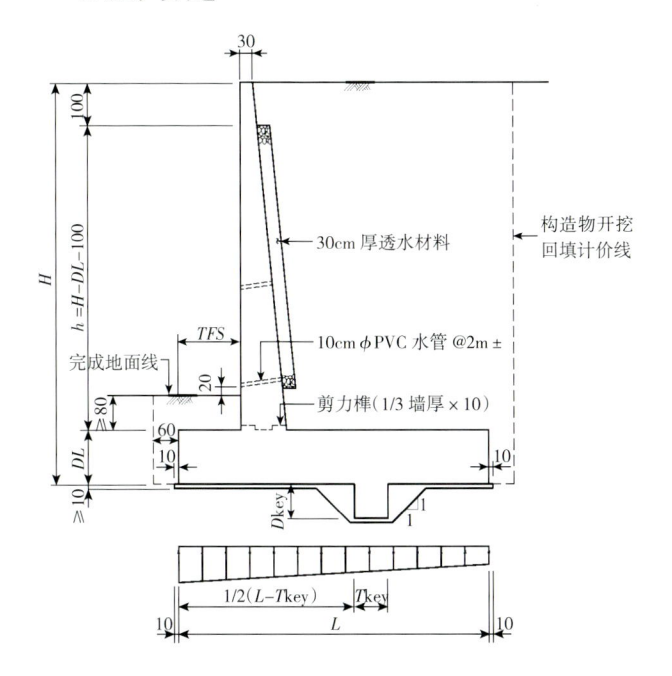

12 悬臂式挡土墙构造示意图

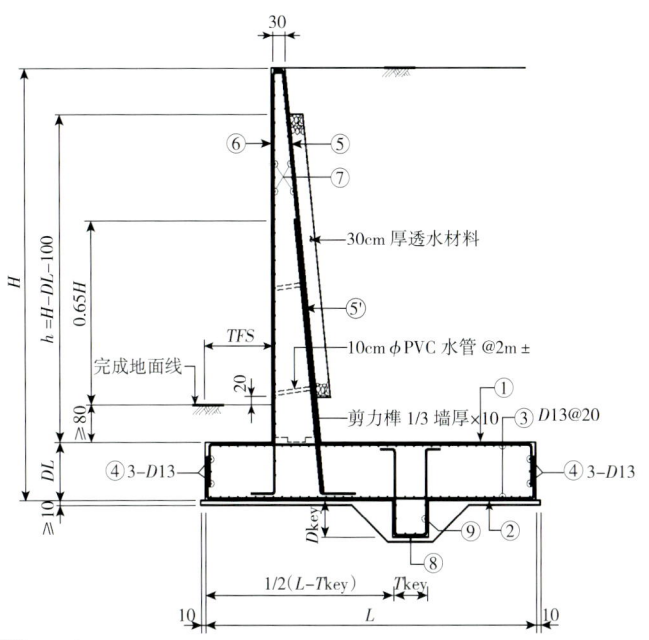

13 悬臂式挡土墙钢筋配置图

钢筋配置表　　表 6

编号	形状	直径	备注
①	⌐	表 7 ②	
②	⌐	表 7 ②	
③	─	D13	@20
④	─	D13	@20
⑤	⌐	表 7 ②	
⑤'	╱	表 7 ②	
⑥	⌐	表 7 ②	
⑦	─	D13	@20
⑧	⊐	D16	@20
⑨	─	D13	@20

2. 设计说明

（1）标示单位除另注明外，均以 cm 为单位。

（2）本图采用设计地震力：$Z=0.33g$，$I=1.2$，使用单位亦可参考前述"设计说明及参数"，自行依实际状况核算设计。

（3）土壤内摩擦角取 $\phi=30°$，详细数值须依土壤试验资料取得。

（4）土壤承载力可参考表 2、表 3。

（5）土壤承载力参数须依据地质钻探资料调整。

（6）土壤承载力须大于 15tf/m² 方可适用本挡土墙。

（7）fT 墙趾端之地基反力（tf/m²）。

（8）fH 墙踵端之地基反力（tf/m²）。

（9）挡土墙基础底部垫底混凝土 $fc'=140\text{kgf/cm}^2$，厚度至少大于 10cm，止滑榫周围回填区，必要时可以混凝土替代。

（10）挡土墙墙背斜率应 $V:H\leq 15:1$。

（11）本图相关材料强度及保护层厚度等，请参照国家相关标准。

（12）30cm 厚透水材料规格，请参照施工规范有关"材料回填"之规定。

（13）依据"水利相关设计规范"规定，不论重力式或钢筋混凝土挡土墙，至少每隔 9m 应设置收缩缝一条。

（14）本图所示仅供数量计算参考使用，施工中使用单位仍须视现场土质条件采取适当安全防备措施。

14 趾脚设计有排水槽的悬臂式挡土墙

4 垂直护岸·挡土墙

悬臂式挡土墙设计参数　　表7

高度 H(m)	各部尺度(cm) L	DL	TFS	Tkey	Dkey	最大基础反力 fT 或 fH (tf/m²)	①钢筋 直径(mm)	间距(cm)	②钢筋 直径(mm)	间距(cm)	⑤钢筋 直径(mm)	间距(cm)	⑤'钢筋 直径(mm)	间距(cm)	⑥钢筋 直径(mm)	间距(cm)
3.00	250	50	100	30	30	15	D16	30	D16	30	D16	30	–	–	D13	30
4.00	310	60	125	30	50	15	D16	30	D16	30	D19	30	–	–	D13	30
5.00	450	70	160	30	50	15	D19	20	D16	20	D19	20	–	–	D16	20
6.00	550	85	160	30	60	15	D25	20	D16	20	D19	20	D16	20	D16	20

3. 施工做法　悬臂式挡土墙的施工做法见图15～图18和表6、表8。

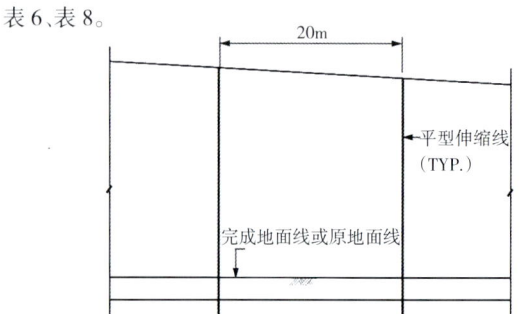

图15 挡土墙立面

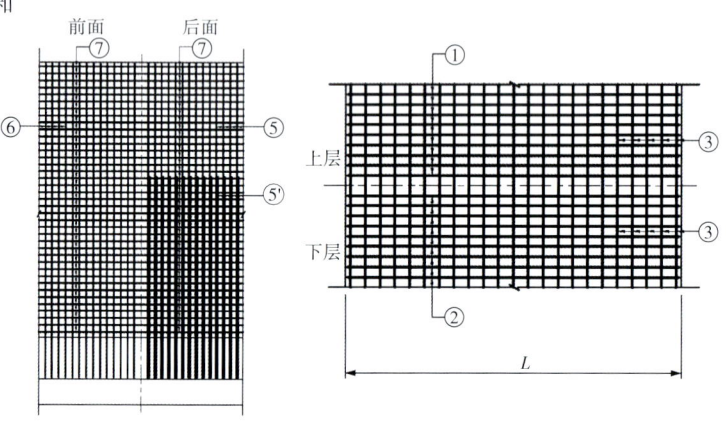

图16 墙身主钢筋配置图　　图17 基础钢筋配置图

4. 挡土墙施工造价　悬臂式挡土墙的施工造价及工料分析见表8。

挡土墙工料分析参考数量表(每m数量)　　表8

工项名称	单位	H=3m	H=4m	H=5m	H=6m
构造物开挖	m³	6.75	9.64	17.26	26.10
构造物回填	m³	6.02	8.36	14.94	22.48
余方自行处理	m³	0.73	1.28	2.32	3.62
背填透水材料	m³	0.21	0.48	0.75	1.00
模板、普通、乙种	m²	4.1	5.8	6.7	7.65
模板、普通、乙种	m²	2.5	3.6	4.3	5.15
混凝土、预拌 (fc'=245kg/cm²)	m³	2.31	3.8	5.36	7.56
混凝土、预拌 (fc'=140kg/cm²)	m³	0.27	0.33	0.47	0.57
钢筋	kg	137	183	278	470
PVC管、A管(薄管)(标称100mm)	m	0.47	0.52	0.65	0.75

图18 与图15～图17构造做法相同的悬臂式挡土墙竣工后的实景

垂直护岸·挡土墙

四、箱笼挡土墙

1. 功能与特点 采用钢丝或聚合物编成网格的箱笼,内填装石块或砾石土来修建护岸挡土墙,称为箱笼挡土墙。按网格编织方式可分为石笼和石箱两种基本类型。这种护岸方式具有极好的柔性和透水性,耐用性和耐冲刷能力也较好,是垂直护岸挡土墙中最具有生态性的护岸形式,因而应用十分广泛,见图 1 。

与混凝土墙相比,箱笼挡土墙的柔性结构特征决定了它在完工后,能够进行自身适应性的微调,也能适应基础的沉陷,更不会因基础不均匀沉陷而出现沉降缝。因而其整体结构不会轻易遭受破坏,也由于因沉陷引起了小的位移,致使其迎水面不能修建成完全垂直的挡土墙,通常竣工后会微微倾斜,因而,挡水墙的外观迎水面很难符合垂直面的要求。

正是由于以上的原因,常将箱笼挡土墙的迎水正面修建成与垂直面有一很小夹角的结构形式,夹角大小约10:1左右。实现墙体这一微倾角可通过调整基础的倾斜度或是使各单独单元背面呈阶梯状来实现,见图 2 。

1 山溪岸坡的箱笼挡土墙

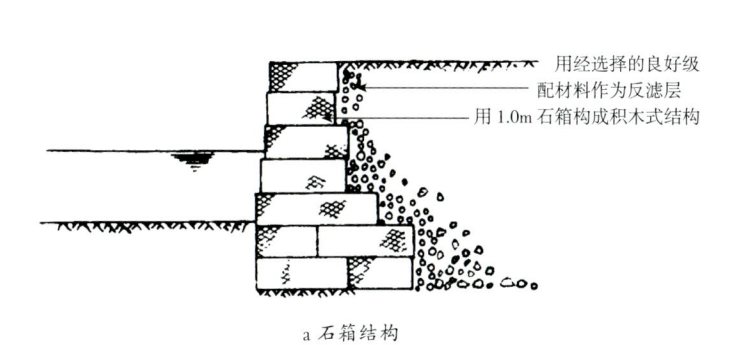

a 石箱结构

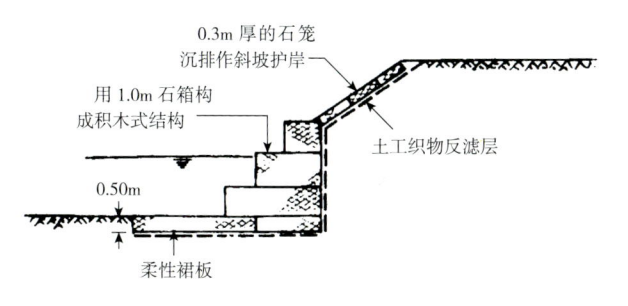

b 石箱/石笼沉排的复合结构

2 石笼挡土墙

2. 生态性 箱笼挡土墙是依靠网格笼的集束和箱笼内的石块和砾石土的自重像堆积木一样码垛而成。因此,不仅不使用砂浆砌筑,其笼内的石块也都比较小,石块间形成无数个孔隙,再加上石笼间比较大的空隙,极有利于边岸各种生物的生存繁衍,为水中动物提供庇护场所。在石笼墙上覆土或填塞缝隙,会慢慢形成松软且富含营养成分的表土,能实现多年生草本植物和灌木自然循环的目标。

3. 箱笼材质及结构 箱笼分为石箱和石笼两种,采用钢丝和聚合物编织,见图 3 。

a 石箱

b 网格型式

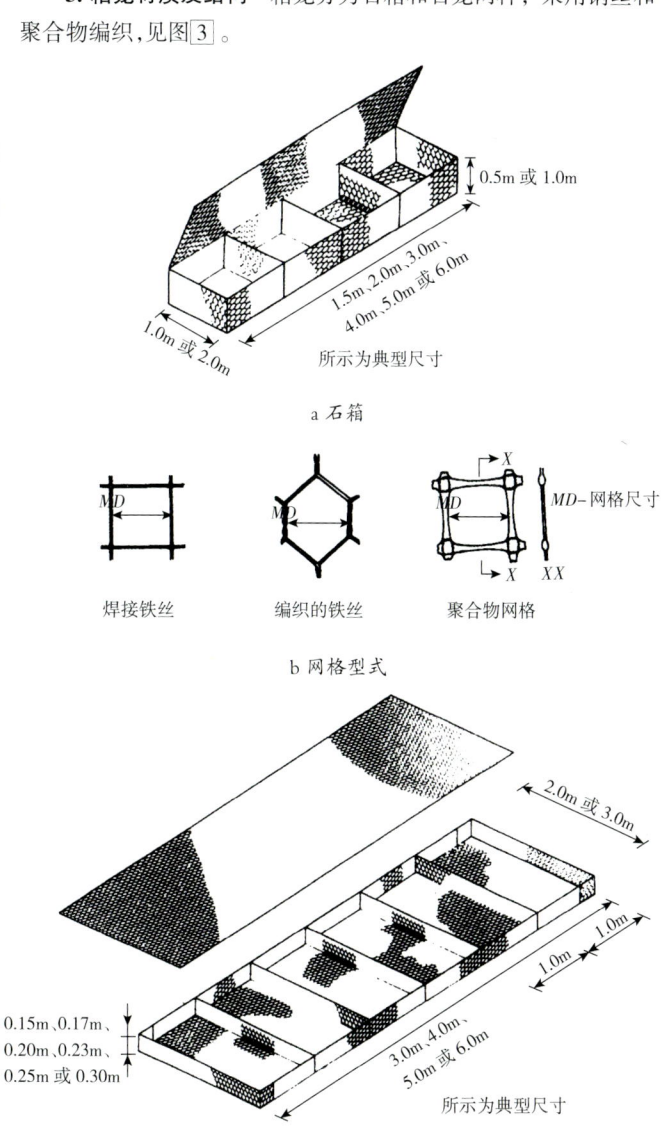

c 石笼沉排

3 箱笼及其网格

4 垂直护岸·挡土墙

4. 箱笼护岸的功能、适用范围、设计要点　箱笼护岸的功能、适用范围、设计要点和注意事项见表1。

箱笼护岸的功能、适用范围、设计要点和注意事项　　　　　　表1

项次	项目名称	内容及要求	说 明
1	基本功能	挡土、固坡及稳定堤岸	
2	生态功能	(1) 多孔和粗糙的表面,可为蕨类和原生植物提供附着生长条件。 (2) 物理结构比传统混凝土护岸复杂,能为生物提供多样的栖息环境。 (3) 箱笼上覆土后种植植物能形成多层次空间,有利于营造生态环境的多样性。 (4) 能提高河岸栖地的稳定度,所植灌木和花草对水面有蔽阴效果,既能提高水面罩盖度又能降低水温,还有利于生物的栖息。	可利用栽植,利用其根系伸展可使石笼结构与墙体背面填土紧密结合
3	适用范围	(1) 适用于冲蚀严重、流速较高的河溪护岸。 (2) 对于降雨量高、地下水位高的河岸地区,可利于其高渗透性以利排水。 (3) 河岸土层有不均匀沉陷时,可利用其柔性结构进行适应性调节。	箱笼挡土墙的构造体承受撞击力的能力较差,因此不适用于土石流道或河床底质粒径较大的河道
4	设计要点	(1) 箱笼内填石料粒径和填充方式应符合规范要求和设计要求。 (2) 箱笼挡土墙应后倾6°以上,基础埋入深度30~50cm。 (3) 箱笼单元靠笼面四周应填充较大石块,用于稳固笼形,而单元中心部位可填充较小粒径石料或砾石石料。 (4) 每层退缩长度应依设计要求而定,一般约50~100cm。	
5	注意事项	(1) 应将拟修建的坡岸整平,底部应铺设一层过滤材料或浇筑混凝土以防水流将河岸材料冲移或产生较大沉陷。 (2) 施工的每一步骤都应将箱笼固紧,完工后墙体能有较好的稳定性和较好的线形。 (3) 箱笼挡土墙背面可铺设土工织物,以防止河岸土壤被淘刷。 (4) 应优先选用当地的石料。	

5. 箱笼的类型、填料、填装方法和磨损　箱笼的类型、填料、填装方法和磨损见表2。

箱笼的类型、填料、填装方法和磨损　　　　　　表2

名称	内容及说明	名称	内容及说明
石箱（箱形石笼）	石箱是使填石固定就位的铁丝或聚合物丝的网格式制作物。铁丝笼是由铁丝编织的网格或者是焊接而成的结构物。这两种结构都可以电镀处理,编织的铁丝箱也可另外涂上PVC(聚氯乙烯)。 编成网格的石箱比焊接的石箱柔性更大,因此适应沉陷和荷载的性能是不同的。尽管装填石材料要仔细以保证将块石装得很密实,但有时认为刚性石箱比较容易填装。对于非标准形状,例如急弯处,或者可能产生大的沉陷的地方,当编织铁丝或聚合物格形结构发生变形,而不损失强度时,建议选用这类结构	填料	填料的一般尺寸为平均网格尺寸的1.5倍。单个块石不小于标准网格尺寸(通常所用的编织石笼尺寸为50mm×70mm~100mm×120mm),一般不大于200mm标准尺寸。对填置于远离石笼外表而处于内部的块石来说,有时可放宽最小块石尺寸的要求
石笼沉排	石笼沉排是一种较薄的、较柔软的石笼,其典型的平面尺寸为6m×2m,厚度为150mm×300mm。一般是用铁丝编织而成,也可以进行电镀和涂上PVC。 柴排不能用作挡土结构,但可保护河床或稳定的岸坡,防止表面冲刷。在万一发生大的位移时仍必须维持护岸的整体性的地方,采用石笼沉排是特别有用的,因此常常将其用作边岸趾部的护坦或护墙。聚合物栅管石笼沉排也可用作护岸和趾部防护	填装	机械填装一般较快较便宜,但不如手工填装易于控制。对于修饰的挡土墙来说,应产生较好的外观,并形成密实的结构。采用这两种方法时,填料必须完全填满石笼。填料必须很好地填装以尽量减小孔隙,单块石之间接触良好,可能地填紧,减少石笼里的石料移动的可能性。填料尺寸属于正常范围时,多角的和圆形的石块都可以装得紧密
		磨损	如果由于磨损或外部条件破坏聚合物材料、电镀层或金属丝本身,石笼结构的寿命就会大大减小。受水的流动而发生移动的石料的抗磨能力取决于它的硬度、多角性和尺寸。填料内的磨损和移动会把块石破碎成小于网格的尺寸,导致填料流失,这样就会有更多的填料移动,加剧块石破碎的问题
填料	用抗风化的坚硬块石作填料,它在石箱或石笼沉排中不会因磨蚀而很快破碎。装有不同类型的块石的石笼有不同的特征。多角的块石能相互很好地连锁在一起,用其装填的石笼不易变形。因此,用在抗剪切的大型挡土墙中,它比圆形石头更有效。此外,它有利于石笼的连接	腐蚀	在pH值为7以下或12以上的水中,应使用PVC涂面的金属丝。当水被很多种工业废水或生活用污水污染后,含盐和泥炭的水就会腐蚀电镀的金属线。不仅水质是重要的,而且石笼的位置对其寿命也有影响,在长期溅水区的材料受到干湿循环的危险性最大

6. 箱笼挡土墙的构造及做法 在挡土墙的初步设计完成后，通常就要向生产厂家咨询，有必要时还要勘察现场。由工厂化生产制作的半成品更有利于施工现场组装定型，施工简便，且受气候干扰小。箱笼挡土墙的构造及做法见图 4。箱笼挡土墙的技术指标和各项安全系数，见表3~表5。

H = 箱笼总高度
B = 箱笼底面宽度
j = 土壤内摩擦角
q = 背填土区均布载重
$(FS)_0$ = 抵抗倾倒的安全系数
$(FS)_S$ = 抵抗滑动的安全系数
$(FS)_{OS}$ = 整体稳定的安全系数
σ_1, σ_2 = 基础土壤承受的最大及最小应力

4 箱笼挡土墙的构造（参见表3~表5）

箱笼挡土墙的技术指标和各项安全系数 （$H/B \leq 1.5$） 表3

H (m)	N (m)	$\varepsilon=0$ $\phi(°)$	$q=0$ $(FS)_0$	$(FS)_S$	$(FS)_{OS}$	σ_1 (t/m²)	σ_2 (t/m²)	$\varepsilon=0$ $\phi(°)$	$q=\gamma x1(t/m)$ $(FS)_0$	$(FS)_S$	$(FS)_{OS}$	σ_1 (t/m²)	σ_2 (t/m²)	$\varepsilon=0$ $\phi(°)$	$q=0$ $(FS)_0$	$(FS)_S$	$(FS)_{OS}$	σ_1 (t/m²)	σ_2 (t/m²)
2	1.5	22	7.82	2.68	4.37	2.14	4.33	22	7.82	2.68	4.37	2.14	4.33	22	7.82	2.68	4.37	2.14	4.33
3	2.5	24	10.42	2.91	5.47	2.16	7.07	24	10.42	2.91	5.47	2.16	7.07	24	10.42	2.91	5.47	2.16	7.07
4	3.0	25	8.42	2.56	5.50	2.50	9.21	25	8.42	2.56	5.50	2.50	9.21	25	8.42	2.56	5.50	2.50	9.21
5	4.0	24	9.10	2.86	5.77	3.00	11.68	24	9.10	2.86	5.77	3.00	11.68	24	9.10	2.86	5.77	3.00	11.68
6	4.0	24	6.03	2.18	4.83	4.19	12.35	24	6.03	2.18	4.83	4.19	12.35	24	5.03	2.18	4.83	4.19	12.35

箱笼挡土墙的技术指标和各项安全系数 （$1.5 \leq H/B \leq 2.0$） 表4

H (m)	B (m)	$\varepsilon=0$ $\phi(°)$	$q=0$ $(FS)_0$	$(FS)_S$	$(FS)_{OS}$	σ_1 (t/m²)	σ_2 (t/m²)	$\varepsilon=0$ $\phi(°)$	$q=\gamma x1(t/m)$ $(FS)_0$	$(FS)_S$	$(FS)_{OS}$	σ_1 (t/m²)	σ_2 (t/m²)	$\varepsilon=0$ $\phi(°)$	$q=0$ $(FS)_0$	$(FS)_S$	$(FS)_{OS}$	σ_1 (t/m²)	σ_2 (t/m²)
2	1.5	22	7.82	2.68	4.37	2.14	4.33	24	3.54	1.71	4.27	4.15	2.95	23	4.00	1.32	2.38	3.90	3.44
3	2.0	24	6.30	2.30	4.67	2.61	6.31	24	3.29	1.43	3.59	5.49	4.14	27	4.08	1.61	4.21	4.29	5.73
4	2.0	25	3.89	1.89	3.62	6.51	6.71	28	2.72	1.76	4.92	9.71	4.40	30	2.73	1.56	4.35	10.07	5.22
5	2.5	23	3.42	1.77	3.49	7.62	7.37	26	2.62	1.77	4.68	10.94	4.96	28	2.53	1.53	3.96	12.26	5.21
6	3.0	23	3.24	1.53	3.22	8.45	8.37	26	2.62	1.61	4.46	11.48	6.26	28	2.40	1.33	3.53	14.03	5.79

箱笼挡土墙的技术指标和各项安全系数 （$H/B \geq 2.0$） 表5

H (m)	B (m)	$\varepsilon=0$ $\phi(°)$	$q=0$ $(FS)_0$	$(FS)_S$	$(FS)_{OS}$	σ_1 (t/m²)	σ_2 (t/m²)	$\varepsilon=0$ $\phi(°)$	$q=\gamma x1(t/m)$ $(FS)_0$	$(FS)_S$	$(FS)_{OS}$	σ_1 (t/m²)	σ_2 (t/m²)	$\varepsilon=0$ $\phi(°)$	$q=0$ $(FS)_0$	$(FS)_S$	$(FS)_{OS}$	σ_1 (t/m²)	σ_2 (t/m²)
2	1.5	22	7.82	2.68	4.37	2.14	4.33	24	3.64	1.71	4.27	4.15	4.33	23	4.00	1.32	2.38	3.90	3.44
3	1.5	25	4.12	2.23	4.01	5.48	5.25	29	2.72	2.10	6.18	8.47	7.07	29	2.79	1.68	4.14	8.52	3.74
4	2.0	25	3.89	1.89	3.62	6.51	6.71	28	2.72	1.76	4.92	9.71	9.21	30	2.73	1.56	4.35	10.07	5.22
5	2.5	24	5.08	2.24	4.65	4.69	10.24	24	3.47	1.68	3.84	7.65	11.68	26	2.85	1.34	3.13	10.61	6.81
6	3.0	23	3.24	1.53	3.22	8.46	8.37	26	2.62	1.61	4.46	11.48	12.35	28	2.40	1.33	3.53	14.03	5.79

五、直立式浆砌石挡土墙

1. 功能与特点 直立式浆砌石挡土墙按用浆量和砌筑方式，分为浆砌石挡土墙和半浆砌石挡土墙两种类型。其中，全浆砌法由于通透性和生态性较差，应用已越来越少，已有被半浆砌石和干砌石护岸所取代的趋势。

直立式半浆砌石是集浆砌法和干砌法的优点，将浆砌块石和干砌块石混合于一体的挡土墙，既有浆砌石的坚固耐用性，又有干砌石的渗透生态性，见图1、图2和表1。为了减少水泥用量，通常在墙体背部占墙身30%~50%的体积比例用干砌块石，这样不仅能满足墙体的强度要求，对挡土墙的稳定也无影响，而且提高了墙身的通透性，也降低了工程施工造价。

直立式半浆砌石挡土墙的整体稳定性和耐用性均较好，且强度较高，施工方便，其外立面自然浑厚，外形美观。此外，这种挡土墙能较充分利用河面，增加河道有效宽度。对于航运河道及河面较窄的内河航道，有效增加的航槽宽度尤为重要。直立式半浆砌石挡土墙的工程造价偏高，但投入使用后的维修量较小。

2. 墙体形式及构造 直立式半浆砌石挡土墙由浆砌石块和干砌石块两种结构混合而成，但迎水面通常为水泥砂浆砌筑，干砌石在其背部且常用土覆盖。因此，我们能看到的总是浆砌石的构造形式。其墙体形式及构造见图3~图5。

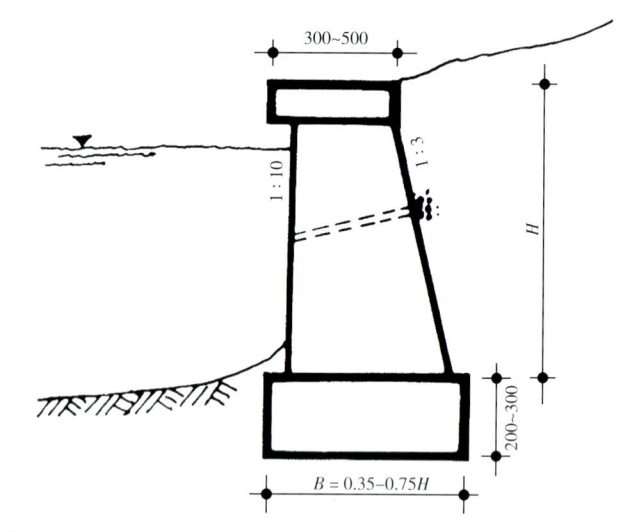

1 迎水面勾缝密实的直立式半浆砌石挡土墙

2 迎水面勾缝稀疏的直立式半浆砌石挡土墙

3 直立式半浆砌石挡土墙的砌筑形式

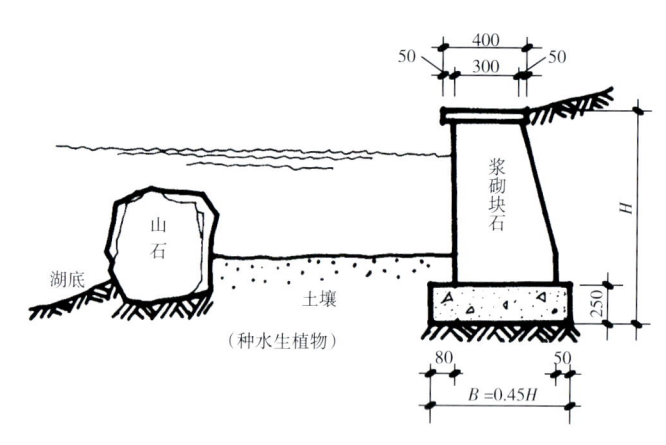

4 直立式浆砌石挡土墙及驳岸

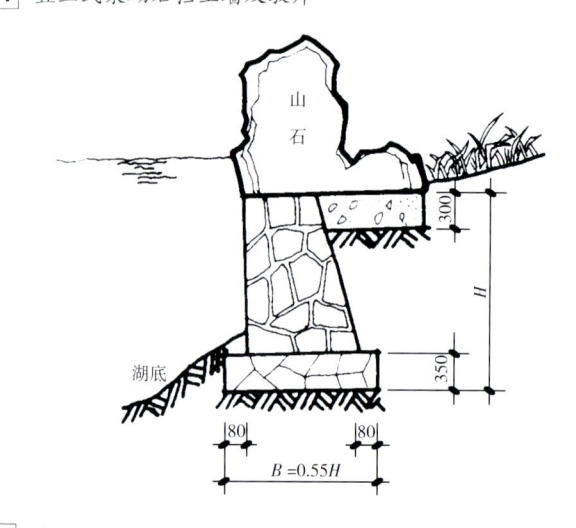

5 直立式半浆砌石挡土墙的构造

3. 直立式半浆砌石挡土墙的功能、设计要点、适用范围和注意事项 直立式半浆砌石挡土墙的功能、设计要点、适用范围和注意事项等见表1。

直立式半浆砌石挡土墙的功能、设计要点、适用范围和注意事项 表1

项次	项目名称	内容及要求	说明
1	基本功能	固堤护岸、稳定河道,确保河床有效宽度	
2	生态功能	(1) 与全浆砌石挡土墙相比,具有较多的空隙,可为边岸植物根系提供生长空间。 (2) 与混凝土和浆灌石挡土墙相比,具有更多的通透性	与混凝土和全浆砌石挡土墙的完全阻隔性相比,生态性略好,但与干砌石和码垛石挡土墙相比较差
3	设计要点	(1) 边岸土质较差的河岸底层基础可采用混凝土浇筑。 (2) 边岸土质一般可采用大块石做基础,底层土质较好的可采取铺设级配石做基础。 (3) 无论采用何种基础,其底部承载力应可足以支撑结构体,防止挡土墙底部发生沉陷。 (4) 墙体浆砌和干砌比例应根据环境和地质条件而定。 (5) 护岸设计高度应和墙体宽度比例合理。 (6) 墙体迎水面外观应砌筑平整美观	
4	适用范围	(1) 适用于暴雨、洪水频繁地区的河流护岸。 (2) 城市河道采用此种护岸形式既能节省两岸用地,又可减少移民搬迁。 (3) 适用于河流两岸居民较多、安全性要求较高的地区护岸	生态环境较脆弱或恢复中的河道慎用此形式护岸
5	注意事项	(1) 墙体基础埋入深度应符合设计要求,应避免岸底冲蚀、淘空。 (2) 浆砌石部分的单块石粒径应在50cm以上,其背部的干砌石部分的单块石块石粒径可大小相间。 (3) 应由专业或受过训练的工人施工	

六、挡土墙遭受破坏的成因

挡土墙遭受破坏的常见现象有滑动、倾覆、管涌和冲刷等,见表2,导致这些现象出现的主要原因有以下几点:

(1) 因渗流产生的管涌和地基材料的流失以及墙趾破坏导致倾覆。回填土料通过排水孔和裂缝流失。

(2) 由于地基土的承载力低,产生过大的位移。

(3) 由于缺乏侧向约束造成的滑动,约束通常是由基础磨擦或者是由被动土压力取得的。

(4) 由于墙体和(或)土的约束力的配置不足或不良引起的倾覆。

(5) 墙趾的冲刷引起倾覆。

(6) 周围土体,包括墙体的深层旋转破坏。

(7) 在砂浆渗溶和材料的衰变后,墙的背面出现拉裂缝引起的结构性破坏。

挡土墙遭受破坏的成因 表2

破坏成因	特点	示意图
滑动	(1) 与超载有关的力的组合,主动土压力和静水压力超过约束力,墙向前滑动。 (2) 可用剪力键或与截水墙连接来提高基础面上的抗滑阻力。 (3) 摩擦力一般取 2/3 φ	
承载压力	趾部所产生的承载压力超过了在基础上屈服点极限压力和(或)不许可的变形,导致难看的向外倾斜	
旋转滑动	(1) 土的低抗剪强度和(或)高的超载与土荷载导致的旋转破坏。 (2) 常常由外部水位快速下降引起	
倾覆	(1) 倾覆力矩($\sum M_O$)的总和超过复原力矩的总和($\sum M_R$)。 (2) 常常由外部水位的快速下降引起,伴随着趾部约束的损失和超载的增大	
管涌	(1) 墙下渗流的水力梯度高,引起地基土的管涌,跟着发生承载能力的破坏。 (2) 渗流路径和水力梯度可通过采用截水墙得到改善	
冲刷	(1) 墙前面的冲刷或一般的河床基面侵蚀造成河床约束力和基础支承力的损失,随着发生滑动,支承能力或倾覆破坏。 (2) 地基土的冲刷可采用截水墙加以防止	

注 在采用圬工、砌砖、大体积混凝土挡土墙时,通常的做法是,除了在极端荷载情况下,一般应避免墙背面出现受拉,这就意味着合力作用点在墙的横截面中间的1/3内。

4 垂直护岸·其他护岸形式

一、板桩护岸

1. 形式和功能 板桩护岸又称为拉锚板桩护岸，是由垂直打入土中板桩和水平张拉及锚固系统组成，属专用性的垂直护岸方式。

板桩按其结构和材料构成主要分为钢板桩和钢筋混凝土板桩两种类型。板桩护岸较多应用在不要求排水或修筑围堰的河道，其实板桩最先是专门用于航道护岸而研发的工法，后来才不断扩大使用范围，例如，在不能采用其他挡土墙护岸，且又受到很多施工限制的河岸，可以采用板桩护岸，见图1和图2。

2. 板桩构造 板桩挡土墙分为悬臂式和锚固式，图2所示为这两种构造的典型形式。悬臂式板桩墙的整体稳定性，取决于它打入土中的深度，因此，它需要有最小的侧向空间。随着墙高的增加，悬臂板桩的弯距也将变得过大。由此可知，当板桩墙高超过2.5m时，采用锚固墙既可靠又经济，但锚固墙要求有足够空间来设置锚块和拉杆。

3. 板桩施工

（1）悬臂墙施工 钢板桩有平板形和波浪形两种，见图3。钢板桩之间通过锁口互相连接，形成一道连续的挡墙。由于锁口的连接，使钢板桩连接牢固，形成整体，同时也具有较好的隔水能力。钢板桩截面积小，易于打入。U形、Z形等波浪式钢板桩截面抗弯能力较好。钢板桩在基础施工完毕后还可拔出重复使用。

板桩施工要正确选择打桩方法、打桩机械和流水段划分，以便使打设后的板桩墙有足够的刚度和良好的防水作用，且板桩墙面平直，以满足基础施工的要求，对封闭式板桩墙还要求封闭合拢。

1 作为航道使用的河流一般不要求排水或修筑围堰，常选用板桩作为垂直护岸。图中是城市航道中一段穿越闹市区滨河公园的河道，两边商业建筑林立，边岸顶部土地狭窄，采用钢筋混凝土板桩护岸是最佳选择，参见图2

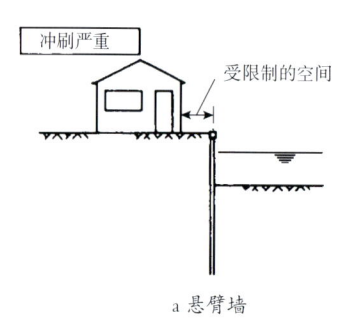

注：1.当挡土高度超过3m时，悬臂式不如锚固式经济。
2.设置拉杆的空间受到限制时，必须采用悬墙或地锚（在从水面向下的钻孔中）。
3.锚块必须置于可能的滑坍区以外。

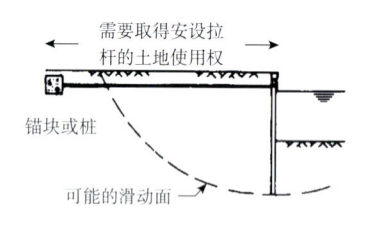

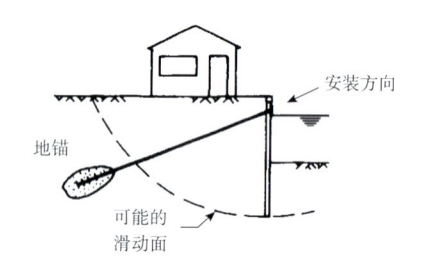

a 悬臂墙

b 锚固墙

2 板桩墙结构的类型，悬臂式和锚固式

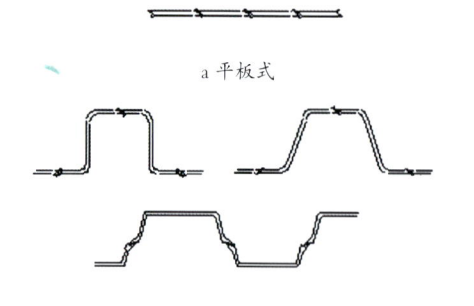

a 平板式

b 波浪式

3 钢板桩的材料类型及构造

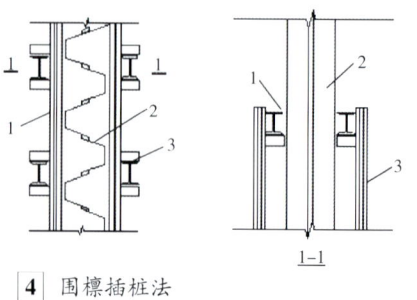

4 围檩插桩法
1-围檩；2-钢板桩；3-围檩支架

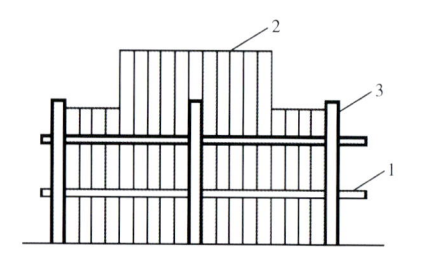

5 分段复打法
1-围檩；2-钢板桩；3-围檩支架

128

对于钢板桩,通常有三种打桩方法:

1)单独打入法。单独打入法是从一角开始逐块插打,每块钢板桩自起打到结束,中途不停顿。因此,桩机行走路线短,施工简便,打设速度快。但是,由于单块打入,易向一边倾斜,累计误差不易纠正,墙面平直度难以控制。一般在钢板桩长度不大(小于10m)、工程要求不高时可采用此法。

2)围檩插桩法。要用围檩支架作板桩打设导向装置,见图 4 。围檩支架由围檩和围檩桩组成,在平面上分为单面围檩和双面围檩,高度方向有单层和双层之分,在打设板桩时起导向作用。双面围檩之间的距离,比两块板桩组合宽度大 8~15 mm。

围檩插桩法施工中可以采用封闭打入法和分段复打法。

封闭打入法是在地面上,离板桩墙轴线一定距离先筑起双层围檩支架,而后将钢板桩依次在双层围檩中全部插好,成为一个高大的钢板桩墙,待四角实现封闭合拢后,再按阶梯形逐渐将板桩一块块打入设计标高。此法的优点是可以保证平面尺寸准确和钢板桩垂直度,但施工速度较慢。

分段复打法又称为屏风法,见图 5 和图 6 ,是将10~20块钢板桩组成的施工段沿围檩插入土中一定深度,形成较短的屏风墙,先将其两端的两块打入,严格控制其垂直度,打好后用电焊固定在围檩上,然后将其他的板桩按顺序以1/2或1/3板桩高度打入。此法可以防止板桩过大的倾斜和扭转,防止误差积累,有利实现封闭合拢,且分段打设,不会影响邻近板桩施工。

打桩锤根据板桩打入阻力确定,该阻力包括板桩端部阻力、侧面摩阻力和锁口阻力。桩锤不宜过重,以防因过大锤击而产生板桩顶部纵向弯曲,一般情况下,桩锤重量约为钢板桩重量的2倍。此外,选择桩锤时还应考虑锤体外形尺寸,其宽度不能大于组合打入板桩块数的宽度之和。

地下工程施工结束后,钢板桩一般都要拔出,以便重复使用。钢板桩的拔除要正确选择拔除方法与拔除顺序,由于板桩拔出时带土,往往会引起土体变形,对周围环境造成危害。必要时还应采取注浆填充等方法。

6 采用分段复打法的钢板桩垂直护岸,岸沿的装饰压顶使岸线整齐划一

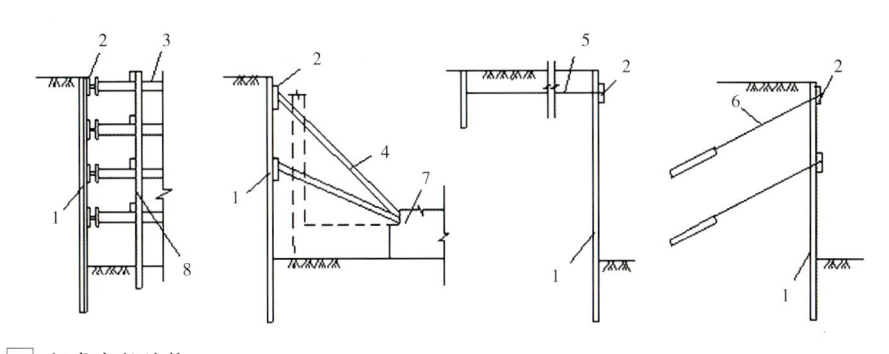

7 板式支护结构

1-板桩墙;2-围檩;3-钢支撑;4-斜撑;5-拉锚;6-土锚杆;7-先施工的基础;8-竖撑

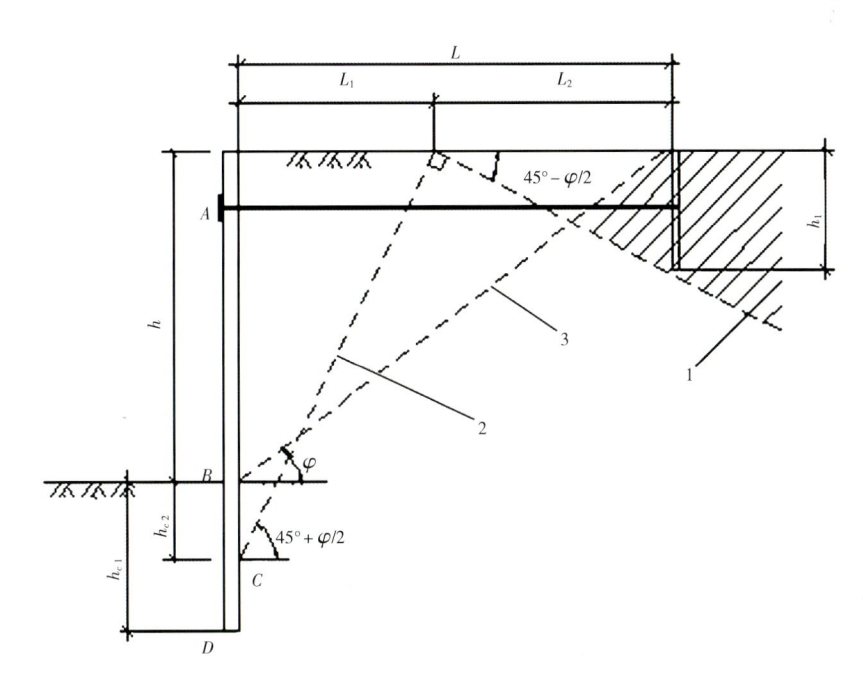

8 拉锚长度计算

1-锚碇被动土楔滑移线;2-板桩主动土楔滑移线;3-静止土楔滑移线

129

4 垂直护岸·其他护岸形式

（2）支撑拉锚系统 支撑或拉锚一端固定在板桩上部的围檩上，另一端则支撑到基坑对面的板桩上或固定到锚锭、锚座板上。

板墙单位长度的支撑（或拉锚）反力 T_{C1}，通过板墙部分的计算已可求得，则根据支撑或锚布置的间距，即可求得每一支撑或拉锚的轴力。

如果支撑长度过大，则应在支撑中央设置竖撑，见图7，以防止支撑在自重作用下挠度过大引起附加内力。图9、图10为拉锚固定的钢筋混凝土板桩护岸实例。

对于拉锚则应计算其长度。拉锚长度应保证锚锭或锚座板位于它本身引起的被动土楔滑移线、板桩位移引起的主动土楔滑移线和静土楔滑移线之外。

如图8所示的阴影区内，拉锚的最小长度按下列两式计算，取其中大值：

$$L = L_1 + L_2 = (h + h_{c1}) \cdot \tan(45° - \frac{\varphi}{2}) + h_1 \cdot \tan(45° - \frac{\varphi}{2})$$

$$L = h \cdot \tan(90° - \varphi)$$

式中　L —— 拉锚最小长度；
　　　h —— 基坑深度；
　　　h_{c1} —— 对自由支承板桩取板桩入土深度，对嵌固支承板桩取基坑底至反弯点的距离；
　　　h_1 —— 锚锭底端至地面的距离；
　　　φ —— 土的内摩擦角。

9 大型天然河边的钢板桩护岸

10 古刹、密林紧临河边，受限的边岸空间采用钢筋混凝土板桩护岸，上压的悬挑的混凝土盖板拓展出花坛的空间

130

二、塑竹、塑木护岸

1. 形式与功能　在中国传统造园手法中，堆石为山，凿池为塘，引水为瀑，垒土为岛，置石为矶，塑竹为景等均为采用模拟与缩写的方法，来创造意境独特的园林环境。后来，塑竹的方法被借用到护岸造景中，使原来单调的砌石和混凝土挡土墙护岸增添了别样的景致，见图1～图8。

塑竹、塑木护岸，又称为仿竹桩、仿木桩护岸，通常是在已做好的混凝土或砌石挡土墙迎水面上塑筑，既可采取满塑法，也可在挡土墙局部点缀，或间隙塑筑。在施工程序上既可与所附挡土墙一体化施工，也可等挡土墙竣工或凝固后单独塑筑，以上均应视环境实际情况而定。

除仿竹桩以外，仿木桩墩无论是体积还是直径都能达到一般挡土墙的尺度要求，因而，不需要像图5那样先做挡土墙，而是将木桩墩直接按挡土墙的强度要求设计，使其既具有护岸挡土墙的使用功能，又具有仿木桩的景观效果。由于是钢筋混凝土浇筑而成，它的抗冲蚀和耐久性能并不亚于砌石挡土墙，见图4。

2. 基本构造　常见的塑竹、塑木护岸构造通常是由挡土墙和塑筑体结合而成，图2是大型河湖边岸防护要求较高的护岸构造和尺度；图3为一般景观池塘和城市小水面的塑竹塑木护岸形式。

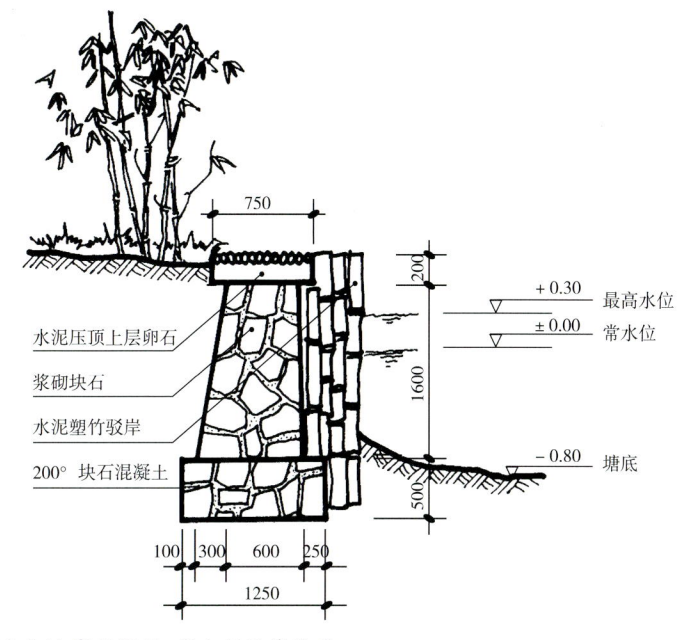

2 大形水体边岸的塑竹、塑木桩护岸构造

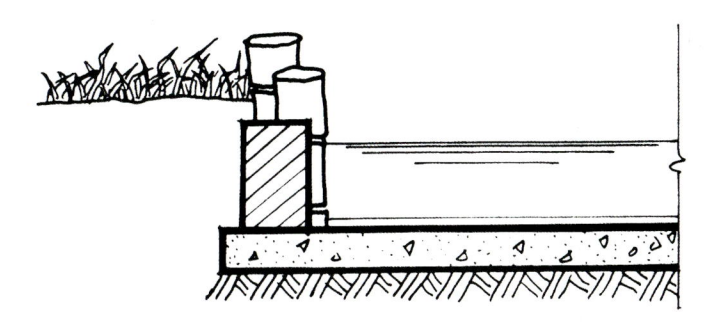

3 城市小水面与景观池塘边岸的塑竹、塑木护岸形式

1 挡土墙转角处的成组边岸塑竹

4 体量尺度大、高低起伏布置的湖边仿木桩护岸

4 垂直护岸·其他护岸形式

3. 设计要点和适用范围 塑竹、塑木护岸的基本功能、生态功能、设计要点、适用范围和注意事项见表1。

塑竹、塑木护岸的功能、设计要点、适用范围和注意事项　　表1

项次	项目名称	内容及要求	说　明
1	基本功能	适用于既要求防护又要求环境装饰的河湖景观护岸	
2	生态功能	（1）塑竹、塑木桩间的空隙能为生物提供产卵和栖息场所。 （2）无挡土墙的仿木桩墩有极好的通透性，有利于堤坡地下水和径流水的排入，使水体与岸坡实现完全交流。 （3）桩墩之间的较大缝隙为各种水生物提供繁衍和生息空间	
3	设计要点	（1）无论边岸防护要求如何，首先应重视挡土墙的设计合理，塑竹、塑木只是起到辅助作用。 （2）塑筑形式要结合边岸类型，并根据防护要求和水体情况而定。 （3）不要过分追求景观装饰而忽略防护功能。 （4）塑筑的体量、高低和色彩要与边岸环境相协调	
4	适用范围	（1）多应用在城市景观河湖、池塘小水面的边岸和私家园林环境。 （2）也可用于排洪河道经过城区的河段，作为护岸景观的点缀	水流较高、冲刷严重和边岸不稳的河道应慎用此法
5	注意事项	（1）无论塑竹或塑木，都应重视与挡水墙的有机结合，并使其成为挡土墙护岸的一部分。 （2）无挡土墙的仿木桩墩，其结构强度应能满足防护要求	

[图5] 与挡土墙结为一体的仿木桩护岸

[图6] 塑筑在边岸转角处的仿木桩墩

[图7] 图5的仿木桩护岸局部

[图8] 双排、高低起伏的仿木桩护岸

三、山石、叠石护岸

1. 形式与功能 堆石、叠石和置石是中国传统的造园手法，作为造景的重要方法很早就被运用于凿池筑岸护坡固土，成为最悠久的石筑挡土墙垂直护岸形式之一，从皇家园林颐和园到江南私家园林都能看到这种传统护岸形式，见图5~图8。

为了实现防护和造景的完美结合，古代造园家们先是在常水位下建造砌石挡土墙，然后在墙体上立山石或叠石，见图2和图4。这种结构既能满足抗冲蚀的护岸要求，又能起到造景的作用。而且，一年中的大多数时期是常水位，石砌挡土墙基本没入水中，而显露的是上部的优美山石和叠石，见图5~图14。

2. 基本构造 山石、叠石护岸的基本构造和传统做法见图1和图3。

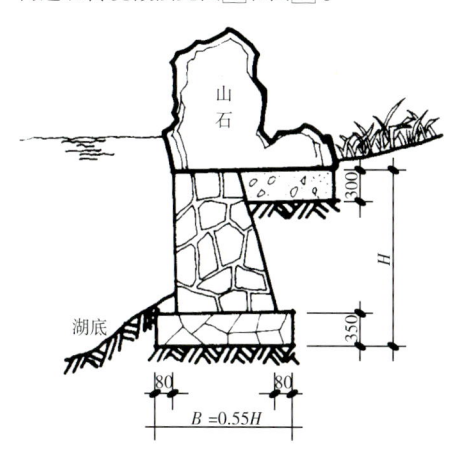

1　山石护岸的构造

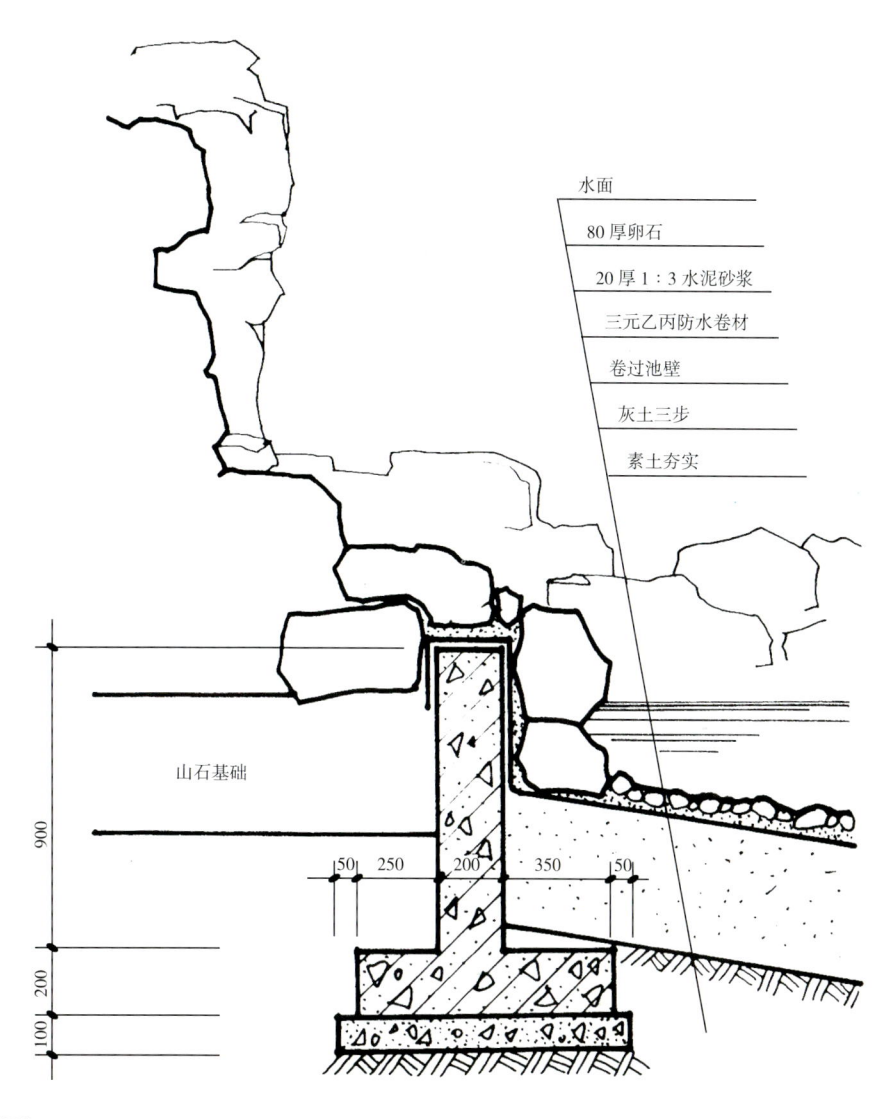

3　叠石护岸的构造与做法

2　立卧在砌石挡土墙上的山石

4　枯水期水位下降，使挡土墙结构显露出来，在常水位时通常只能看到上边的山石

4 垂直护岸·其他护岸形式

5 颐和园昆明湖入水口处的叠石护岸

6 江南私家园林岸边叠石的水池

7 图6中岸边叠石局部

8 颐和园昆明湖知春亭处的叠石护岸

9 人工景观湖边的山石护岸

10 图9的护岸局部

垂直护岸·其他护岸形式 4

[11] 与图[3]相似的典型岸边叠石和水池

[12] 图[11]中的岸边叠石局部

[13] 溪流两侧的砌石与叠石护岸

[14] 园林水塘边的山石，高低起伏，极富变化

3. 设计要点及适用范围　山石、叠石护岸的功能、设计要点、适用范围和注意事项等见表 1。

山石、叠石护岸的功能、设计要点、适用范围和注意事项　　表 1

项次	项目名称	内容及要求	说　明
1	基本功能	固堤护坡、叠石造景	
2	生态功能	（1）叠石的挑、飘、洞、眼、窝、担、悬等手法形成的大量孔洞，为水生动物提供了天然的归巢和繁殖栖息地。 （2）有利于水体与岸坡的交流，避免完全阻隔	
3	设计要点	（1）挡土墙底部基础的承载力应足以支撑结构体及上方的叠石，防止底部发生大量沉陷。 （2）山石和叠石的摆放、砌筑要做到稳固牢靠，避免因石块不牢而引起游人跌水事故	应将常水位设在挡土墙的上方叠石或山石层的下方
4	适用范围	（1）多用于公园、景园池塘湖边的护岸造景。 （2）也可用于城市景观湖和河渠边岸的护岸造景	
5	注意事项	（1）非叠层的山石可直接在一般挡土墙上砌筑，叠石的负荷较大，设计时应对基础进行专门计算。 （2）应由受训的专业工人从事叠石施工	

4 垂直护岸·其他护岸形式

四、黄石护岸

1. 形式与功用　黄石护岸构造做法与山石护岸很相似，特别是低水位以下的结构体基本相同。所不同的是，黄石护岸结构体上部采用块状或片状黄石分层按梯极砌筑，形成错落有致的自然式台阶，因而具有极好的亲水性。低水位时，层次清晰；高水位时，几乎完全淹没。微风徐来，水浪拍岸，激起层层涟漪，使边岸变得亲切而又有吸引力和趣味性，见图 2~图 8。

2. 基本构造　黄石护岸的基本构造和传统做法见图 1。

黄石护岸是最具亲水性的护岸形式之一，尤利于人们垂钓和触水活动。岸边黄石层方整平坦，可站可坐，见图 4 和图 5。

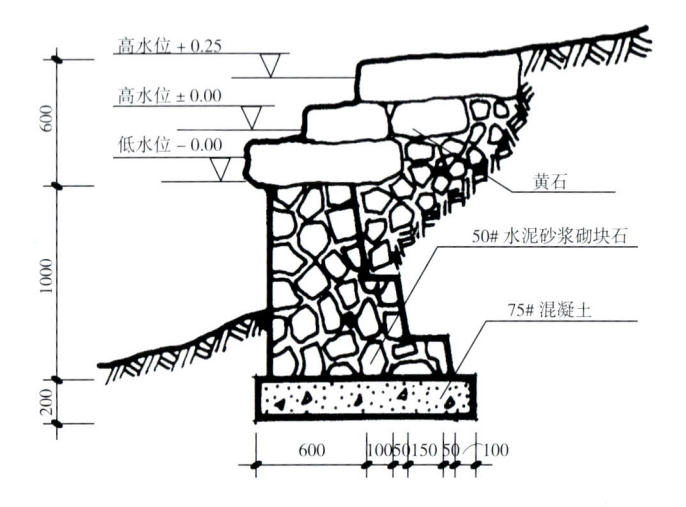

1 黄石护岸的构造与做法

2 城市景观湖边的黄石护岸

3 砌筑在挡土墙结构体上的黄石层

3. 设计要点及适用范围　黄石护岸的功能、设计要点、适用范围和注意事项见表 1。

黄石护岸的功能、设计要点、适用范围和注意事项　　　　　　　　　表 1

项次	项目名称	内容及要求	说　明
1	基本功能	固堤护坡，丰富岸形	
2	生态功能	（1）高低起伏、错落有致的石层产生较多孔隙，为多种生物提供栖息空间。 （2）石层的间隙使岸坡地面径流轻易排出	
3	设计要点	（1）可以采用与山石护岸相同的结构体和基础。 （2）黄石护岸的重点是控制好黄石层高度和水位，水位太低显露结构体；过高将会淹没顶石侵入堤岸，参见图 1、图 7 和图 8。 （3）黄石层应结合牢固，不能虚摆悬放，以免发生跌水事故	如果河湖边岸水体较深，选用此法护岸应慎重，易发生儿童落水、溺水事故
4	适用范围	（1）主要用于城市园林环境的固坡堤岸。 （2）也可用于水流平缓的中小型河道护岸	
5	注意事项	（1）黄石层之底石与结构体应结合牢固，宜采用大块石作底石。 （2）整个黄石层应选用方整块石和片石，较小石块只能用作垫石。 （3）施工前应做好选料工作，避免使用风化、裂缝和页岩夹层及其他有缺陷的石块	

136

垂直护岸·其他护岸形式 4

|4| 贴近水面的石层既方便垂钓,也容易戏水

黄石护岸要取得较好效果,就要准确掌握石层高程和控制水位。最佳效果是将水位控制在黄石层的第一层和第二层之间,无风无浪水面平静时,人们可垂钓、戏水;风起浪涌、柳枝飘逸时,层层涟漪、阵阵浪花拍击岸石,使边岸水景增添了诱人的水声,烘托出迷人的景观环境,见图|6|。

石层高层或水位控制不好,常水位不能保持在最佳位置,出现或高或低的水位,那么如图|4|~图|6|所示的效果尽失。图|7|所示的黄石护岸水位太高,使边岸休息椅功能丧失,岸坡土壤浸泡,危及护岸安全。而图|8|设计的水位太低,使下部结构体外露,大煞风景,韵味全无。

|5| 与草皮岸坡连为一体的黄石护岸,垂钓者可站可坐,怡然自得

|6| 柳枝摇曳,水起波澜,浪击黄石,意境迷人

|7| 水跃岸顶,无人涉足,堤土受浸泡和冲刷,增加了堤岸的不稳定性

|8| 水位太低,挡土墙裸露,有碍观瞻,亲水性完全丧失

137

4 垂直护岸·其他护岸形式

1 集防洪、绿化、亲水和休闲功能于一体的城市河道复式亲水护岸

2 既保护河岸又绿化河道的亲水平台上的斜坡护岸

3 亲水平台上下均为直立重力挡土墙的复式亲水护岸

4 将平台以上挡土墙设计成阶梯形，既增加生态绿化又软化空间

5 远观图4的护岸效果

6 平台以上阶梯形的双层植柳形成了浓密葱郁的护岸效果

五、复式亲水护岸

1. 形式与功能 根据岸坡形态，护岸有直立式和斜坡式两种最基本形式。直立式又称为垂直式，斜坡式则称为缓坡式。

长期的应用实践证明，斜坡式护岸因需满足过流，致使相对河面宽度加大，加上两岸放坡，占地面积较大，这在城市闹市区土地高度紧缺昂贵的地段，护岸成本显然太高。而直立式护岸虽能节省大量土地，但最大缺点是会使河流渠道化，河床材料的硬质化，且影响河道的自然生态和市民的亲水活动，也与城市景观和绿化极不协调，于是复式断面的亲水护岸产生了，并在当今城市护岸中应用广泛，见图1。

复式断面有两种形式：一种是将直立式护岸和斜坡式护岸有效结合；另一种则是两个直立式护岸上下结合。但两种结合形式的共同之处是，都在两护岸的结合处布置成二级亲水平台，局部地段进行台阶式护岸，增强其亲水性，见图2和图3。

无论哪种形式的复式护岸，其护岸断面下部均采用垂直重力式挡土墙，墙高依河床和设计洪水位的不同，通常在2~6m之间。平台宽度一般为1.5~3.5m，平台上部如果是斜坡护岸，坡度为1:1.5，坡上种植草皮和灌木。平台上部如果设计为垂直护岸，通常为干砌石挡土墙或浆砌石挡土墙。

复式护岸除了具有独特的亲水特性外，其沿岸进行的立体绿化是最吸引人的亮点。复式护岸不仅可在沿岸进行带状绿化，更可在局部地段扩大绿化范围，增加景观节点。在两岸亲水平台以上斜坡种植草皮和其他地被植物，既保护河岸不受冲刷，又绿化河道，保护生态，见图2。如果两岸亲水平台以上仍为直立挡土墙，可在墙体顶部增加断面宽度，形成阶梯形河岸，并种植地被、灌木和小乔木，形成立体绿化，见图4~图6。

在复式护岸顶部的滨水行人道两侧可种植垂柳、小叶榕、香樟和大椰王等有特色花木，再适当布置些休息平台、花架花廊，使护岸形成集防洪排涝、景观绿化和休闲旅游于一体的、多功能的复合生态系统。

138

2. 主要断面形式及构造　复式亲水护岸的几种常见断面形式和构造见图 7、图 13。

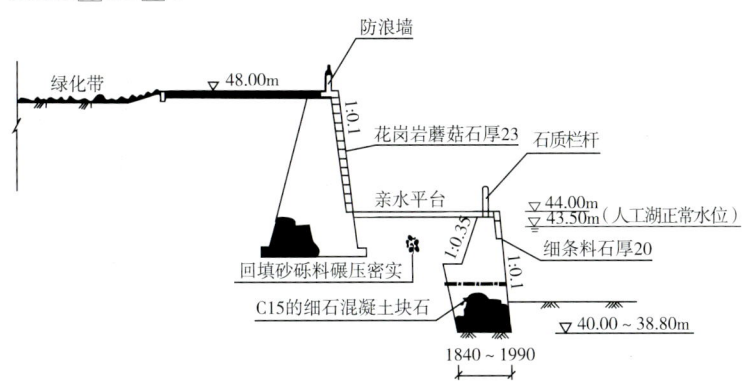

7 亲水平台连接上下两层垂直挡土墙的复式断面

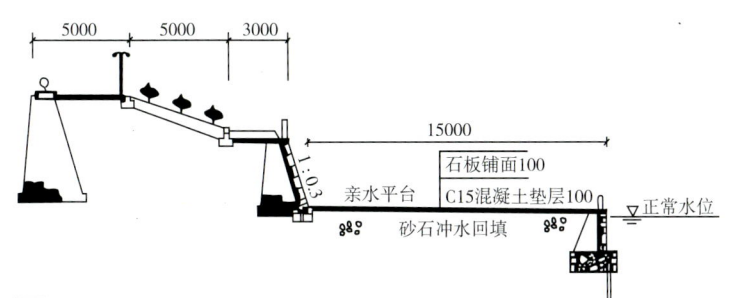

8 宽阔的亲水平台，下连垂直挡土墙，上连阶梯式护岸

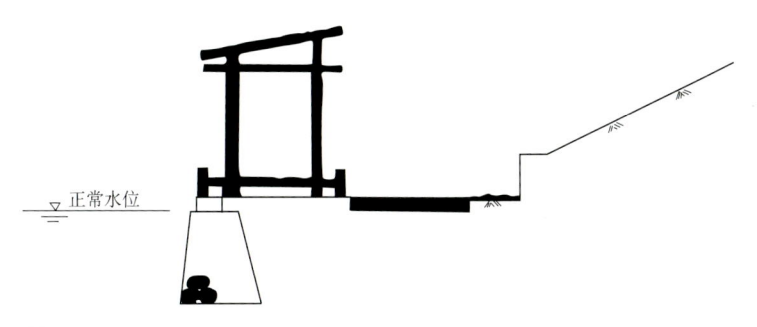

9 直立挡土墙、斜坡式护岸与景观休闲式平台结合的复式断面

10 与图 7 断面形式和构造相同的护岸实例

11 从水上看图 7 断面形式的亲水效果

12 与图 8 断面形式相同，以宽阔平台和景观绿化为特征的护岸效果

13 与图 9 相似，以亲水和休闲为特征的护岸

4 垂直护岸·实例

1 城市景观河砌石挡土墙护岸（中国上海）  2 悉尼港湾延伸至皇家植物园中的砌巨石挡土墙护岸（澳大利亚）

3 图2中的小港湾及护岸  4 图2中延伸至港湾外围的护岸局部

5 流经城市河道中的砌石挡土墙垂直式护岸（中国上海）  6 城市人工湖的石砌挡土墙垂直式护岸（中国北京）

垂直护岸·实例 4

⑦ 作为殖民时期的重要贸易航道的新加坡河,经过整修后现已成为城市观光河道(新加坡)

⑧ 图⑦浆砌石挡土墙垂直式护岸局部

⑨ 垂直式护岸为两岸节省了宝贵土地,也为观光航行提供宽阔水面(新加坡)

⑩ 垂直式护岸节省出的边岸土地造就了著名的酒吧一条街(新加坡)

⑪ 新加坡河口岸边的垂直式护岸(新加坡)

⑫ 图⑪中的垂直混凝土挡土墙局部

141

4 垂直护岸·实例

13 穿越老城区的罗伊斯河的垂直式护岸(瑞士)

14 卢塞恩湖城区边岸的垂直挡土墙及湖边路(瑞士)

15 图 14 中的垂直式护岸局部

16 紧临城市河岸为垂直式护岸,而另一边则是草坡护岸(德国)

17 人工的垂直式护岸与天然的山涯直立式护岸相结合,低水位时由人工垂直式护岸防护,高水位则由天然山涯护岸(澳大利亚)

18 城市人工湖排洪渠道的阶梯式浆砌石挡土墙护岸(中国江苏)

垂直护岸·实例

19 城市运河建筑紧临一侧为垂直式护岸,开阔一侧为缓坡(荷兰)

20 闹市区人口密集、土地紧张,使成排建筑立于垂直式护岸上(意大利)

21 湄南河流经曼谷市区的垂直式挡土墙护岸(泰国)

22 图21中垂直式护岸局部

23 城市人工湖边岸的浆砌石挡土墙护岸(中国江苏)

24 图23挡土墙护岸局部

143

4 垂直护岸·实例

25 城市人工景观湖与草坡结合的砌石垂直挡土墙（中国上海）

26 堤路一体的垂直挡土墙护岸（中国上海）

27 钢筋混凝土重力挡土墙护岸，在墙体迎水面上镶贴石块，具有砌石挡土墙效果（中国北京）

28 混凝土与木桩结合的挡土墙护岸（中国香港）

29 图 28 的护岸局部

垂直护岸·实例 4

30 湖边与草坡结合的浆砌石重力挡土墙垂直式护岸（中国广东）

31 图 **30** 的垂直式护岸效果

32 重力浆砌垂直挡土墙与地被斜坡结合的护岸（中国江苏）

33 浆砌垂直挡土墙与草坡结合的护岸（中国北京）

34 混凝土挡土墙外镶贴饰面石材的垂直式护岸（中国上海）

35 图 **34** 的护岸局部

145

4 垂直护岸·实例

36 城市人工湖边的砌石护岸（中国北京） 　　**37** 景观湖的浆砌石垂直式护岸（中国上海） 　　**38** 图37的护岸局部

39 人工湖边的浆砌石护岸（中国江苏） 　　**40** 图39的浆砌石挡土墙局部 　　**41** 图42的浆砌石挡土墙局部

42 水库边的浆砌石护岸（中国江苏） 　　**43** 半浆砌石挡土墙（中国江苏） 　　**44** 人工湖边的半浆砌石挡土墙垂直式护岸（中国江苏）

45 浆砌石砂浆漫顶的挡土墙护岸（中国江苏） 　　**46** 大型水库边与护栏结合的浆砌石垂直挡土墙（中国江苏）

146

垂直护岸·实例

47 江南老航道的砌石挡土墙护岸（中国浙江）

48 图47的航道穿越城镇的景观护岸

49 城市景观湖下墙体宽上部单块窄砌的半浆砌石挡土墙（中国上海）

50 图47的护岸局部

51 混凝土挡土墙外贴饰面石材（中国上海）

52 图49护岸局部

53 图49与水生植物结合的护岸局部

54 图52与树干结合使挡土墙内外更加通透

55 图52半浆砌石与植物结合护岸更具生态性

56 图52挡土墙躲避地下障碍物而产生的节点

57 城市河道一处泄洪闸口的浆砌挡土墙（中国上海）

58 城市河道的混凝土挡土墙（中国上海）

59 混凝土与砌石结合的挡土墙（中国广东）

60 图59的护岸局部

4 垂直护岸·实例

|61| 景观湖的混凝土挡土墙(中国广东)

|62| 池塘局部混凝土护岸(中国上海)

|63| 景观湖的浆砌石挡土墙护岸(中国上海)

|64| 激流河溪两岸的浆砌石与混凝土结合挡土墙(中国四川)

|65| 图|64|的挡土墙护岸局部

|66| 流经风景区河道的浆砌石挡土墙加石雕栏护岸(中国福建)

|67| 图|66|护岸与环境的景观效果

148

垂直护岸·实例

68 砌石挡土墙与墙顶地被护岸（中国北京）

69 堤路一体的垂直式护岸（中国广东）

70 规则石块砌筑的重力挡土墙护岸（中国江苏）

71 城市景观湖石砌挡土墙与草坡结合的护岸（中国上海）

72 图 71 的护岸局部

73 砌石挡土墙承担常水位的防护，而挡土墙上部斜坡用于短暂的高水位护岸（中国上海）

74 图 71 的护岸与滨水景观局部

4 垂直护岸·实例

|75| 堤路一体，挡土墙顶部设计成岸边路(中国广东)　|76| 图75岸边路局部　|77| 景观湖堤路一体的垂直式护岸(中国上海)

|78| 颐和园昆明湖直立砌石挡土墙与石桥围合的水面(中国北京)　|79| 昆明湖北岸万寿山下的巨石砌筑的挡土墙(中国北京)

|80| 皇家园林湖边的中国传统的砌石挡土墙垂直式护岸　|81| 图79巨石挡土墙与石雕栏

150

垂直护岸·实例 4

82 皇家园林集石堤、石栏和岸边路于一体的亲水护岸，呈现出传统园林厚重的气韵（中国北京）

83 颐和园石舫规则水面两侧的巨石挡土墙垂直式护岸（中国北京）

84 颐和园后溪河苏州街中的巨石挡土墙垂直式护岸（中国北京）

85 北海太液池湖北岸的垂直式护岸与护栏（中国北京）

86 太液池集石堤、护栏和岸边路于一体的边岸景观（中国北京）

87 图86中的护岸与水边景观

151

4 垂直护岸·实例

88 城市景观河的叠石护岸（中国上海）

89 山石与植物组合的护岸（中国上海）

90 叠石护岸中隐蔽得很好的泄水闸（中国上海）

91 城市河溪中的叠石护岸（中国上海）

92 图 **88** 砌筑在挡土墙结构体上的叠石护岸局部

93 园林景观河的山石护岸（中国上海）

94 景观湖中的山石护岸（中国上海）

垂直护岸·实例 4

95 风景区河溪两侧的山石护岸（中国上海）

96 图 95 中的河段护岸

97 图 95 的山石护岸局部

98 泄洪河道的叠石护岸（中国上海）

99 城市大型湖边的叠石护岸（中国江苏）

100 图 99 湖边叠筑在重力挡土墙上的叠石护岸

101 图 99 的叠石护岸局部

153

4 垂直护岸·实例

|102| 城市人工湖与草坡护岸结合的叠石护岸（中国江苏）

|103| 图 102 中的一段护岸

|104| 图 102 的叠石局部

|105| 图 102 护岸转折局部

|106| 图 102 局部

|107| 从图中可看出叠石护岸具有较好的抗冲刷性

|108| 图 102 的局部叠石

|109| 城市景观湖与斜坡植物护岸结合的叠石（中国江苏）

|110| 图 109 中的一段护岸

垂直护岸·实例 4

111 图109植物草坡与叠石护岸局部

112 图109中的一段护岸

113 园林景观湖边垂柳拂煦下的叠石护岸(中国江苏)

114 图113中的一段护岸

115 与草坡岸边环境融为一体的湖畔叠石(中国江苏)

116 图115叠石护岸局部

4 垂直护岸·实例

117 图 **115** 护岸局部

118 密林溪流中的叠石护岸（中国浙江）

119 阶梯堤岸护底的叠石（中国江苏）

120 设计在常水位的叠石护岸（中国江苏）

121 江南园林水系中的叠石护岸（中国上海）

122 城市景观湖的黄石护岸（中国江苏）

123 图 **122** 一段护岸和景观

124 设计在常水位状态的石层既能防冲刷，又具有极好的亲水性（中国江苏）

125 图 **124** 的护岸局部

垂直护岸·实例 4

126 与草坡结合的湖边黄石护岸（中国江苏） 　　　**127** 水位与边岸接近的亲水黄石护岸（中国江苏）

128 与水边浮水植物护岸结合的黄石护岸（中国江苏） 　　　**129** 图 **128** 的一段护岸

130 图 **128** 护岸局部 　　　**131** 景观河溪中的黄石护岸 　　　**132** 图 **131** 的护岸局部

157

4 垂直护岸·实例

133 城市景观河岸的黄石护岸（中国江苏）

134 图 **133** 的护岸俯视效果

135 砌筑在挡土墙结构上的黄石层局部

136 图 **135** 的一段护岸效果

137 图 **136** 的护岸局部

138 图 **135** 的一段护岸

139 正在施工的黄石护岸

140 图 **135** 的一段护岸，既能抗冲蚀，又能固土护坡

一、形式与特点

如果说垂直式护岸的本质是直立的挡土墙的话，那么，铺砌护岸就是一种斜坡覆盖层。通常将铺砌结构体，包括护面层和垫层，修筑在斜坡边岸上，以保护和稳定其表面，从而抵抗水流和浪波引起的冲蚀，见图1和图2。

铺砌护岸的类型主要包括砌石护岸、胶脂浆砌块石护岸、预制混凝土块护岸、现浇混凝土板和整体结构及石笼沉排等。

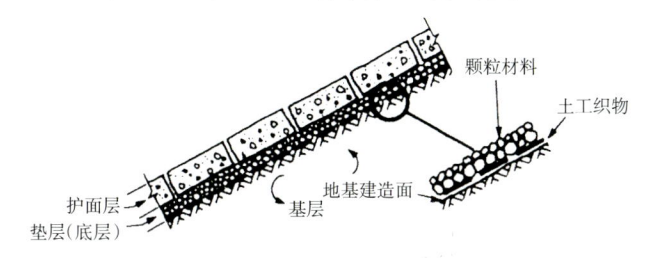

1 典型护岸的组成

2 城市河道的砌石铺砌护岸

二、构造与组成

从图1的铺砌护岸的典型断面中可以看出，铺砌护岸是由护面层和垫层构成。其护岸性能虽主要取决于基土的特性，但也与岸顶、坡脚和边缘结构及施工的效果关系密切。

铺砌护岸和护坡工程一般也能适应地面排水和地下水运动，运用河道护岸时也能满足下游边岸中基土的排水需要。一般来说，铺砌护岸不能有效改善河流边岸的土体稳定，除非它能够作为复合护岸结构的一部分。

图2为发源于阿尔卑斯山的罗伊斯河流经卢塞恩古城一段河道中的铺砌护岸及边岸环境。

铺砌护岸及护坡工程的构造与组成、水力特性、防护范围及调整见表1。

铺砌护岸的构造与组成　　　表1

名称	分项名称	内容及说明
护面层		护面层(或称为覆盖层)用于防止水流的直接冲刷力、波浪作用或其他外部影响。它同时向基土层施加一个正的法向应力，促使基土层稳定，防止浅层滑塌。 在水流的波浪作用下，影响护面层性能的两个关键工程特性如下： (1) 渗透性——它决定了垫层和基土受外部水运动和压力(由水流和波浪产生的)影响的程度。 (2) 柔性——它使护面层能适应因沉陷而产生的较小的变形、下游材料的损失和流动，因此能维持铺砌护岸复合物的完整性和统一性
垫层	垫层的组成	垫层(底层)包括护面层和基土层之间的所有材料，可能是一种颗粒材料，可能是一种土工织物，也可能是混合材料。一般选择多种组成材料，以具有以下所述的一个或几个功能。因此，设计过程中的一个基本步骤是正确确定底层具有预计的特殊功能。 虽然，有时铺砌护岸在极端荷载条件下由于护面层的破坏而损坏，但大多数铺砌护岸的破坏是由于垫层的破坏——通常是因为垫层内水力的累加作用(与突发作用有别)，并且，在设计中未对这些力采取可靠的措施
	垫层的功能	垫层具有的功能如下： (1) 用作过滤层，防止由于水流进基土和从基土中流出，而引起基土层的移动。 (2) 提供一层与铺砌护岸边坡平行的排水层，以有利于垫层和基土的排水。 (3) 保护基土层，以免水流在其表面(平行于铺砌护岸边坡)产生冲刷。 (4) 调整凹凸不平的基土层表面，为铺砌工程提供一个平坦的地基。 (5) 将护面层和垫层的其他部分与基土分隔开来。 (6) 在护面层流失情况下，提供第二层保护。 (7) 消除由于水流和波浪作用所引起的垫层中内部的水流能量(通常此功能仅用于遭受高速水流和波浪冲击的护岸工程中)
水力特性	相对渗透性的影响	复合铺砌护岸在波浪或水流外部作用下的性能，或者在适应地下水流动方面的性能，主要取决于作用于铺砌护岸各部分上的水力。当水流流进和流出边岸时，与护面层和垫层垂直方向的水头损失主要取决于各部分的相对渗透率。表4所示为，在邻近边岸处，水位高的地下水流入河道时，护面层、垫层和基土中高、低渗透率不同组合的影响

5 铺砌护岸与护坡工程·概述

续表

名称	分项名称	内容及说明
水力特性	相对渗透性的影响	在这类稳定水力条件下，由于地下水流动，作用在护面层或垫层上的最大荷载发生于水力坡度最大的地方，即分别为表4中第6和8项的情况。表4中的概念性图，能帮助工程人员目测临界设计条件。类似的概念也适用于不稳定水流条件；在波浪和水流作用下，相对渗透率对铺砌护岸稳定性的影响将在第5部分论述
	循环/稳定条件	由于波浪作用，在透水的铺砌护岸内形成的水流条件具有循环性，也就是说，随时间而换向。由于循环水流对建立有效的反滤层会提出更麻烦的条件，所以在考虑垫层设计时，区别是循环水流还是稳定水流(单向水流)是很重要的。因河流或排水道中在数小时内水位的逐渐涨落而引起的不稳定水流条件，不能视为循环水流。循环水流和稳定水流之间的区别不易明确划定，在不超过1小时的周期内，出现的换向水流条件应认为是循环水流。应当注意，在短周期的波浪作用下，因为在这一周期时间内仅是有限制的水流流动，所以，一相对不透水的护面层(表4中的第4项)会有效地限制垫层和基土内循环水流条件的发展范围。然而，如果基土是不透水的，则同样的护面层不能限制长时期的稳定排水或通过边岸的地下水流动
	紊动性	在河渠中的水流条件可能是紊动的(例如堰坝的下流)。紊动流速在水流各个方向上是变化不定的。强紊动会引起护面层横向(垂直于护面)压力的变化，从而影响透水铺砌护岸的稳定性
	保护的范围及调整	护面层垂直方向的范围取决于水位变动范围、水力荷载的分布和保护的功用等。然而，通常为方便施工，从岸顶至坡趾，护面层和底层结构均保持同一类型和尺寸。还要经常考虑到，任何规格的保护就其使用功能来说都应是经济合理的。例如，防止波浪作用的护岸结构，在波浪爬升和下落区，要有重实护面层和相当厚的垫层，高于和低于此区域采用轻型的护岸结构即可。在常有波浪和水流冲击的区域以上，上部护面层一般种植植被，以在现有的天然植被边缘提供一个有效的过渡带

三、护岸面层的类型

铺砌护岸的几种面层结构类型见表2。

铺砌护岸的类型　　表2

项次	分类名称	主要内容
1	石料类	(1) 抛石或块石护面层，偶而进行灌浆。 (2) 人工砌石。 (3) 圬工，偶而也进行修饰。 (4) 石笼或金属网沉排
2	混凝土类	(1) 预浇混凝土块体，开缝或是经灌浆咬合块体。 (2) 钢丝绳捆固或是土工织物连接的混凝土块体。 (3) 现浇混凝土板和整体式构筑物。 (4) 充装填料的纤维织物
3	土工织物	(1) 草被复合物——面层、织物和网格。 (2) 三维护岸面层和网格。 (3) 二维纤维织物
4	沥青	(1) 开孔碎石沥青填料土工织物面层。 (2) 稀松或致密碎石沥青

四、设计步骤和方法

铺砌护岸和护坡工程的设计步骤、方法和基土承载能力设计见表3。

铺砌护岸和护坡的设计步骤和方法　　表3

项目名称	主要内容
设计步骤和方法	铺砌护岸的设计一般按以下步骤进行： (1) 确定设计条件(设计荷载、保护功能)。 (2) 铺砌护岸类型的初步选择。 (3) 岸坡土工稳定性评价。 (4) 基土承载能力的检验。 (5) 护面层的设计。 (6) 垫层的设计。 (7) 岸顶、坡趾和边缘细部设计。 步骤(2)~(6)可能要反复进行
基土承载能力设计	必须考虑基土变形的影响，特别是抗滑动破坏或水力冲蚀的稳定性，原因有二：①局部承载能力的丧失；②长期的岸坡固结，基土层产生不允许的变形。在我国，大多数河渠边岸的基土都能承受均匀分布的铺砌护岸重量。然而，有些细的粉砂土和有机土(特别是泥炭土)承载能力低，在护面层的重力作用下，会发生不允许的沉陷。除非护面层是柔性的或能变形，否则下游基土的固结会使建造面产生不均匀的沉陷，从而使护面层产生局部的空隙或减小侧限压力。如果地基土太软弱，则可以设计成刚性铺砌护岸，用支承在顶梁和底梁上的梁板结构横跨土层之上

五、铺砌护岸的渗透率和水力坡降

铺砌护岸的渗透率和水力坡降通常是在地下水排水条件稳定的情况下取得的，特别是铺砌护岸和基土的相对渗透率对水边坡降的影响。在稳定的地下水排水条件下，铺砌护岸和基土的相对渗透率对水力坡降的影响见表4。

在稳定的地下水排水条件下，铺砌护岸和基土的相对渗透率对水力坡降的影响　　表 4

项次	渗透率 护面层	渗透率 垫层	渗透率 基土	在边岸/铺砌护岸中的水力坡降
1	高	高	高	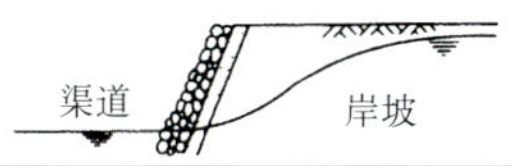
2	高	高	低	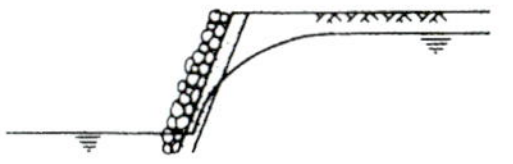
3	高	低	低	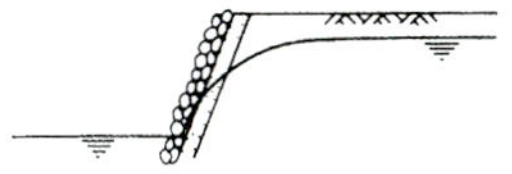
4	低	低	低	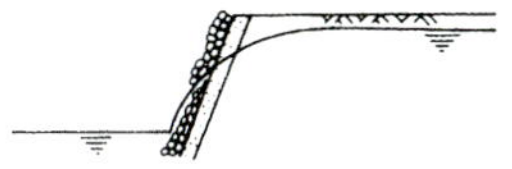
5	低	低	高	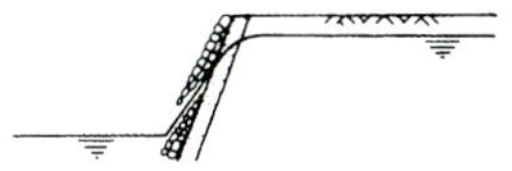
6	低	高	高	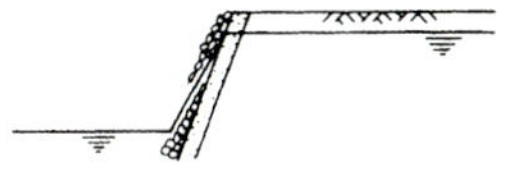
7	低	高	低	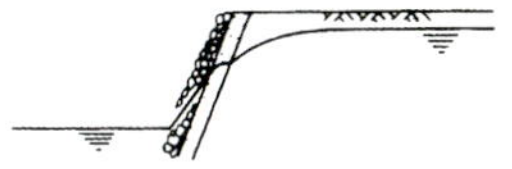
8	高	低	高	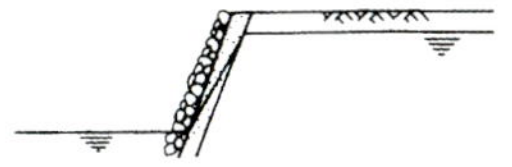

不稳定的地下水排水条件下的铺砌护岸见图3和图4。稳定的地下水排水条件下的铺砌护岸见图5和图6。

4 不稳定的地下水排水加上冲刷导致铺砌护岸和基土严重失稳

在稳定的地下水排水条件下，铺砌护岸面层的相对渗透率越高，则对垫层和基土的要求越大；如果护面层透水性加大，而垫层的厚度或透水性降低，砌块保护层的稳定性将加强，对水力坡降的影响会处在预期的安全范围内。

5 铺砌护岸的保护层、垫层和基土的相对渗透率均处在较好的数值内

3 不稳定的地下水排水对护岸和基土影响较大

6 图5的砌石护岸局部

5 铺砌护岸与护坡工程·护岸结构和稳定性设计

一、护面层的稳定性设计

铺砌护岸与护坡工程的稳定性设计见表1。

铺砌护岸与护坡工程的稳定性设计 表1

项次	名称	内容及说明
1	稳定性与可靠性	护岸的稳定性设计是护岸重要的设计内容,是决定护岸安全的重要因素,也是衡量护岸可靠性的主要标志之一。这些对铺砌的斜坡护岸尤其重要
2	由波浪和水流作用产生的荷载	由于波浪和水流而作用在护面层的水动力,起因于护面层各组元周围的水流场与各组元的相互作用。 如果护面层是不透水的,则流场是一个大的外部流场。在这种情况下,护面层必须承受由于波浪作用产生的冲击力、由于紊流产生的压力脉动、由于波浪上冲和下跌或水流产生的表面曳引力,见图1 a和图3。 如果护岸是有些透水的(例如在单一粒径垫层上的抛石),则水流流场延伸到护岸体内,见图1 b。虽然为在护岸体内消能提供了可能性,但这将对垫层提出更加苛刻的设计要求,并对护面层的稳定带来不利影响。因此,铺砌护岸各个部分中的水力过程在其对整个铺砌护岸的稳定影响方面是相互作用的过程。 流场的数值模型可以预测出受波浪作用的预制块砌护面层上的扬压力。模型结果表明:如果护面层的透水性增加,或是垫层的厚度或透水性降低,砌块保护层的稳定性将增强。如果上层的渗透率比底层至少高一个数量级,则扬压力最小。 作用于护面层各组元的水动力也受处于流场中各组元的形态和表面糙率的影响(图2)。对于比较光滑的铺砌护岸,例如砌石护岸和混凝土块砌体护岸,当各组元与铺砌护岸整个表面局部不成线性排列时,则作用于其上的升力和曳引力明显大于严格成线性排列的各组元。这些附加力是由于局部水流的滞止和分离作用产生的。非线性可能是由于原来的施工质量差造成的,但更多的是由于垫层或基土位移,或是植被破坏,或是人为破坏而产生的
3	设计方法	确定护岸尺寸的解析模型还未能发展到足以用于整体设计。因此,通常的设计是依据实验室研究和现场实践得出的经验关系与对工程的判断。对防止波浪和水流冲击的护岸,确定护面层尺寸的现有规范已在涉及具体护岸类型的各章中给出。当存在不正常的或极端的荷载条件时,应该征询专家的建议或采用合适的保守设计
4	影响稳定的因素	由于波浪作用、水流流动、基土排水、地下水流动而产生水力荷载,承受这些荷载的护面层的稳定性取决于以下几个或所有因素: (1)护面层各组元的重量和尺寸;或是连续护面的单位面积重量。 (2)由垫层和基土提供的承载能力。 (3)护面层各组元之间的摩擦力,以及护面层和垫层或基土层之间的摩擦力。 (4)铺砌护岸面的压力

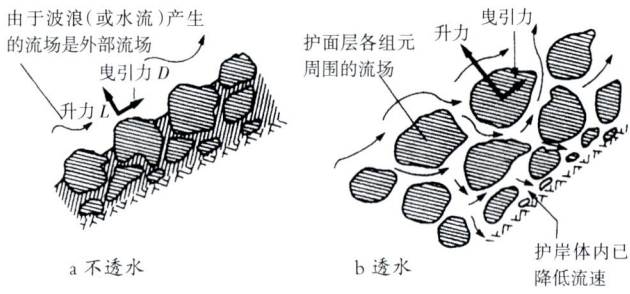

1 护面层的透水性对作用于铺砌护岸上水动力的影响
a 不透水 b 透水

2 护面层形态对铺砌护岸水动力的影响
a 表面曳引力 b 表面曳引力加上局部形态曳引力

3 与图1 a构造相同的、由混凝土块和卵石混铺的护面层

续表

项次	名称	内容及说明
4	影响稳定的因素	(5)铺砌护岸的坡度。 (6)护面层各组元之间的咬合、灌浆和锚索。 (7)护面层各组元与基土之间的锚固力和机械抗剪切力。 这类组合的实验数据都是不多的。应该注意的是:以上许多因素,与护面层单个组元和邻近组元或垫层材料之间的相互联结型式有关。这就增强了护面层块体抵抗高强度局部荷载的效果。 当在垫层使用土工织物时,尤其对于陡岸坡,必须仔细考虑如何避免因滑动而引起的护面破坏。在静水条件下,没有任何附加约束时,抗滑稳定的初步估算可按下式进行: $$\tan\alpha \leq \mu \quad (5.1)$$ 式中 α——边岸坡角; μ——护面层/垫层与土工织物之间的摩擦系数。 上式也可用于摩擦阻力低的护面层或基土

二、垫层设计

1. 垫层的功能 在护岸设计和工程实践中，经常可以看到铺砌护岸和护坡工程在完工投入使用一段时间后，其面层会出现不同程度的松动、脱落。这种现象常被误认为是面层铺砌质量问题造成的。其实，很多这类面层遭破坏的情况多是由于垫层的构造和性能不稳定造成的，并不是因为护面层的直接破坏引起的，见图 4 。由此可见，垫层在确保铺砌护岸质量和护岸可靠性中发挥着重要作用。

2. 垫层材料的作用和特性 用作垫层的材料主要是土工织物和颗粒材料。虽然土工织物目前较多用于反滤防冲蚀和分隔，但粗糙材料更广泛用于整平、能量消耗和二次保护。在某些护岸环境和特定用途中，将土工织物和颗粒材料混合使用会收到更好的效果。用作垫层的土工织物和颗粒材料的不同特性和作用见表 2。

用作垫层的土工织物和颗粒材料的特性　　表 2

材料名称	主要优点	主要缺点
土工织物	(1) 费用低。 (2) 具有平面张拉强度。 (3) 厚度小	(1) 长期特性不明确。 (2) 边缘需要仔细保护。 (3) 易损坏，难维修。 (4) 为了适应沉陷和不均匀的结构，需要仔细设计和铺设
颗粒材料	(1) 在有些环境中可自我修复。 (2) 一般是经久耐用的。 (3) 可变形，上下面可保持良好的接触。 (4) 较易维修	(1) 为了获得规定的级配和厚度需要严格控制。 (2) 在陡坡中难以压实。 (3) 在水下施工质量难以控制

图 4　垫层结构不合理和施工质量不稳定造成的护面层塌陷和脱落

3. 垫层构造及技术设计

垫层的构造及技术设计　　表 3

项目名称	分项名称	主要内容
反滤层设计	设计准则	反滤层的功能是阻止基底材料（常称为基土）移动，而允许水流通过反滤层——基面的边界，但其水头损失在可接受的范围内。根据经验已编制的许多不同的反滤层设计准则，与以下因素有关：①土壤持水性；②渗透性。在循环水流的条件下建立有效反滤层的要求比在稳定水流条件下要复杂得多，参见本章"概述"中的表 1"水力特性"
	土工织物反滤层	目前对土工织物反滤层物理过程的了解还不够充分。反滤层的作用取决于基土的特性，值得注意以下方面： (1) 特征粒径尺寸 D_{nb}，一般用小于此筛号颗粒材料的重量 $n\%$ 表示。 (2) 均匀性，一般用均匀系数表示（$U = D_{60}/D_{10}$）。 (3) 土壤是密实的还是疏松的。 (4) 土壤是粘结的还是非粘结的。 (5) 在水流流向上土的渗透率 k_b。 对于土工织物主要是： (1) 特征孔洞尺寸，一般用孔隙尺寸 O_n 表示，O_n 是小于此孔隙的孔隙 $n\%$。 (2) 土工织物的类型，是编织的还是非编织的。 (3) 渗透率，可以用绝对透水率 ψ 表示（绝对透水率可由一固定水头渗透试验测得，它表示通过土工织物单位面积水头的水流流量。渗透系数等于规定织物的厚度乘以绝对透水率）。 以下给出的反滤层设计准则包括了主要的原则，但不能提供一个综合的评价。设计人员还应该查阅其他的参考文献和厂家的原始资料。反滤层的特性常由织物类型、孔洞尺寸和渗透率来说明。 在稳定流条件下，土壤持水性如下： $$O_{90} < \lambda D_{90b} \qquad (5.2)$$ 式中，λ 值的范围为 1.0～2.0，取决于土壤密度和均匀性。均匀系数大于 5 的土壤可视为具有较好的自我过滤特性。建议最小孔洞尺寸的下限为 $50\mu m (0.05mm)$。推荐最大孔洞尺寸不超过 0.3～0.5mm。 在循环水流条件下，在土的边界上形成了一层自然反滤层时（即相对于细粒材料，粗粒材料成了一层反滤层），这种土的持水性如下： $$O_{98} < D_{85b} \qquad (5.3)$$ 在循环水流条件下，当土由两种不同粒径尺寸的组分组成时，相对于细粒材料，粗粒材料不能构成反滤层，土的持水性如下： $$O_{98} < D_{15b} \qquad (5.4)$$ 循环水流条件的这些准则反映了反复出现的水流换向的累积影响，如果循环条件只是偶尔发生，则这些准则可以放宽

5 铺砌护岸与护坡工程·护岸结构和稳定性设计

续表

项目名称	分项名称	主要内容
反滤层设计	土工织物反滤层	对于土工织物的渗透率,设计时必须考虑到使用中的人造织物,由于网孔闭合或堵塞,其渗透率会减小。关于土工织物渗透率既可作出规定,使其保持等于或大于基土的渗透率k_b,也可设计成确保通过土工织物的水头损失限制在允许值内。 英国水利学家黑尔腾和威特曼给出了一个经验模型,用以评价闭合/堵塞时渗透率的折算系数η,该系数可用于计算人造织物渗透率k_g: (1)对于非织纤维结构(针刺孔的,或厚度超过2mm的): $$\eta = 0.02$$ (2)对于编织成的纤维结构,折算系数取决于编造土工织物本身的渗透率和土的颗粒尺寸D_{10b},见图5。此准则也适用于薄的非织纤维结构。 当估算出折算系数后,就可以将使用中的土工织物的渗透率与基土的渗透率进行比较。下式是一种估算土工织物的绝对透水率的方法。假定通过邻近土工织物的土的流量等于通过土工织物的流量: $$\eta \psi \triangle H = k_b i \quad (5.5)$$ 式中 $\triangle H$——通过土工织物的水头损失; i——土的水力坡度。 在没有现场具体数值或计算值时,可用下式: $$\psi > 5 \times 10^4 k_b \quad (5.6)$$ 并取下限值$i=10$时,$\triangle H = 0.1m, \eta = 0.002$。
	颗粒反滤层	按颗粒尺寸来规定颗粒反滤层,如果有必要,层数可多于1层,以获得所需的反滤层特性。应注意的是,当反滤层也用于传输平行于铺砌护岸斜坡内部水流时,有必要检查反滤层的均匀性,以确保细粒材料不会发生内部迁移。 对于相对均匀级配的土(即均匀系数$U<5$): $$D_{50f} < (3\sim5D)_{50b} \quad (5.7)$$ 式中的下标f与反滤层有关。 对于良好级配的基土(即$U>10$): $$D_{15f} < (3\sim5D)_{85b} \quad (5.8)$$ 但为了减小离散性,这两条级配曲线不要分离太远,因此: $$D_{50f} > 25D_{50b} \quad (5.9)$$ 在式(5.7)和式(5.8)中,低的系数3与强的循环水流条件有关,高的系数5与稳定水流条件有关。在任何情况下,反滤层的级配曲线都应近似平行于基土的级配曲线。 基土和反滤层的渗透率取决于小颗粒径。反滤层的渗透率实质上比基土的透水性更大: $$D_{15f} > 5D_{15b} \quad (5.10)$$ 为了防止阻塞,细反滤层颗粒的最小粒径D_{5f}应大于$75\mu m (0.075 mm)$

续表

项目名称	分项名称	主要内容
	排水	通常用粗粒状材料作为铺砌护岸下的垫层,以利平面排水,尤其是在由波浪作用引起的水流流动时。具有很高平面渗透率的复合土工织物排水层可以适应小的排水水流。通常的作法是一层粒状排水材料和一层土工织物组合成一层复合垫层。 对于粒状材料排水,为防止排水系统内细粒材料的迁移而确保其内部稳定性: $$D_{60f} \leq 10D_{10f} \quad (5.11)$$ 对于仅遭受轻微波浪作用的铺砌护岸,上述规定可以放宽。 排水的水力容量必须在允许的水头损失下足以输送估计的最大排水流量,而且,这个要求可以决定粒状排水层的厚度。设计人员必须保证在铺砌护岸下的任何排水系统与外部河渠之间有明确的水力连接,例如,在护面层中设置排水孔和开口接缝
	防冲蚀保护	如果护面层下的水流平行(而不是垂直)于岸坡,关于地基土冲蚀问题,或是护面层内流速必须低于基土冲蚀的临界值,或是必须用一层防冲垫层——常是一层土工织物保护基土。对于用作防冲的土工织物的土壤持水量准则(即无冲蚀),不如土工织物反滤层的土壤持水量的准则严格。
	分隔层和调节层	在抛石护面层中或当基土承载能力低时,有必要使用一层土工织物作为分隔层,以避免护岸材料丢失或刺入基土中。 为了使铺砌层置于一个平整的表面上,可紧靠基土设一调节层。通常的作法是将抛石置于小粒径材料的调节层上,以避免过大的点荷载作用于垫层材料上
	基土的下坡移动	由于外部的波浪作用或水位消落,在基土中发生的瞬时水力坡度会长期引起紧靠铺砌层下的基土颗粒的下坡移动。对下坡移动敏感的土,例如粉砂土、沙质粉砂土和细砂,都具有细级配并且粘结度低。下坡移动会引起岸坡剖面"S"形状的变形,最终导致铺砌护岸失去支承能力而失稳。 以小于0.06mm的颗粒的比例来鉴别对下坡移动敏感的土,并且至少满足下列条件之一: (1)不均匀系数$U<15$。 (2)50%或50%以上的颗粒径范围为$0.02\sim0.1mm$。 (3)塑性指数小于0.15。 阻止下坡移动的方法如下: (1)在土工织物和护面层间,加入一层粒状辅助层,最小厚度100mm,以减小水力坡降。表面连成整体并对其施加约束作用。 如果基土发生了极限下坡移动,并且铺砌护岸的柔性不足以与基土保持接触,则基土很快地进一步流失,并引起早期破坏。因此,垫层中的任何土工织物应具有较低的伸长模量

铺砌护岸与护坡工程·护岸结构和稳定性设计

续表

项目名称	分项名称	主要内容
结构方面		应注意以下几点： （1）对于岸坡开挖和岸坡基面整治，其岸线和高程的容许偏差在某种程度上取决于所采用的结构形式。在用土工织物作反滤层或防冲的地方，必须有一平整的基面，土工织物和基土之间必须有良好的接触。 （2）土工织物应根据水流流动或波动冲击的主导方向来铺设，见图 6。 （3）相邻土工织物的接缝应重叠或是交替地缝合或粘结。土工织物铺设后，用定位销钉或镇重物固定重叠接缝。 （4）为适应施工荷载，应合理规定土工织物的特性，例如，抛石护岸。如果有必要，应规定施工程序。 （5）粒状材料，若层厚小于 75mm，一般是不能有效地铺设。任何粒状材料的最小层厚通常是最大粒径尺寸的 2~3 倍。凡有可能，粗粒材料必须压实以减小后期施工固结，否则局部固结和位移的影响必须在设计的允许范围之内。 （6）如果要避免粗粒和细粒的分离，不能用抛填法铺设粒状材料。 （7）任何层的厚度都应与设于其上的材料保持一致。当块石设置于粒状垫层之上时，垫层厚度不应超过上覆材料标称尺寸（D_{50}）的一半
注意事项		应注意的是：复合铺砌护岸的效能取决于垫层与邻近的基土和护面层间所保持的良好接触。因此，垫层的设计必须从实际出发，重视施工方面的限制以及施工后基土的固结。为了调节基土可能产生的局部位移，可使用一种能拉伸和变形的低模量土工织物。通常认为使用非编织纤维织物效果会更好。 应注意的是，依据设计条件，垫层中的水流在三个独立方向中任何一个方向均有分量： （1）沿铺砌护岸，以渠道定线的方向。 （2）沿铺砌护岸岸坡，以上下方向。 （3）与岸坡垂直，以进出岸坡方向
土工织物技术要求		设计者应该确保土工织物具有以下功能特性： （1）工程功能（例如过滤）。 （2）施工时的耐用性。 （3）在使用期间的长期耐久性。 要求或规定的特性包括以下方面： （1）每单位面积的质量。 （2）标称的厚度。 （3）渗透率或导水系数（有特殊的基料时）。 （4）开孔尺寸。 （5）摩擦系数（对特定的材料）

续表

项目名称	分项名称	主要内容
土工织物技术要求		（6）机械特性。 1）抗拉强度。 2）抗撕裂强度。 3）抗刺破强度。 （7）防紫外线腐蚀能力。 （8）持水性或湿度（防冲/植物培植）。 （9）在特殊条件下的抗力（例如化学）。 （10）模量（伸长率）。 对于每一种供应的土工织物，必须有列出标准的鉴定数据的鉴定表

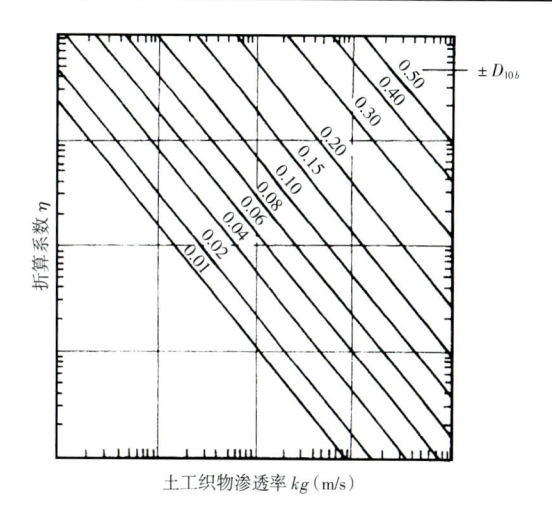

图 5 编织成的土工织物的渗透率折算系数 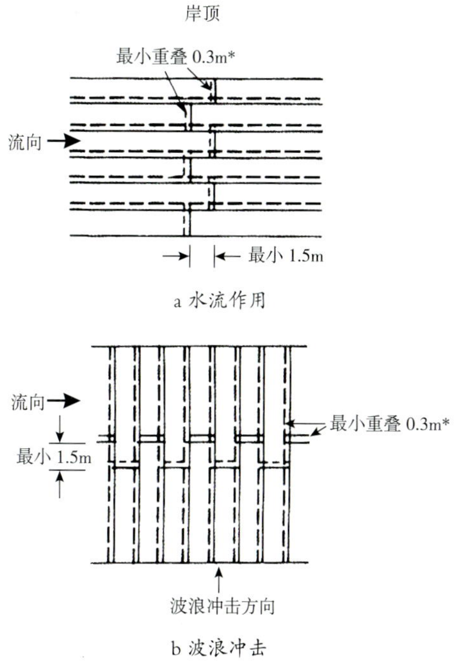
（纵轴：折算系数 η；横轴：土工织物渗透率 $kg/(m\cdot s)$；曲线标注：$\pm D_{10b}$，0.50，0.40，0.30，0.20，0.15，0.10，0.08，0.06，0.04，0.02，0.01）

图 6 护岸工程中土工织物的铺设
a 水流作用（岸顶，最小重叠 0.3m*，流向，最小 1.5m）
b 波浪冲击（流向，最小 1.5m，最小重叠 0.3m*，波浪冲击方向）
* 如果铺设在水下为 0.9m

一、砌石类型与特点

砌石护坡,无论是干砌石还是浆砌石,几乎都是完全由人工铺设施工,又被称为典型的人工护岸形式。砌石护坡按材料不同可分为规则块石铺砌、不规则块石铺砌和卵石铺砌护岸等类型,见图 1 和图 2。按垫层和粘结层构造不同,又可分为干砌石、浆砌石和半浆砌石三种类型。

砌石护坡属传统的护岸工法,也是最为古老悠久的护岸形式,具有取材方便、易施工、可靠性好和经久耐用的特点,沿袭几千年至今仍在使用。但砌石护坡的缺点也是显而易见的,比如铺砌施工造价较高,特别是规则块石的施工造价更高,而且其铺设的劳动强度较大。

1 采用规则块石和浆砌法的砌石护坡

2 以不规则随形自然形式和砂浆勾缝法铺砌的护岸

二、材料

1. 材料质量要求　砌石护岸所用材料的质量要求见表1。

砌石材料的质量要求　　表1

名称	主要内容
基本要求	施工材料系以就地取材为主,材料的规格受现场实际可运用状况而异,因此本节材料质量要求为一般性要求,施工单位可依现场材料调查报告拟定施工计划,并经设计人和工程监理同意后方可施工
材质要求	(1)石料包括天然卵石、不规则形状块石等,须质地坚硬,无明显风化,无裂缝、页岩夹层及其他结构上之缺点,并经工程审验合格。 (2)选用经自然琢磨形成、无裂痕而坚实的石料,其长径应为横径之1.2~1.8倍,厚度应为横径之1/2以上,如无特别注明,石材的大小即以长径为代表,石材大小分类参见表2

2. 品种与规格　砌石材料品种与规格见表2。

砌石材料常用品种与规格　　表2

石材	长径尺度	用途
卵石	15cm 以下	基础、坡面铺石
块石	15cm ≤ ψ ≤ 40cm	坡面干砌石、混凝土砌石
大块石	41cm ≤ ψ ≤ 80cm	坡面铺石、基础填石
巨石	80cm 以上	坡面铺石、基础填石

3. 块石设计尺寸的许可公差　砌石所用块石尺寸的许可公差见表3。

块石尺寸的许可公差　　表3

块石设计尺度(cm)	尺度许可差范围	备注
30	30~38cm 者70%以上; 29~22cm 者30%以下	上项超过或不足规定尺度之百分数系指单项之最大限度,并非指级配而言
25	25~32cm 者70%以上; 24~18cm 者30%以下	
20	20~25cm 者70%以上; 19~15cm 者30%以下	

4. 填充小石的用量规定 砌石铺贴施工中每平方砌石所填充小石的用量规定见表4。

填充小石的用量　　　　　　　　　　表4

项目	尺寸及指标		
设计块石尺寸(cm)	30	25	20
填充小石用量(m³)	0.07	0.063	0.03

5. 卵石尺寸要求 铺砌用卵石的尺寸要求见表5。

卵石尺寸要求　　　　　　　　　　表5

砌卵石厚度(cm)	卵石尺寸(cm)		
	长度(长径)	宽度(横径)	厚度(纵径)
20	25～17	14～10	7～5
25	30～25	20～13	10～7
30	35～22	24～15	12～8
35	40～32	28～18	14～9

三、块石铺砌护岸的设计要点及适用范围

块石铺砌护岸的设计功能、设计要点、适用范围与注意事项等见表6。

块石铺砌护岸的设计功能、设计要点、适用范围与注意事项　　　　表6

项次	项目名称	主要内容	说　明
1	基本功能	（1）固土护坡。 （2）保护、稳定湖岸河床。 （3）使河湖边岸形态规整统一	
2	生态功能	（1）干砌石铺砌护岸表面多孔隙与粗糙，可使蕨类和原生植物附着生长。 （2）干砌石多孔隙的物理结构能够为生物提供多样性的栖息环境。 （3）干砌石铺砌护岸能够避免混凝土和浆砌护岸的隔绝现象，使水体与边岸土壤相互通透和交流	半浆砌石铺砌护岸的生态功能与干砌石相比稍差，而浆砌石铺砌护岸的生态功能几乎丧失
3	适用范围	（1）适用于一般流速和冲蚀作用的河道护岸。 （2）避免在易发泥石流河溪的曲线河段使用	
4	设计要点	（1）底层须铺设碎石级配，以免砌石体发生不均匀沉降。 （2）边岸坡度较大或铺砌体较高，应做好护脚和底层设计。 （3）护岸底部承载力应足以支撑结构体。 （4）有效控制铺砌体的总高度。 （5）要由有资质的专业施工队伍进行施工	
5	注意事项	（1）铺砌体没入水中或土中深度不应少于1m，避免水浪冲刷引起的岸底淘空现象。 （2）无论是规则式铺砌或不规则自然式铺砌，单粒块石的直径应符合设计要求。 （3）坡度较缓的铺砌护岸底脚部无条形基础，因而护岸垫层应能起到一定的基础支撑作用。 （4）河床及边岸地质结构应足以承载铺砌结构体，并能防止砌体大量沉陷	
6	建议	（1）干砌石或半浆砌石铺砌，可在块石间隙中引入蕨类或栽植耐湿性原生植物，以发挥生态护岸作用。 （2）可在铺砌体的岸脚底部进行抛石，既可固坡底又可实现边岸的蜿蜒水际线，增加生物栖息环境和繁殖空间	在砌石铺砌体中引种植物要根据环境和设计要求进行

四、构造与做法

1. 干砌石构造与做法

（1）干砌石铺砌构造　干砌石主要依靠垫层和干土灰的衬垫铺砌而不使用灰浆粘固，其构造见图 3 和图 4。铺砌实例见图 2。

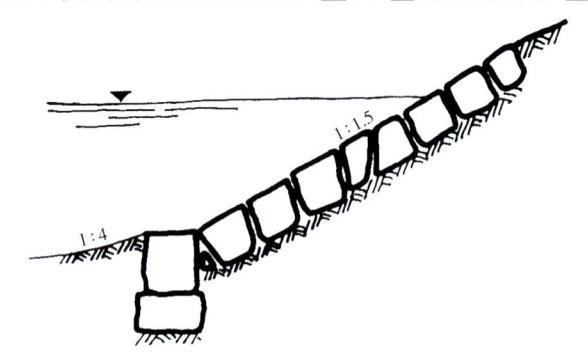

3 干砌石铺砌护岸构造一

4 干砌石铺砌护岸构造二（参见图 7）

（2）干砌石施工要求　干砌石施工在护坡、堤防、水闸和碾压土石坝的干砌石等工程中应用广泛，其施工要求见表 7。

护岸干砌石施工做法及要求　　　　　　表 7

项次	项目名称	施工要求
1	护坡、护底干砌石	（1）砌体缝口应砌紧，底部应垫稳、填实、严禁架空。 （2）不得使用翅口石和飞口石。 （3）宜采用立砌法，不得叠砌和浮塞，石料最小边厚度不宜小于 150mm。 （4）具有框格的干砌石工程，宜先修筑框格，然后砌筑。 （5）铺设大面积坡面的砂石层时，应自下而上铺设，并随砌石面的增高分段上升
2	碾压式土石坝的干砌石护坡	（1）护坡下之垫层材料应按反滤层铺筑规定施工。铺砌块石或其他面层时，不得破坏垫层。 （2）上游块石护坡的砌石应做到：认真挂线，自下而上，错缝竖砌，紧靠密实，塞垫稳固，大块封边，表面平整，注意美观
3	注意事项	当上游护坡采用砂浆勾缝时，必须注意预留排水孔

2. 浆砌石构造与做法

（1）浆砌石构造　浆砌石铺砌护岸所用石料主要有块石和卵石两大类，其构造见图 5 和图 6。铺砌实例见图 1 和图 8。

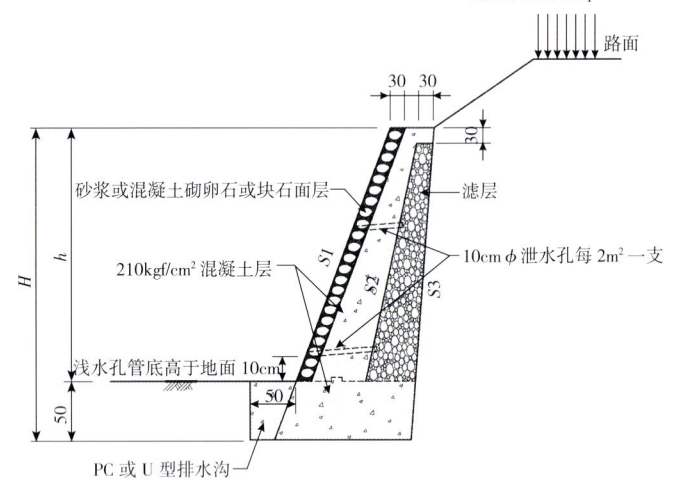

5 有载重构造

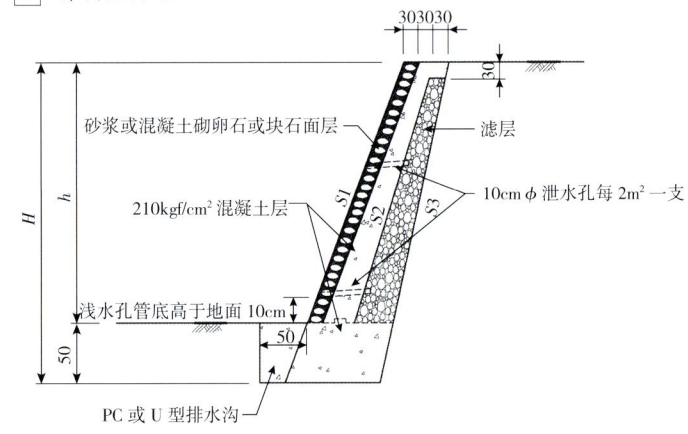

6 无载重构造

（2）设计说明

1）单位：除注明者外均为 cm。

2）本设计断面图，可用于一般土压不大或原护坡损坏之修复工程，其土质属非坍方或软土层。

3）护坡背面滤层若采用填砌石块或片石，施工时对此项填砌工作应特别注意，务必使大小石块嵌塞紧密为宜，且粒径应小于 15cm。

4）护坡 10cmϕ 曳水孔之配置每 2m² 设一支。

（3）浆砌石构造参数　浆砌石的构造参数见表 8。

浆砌石构造数值表　　　　　　表 8

荷重情形	高度 h（m）	各层坡度		
		S1	S2	S3
无载重时	0～2	1：0.3	1：0.3	1：0.3
有载重时	0～2	1：0.3	1：0.25	1：0.2

（4）浆砌石施工要求　浆砌石的施工要求见表9。

浆砌石的施工要求　　　　　　表9

项次	项目名称	施工要求
1	浆砌护坡、石墩、挡土墙	（1）砌筑应分层，各层砌筑均应坐浆，随铺浆随砌筑。 （2）每层依次砌角石、面石，然后砌腹石。 （3）块石砌筑，应选择较平整的大块石经修凿后用作面石，上下两层石块应骑缝，内外石块应交错搭接。 （4）料石砌筑，按一顺一丁或两顺一丁排列，砌缝应横平竖直，上下层竖缝错开距离不小于10cm，丁石的上下方不得有竖缝，粗料石的砌体缝宽可为2~3cm。 （5）砌体宜均衡上升，相邻段砌筑高差和每日砌筑高度，不宜超过1.2m
2	其他规定	（1）采用混凝土底板的浆砌石工程，在底板混凝土浇筑至面层时，宜在距砌体边线40cm的内部埋设露面块石，以增加混凝土底板与砌体间的结合强度。 （2）混凝土底板面应凿毛处理后方可砌筑。砌体间的结合面应刷洗干净，在湿润状态下砌筑。砌体层缝如间隔时间较长，可凿毛处理
3	注意事项	砌筑因故停顿，砂浆已超过初凝时间的，应待砂浆强度达到2.5MPa后方可继续施工；在继续施工前，应将原砌体表面的浮渣清除；砌筑时应避免振动下层砌体

7　与图4构造相同的叠筑式砌石铺砌的湖岸

8　与图5、图6构造相同的浆砌石河岸

五、常用的几种铺砌护岸及其施工做法

块石铺砌护岸的几种类型及其施工做法见表10。

几种铺砌护岸的施工做法　　　　表10

项目名称	分项名称	施工做法及说明
干砌石铺砌护岸	说明	与抛石护岸做法不同的是，干砌石铺砌完全是由人工铺设进行，而且所用块石又具有相对单一尺寸的特点，因而，干砌石又称为人工砌石，见图9。由此可见，干砌石虽具有平整美观、性能优良的特点，但劳动强度和造价比抛石要高许多
	施工做法	干砌石不同于抛石之处，在于其完全是人工铺设的，并且石块具有相对单一尺寸（图9）。它是最古老的护岸方式之一，虽然仍在使用，但显而易见，铺设的劳动强度大，并且造价较抛石昂贵。 通常砌石按单层铺放，构成一相对光滑的上表面。某种类型岩石的两个例子是肯蒂什粗砂岩和玄武岩，由于其天然的层理和构造，自身有利于铺砌。肯蒂什粗砂岩可自然地裂开成大致为立方体的形状，并且通常采用名义厚度225mm(9in)的单层。玄武岩自然地以八角形块体存在，用于铺砌十分有效。 通常砌石可直接置于建造面之上。当砌石成形后，所有的空隙用砾石填充，或是用楔形石块嵌入应有的位置。这样使得护面层各单元之间互相咬合，并且将很高的局部分散到较大面积上。如果砌石直接放在基土之上，接缝必须是紧密的，如果接缝内出现相当大的水流，基土会受到冲刷。铺砌，尤其是楔紧后，柔性较小，不适宜保护易于变形或移动的基土。需要对砌石进行定期的检查和维修，如果要避免累积破坏，任何一块石头出现移位，就必须立即修补。 对于一给定的名义石头尺寸D_{n50}，可以预计具有十分均匀尺寸的砌石比颗粒尺寸较宽且受摩擦角ϕ限定的堆石更稳定。作为一个近似规则，如果砌石是松疏的并且用手铺砌，在一给定的波浪冲击条件下，保持稳定所需的砌石名义尺寸估计约为堆石的85%。如果砌石被楔紧，并且是很好地铺砌的，则所需的名义尺寸可再减小15%。由于砌石有较光滑的表面，其水力糙率明显小于堆石，并且，最大波浪爬升高度会增加50%。 砌石不能在水下施工。如果下铺到河底高程，在围堰内施工或者是当河道干涸时，趾部必须用一合适的结构型式保护
	图示	9　干砌石铺砌护岸（一） a 铺砌做法 （采石场原石，人工铺设成光滑剖面，用较小的石块楔紧；延伸砌石或采用刚性护趾；必需时设底层；垫层；修整过的石块；底层呈锯齿状层）

5 铺砌护岸与护坡工程·块石铺砌护岸

续表

项目名称	分项名称	施工做法及说明
干砌石铺砌护岸	图示	b 干砌石护岸 c 修整规则的石块 d 不规则的石块 ⑨ 干砌石铺砌护岸（二）
	施工条件	**干砌石施工条件** | 水平位置 | 可施作干砌石的河岸 | |---|---| | 冲刷程度 | 中等或较严重 | | 土质状况 | 坚硬或夯实土层 |
浆砌块石铺砌护岸	说明	代替用小石块嵌固，可以用水泥砂浆或沥青胶脂浆砌。抛石或碎石也可用沥青灌浆，但这类施工更常用于海岸工程中，此处边坡一般较平坦

续表

项目名称	分项名称	施工做法及说明
浆砌块石铺砌护岸	说明	通常，灌浆增加了松疏石块对波浪和水流冲击的稳定性。在全面灌浆和没有垫层的情况下，铺砌护岸变成具有岸顶和岸趾的整体结构。在这种情况下，基本的设计问题变为整个结构的整体性，而不同于护面层各单独部分或一单元面积上的稳定性。对于中等程度的灌浆来说，不能认为护面层是完全不透水的，其设计方法还不太明确。在这种情况，凡是渗透率减小时，护面层的稳定性会受到循环波浪荷载所产生的超孔隙水压力的不利影响。并且，设计必须是保守的。例如，表层灌浆（30%的表面空隙填满），会减小在波浪冲击下保持稳定所需的石块名义尺寸 D_{n50} 达10%。对于典型灌浆（表面60%的空隙填满），会相应地减小40%。由于局部灌浆所取得的改善难以定量计算，因此在有些情况下，假定石块间不存在粘结，应慎重地选择石块尺寸。简而言之可以认为，灌浆所获得的主要好处是有一个较好的外观，并且有较高的长期耐久性。相对于未灌浆的护面层来说，表面灌浆常会减小水力糙率，减小的程度取决于灌浆接缝是如何修整的
	砂浆浆砌块石和坪工	a 铺砌做法（参见下表） **浆砌块石的施工条件** | 水平位置 | 可进行浆砌石施工的河岸 | |---|---| | 冲刷程度 | 严重 | | 土质状况 | 土质坚固或垫层合格 | b 浆砌块石实例 ⑩ 砂浆砌块石护岸 砂浆浆砌块石常用于保护小型河渠建筑物的入口渐变段和出口渐变段，在城区和半农村区域，是一种造价较低、使用广泛的护岸方式。浆砌块石构成了一坚固的护岸，对于低的边岸，它可建成比抛石和人工砌石更陡的护岸

项目名称	分项名称	施工做法及说明
浆砌块石铺砌护岸	砂浆浆砌块石和圬工	由于是刚性的,砂浆浆砌块石要求有一坚固的坡趾基础。如果不能在干地施工,常用钢桩或是槽型钢板桩作为坡趾。打入的钢板桩的顶部可稍微高于夏季正常水位。由于这类结构是不透水的,应通过在适当的位置省去砂浆而构成排水孔以确保排水。图10a所示为这种护岸的典型布置。 块石的铺放方法与人工砌石方法相同,通常用垫层将地下水引入排水孔。随着块石的铺放,用以下任一方式置放砂浆: (1) 在块石的表面上涂抹干的水泥砂浆,以便所有的空隙都填满,任砂浆自然凝结。这种方法避免将灰浆留在块石外表上。 (2) 在块石的整个表面上浇很湿的水泥砂浆直到所有的空隙填满为止。采用这种方法,石头被灰浆覆盖,但对节缝提供了更有效的密封。 (3) 人工嵌填块石间空隙。显而易见,这是一种劳动强度大、造价昂贵的密封接缝的方法,但其密封可靠,而且外观漂亮,见图10b。 所有的水泥砂浆应是沙和水泥混合物,在(2)和(3)的情况下,应加入一定数量的添加剂以增加其易和性。 在情况(3)下,施工方法是一种毛石圬工。其他的圬工施工形式,包括修琢过圬工方块砌体,可用于适宜的环境条件。水力方面的问题类似于水泥浆砌块石
	胶脂浆砌块石	**11** 胶脂浆砌块石护岸 **胶脂浆砌块石施工条件** | 水平位置	任何护岸场地
---	---
冲刷程度	严重
土质状况	最好是低渗透性	 使用胶脂沥青进行浆砌比水泥浆砌更可提供一个柔性较大的铺砌护岸,但对铺砌环境和施工专业要求较高。 在砌石情况下,沥青注浆必须在干地进行。虽然胶脂可在水下灌注,但此方法仅在灌注松疏块石才是比较令人满意的(图11)

项目名称	分项名称	施工做法及说明
石笼沉排	基本资料与说明	石笼沉排广泛地用于护岸工程。它增加了岩石护面层的结构整体性,与抛石比较,所使用的石头有较小的尺寸和厚度,还能保持使用自然石块的许多好处(可用性和柔性等)。这种较小的石头尺寸也意味着在护面层内的流速较小,可以降低在较低接合面上所需的防冲要求,并且水力糙率较小。 网格的影响(包括中间隔层),对于颗粒移动的临界流速来说,使临界剪切值 τ_c 大约增加一倍。在美国,为编制石笼沉排的设计准则而进行的试验表明,在这样的初始移动后某些石头移向这种沉排各格的下游内侧。石笼表面发生如波浪状的变形,在石笼各格的上游端填石厚度变小。 因此,能鉴别这样两种设计情况:①石块移动的临界流速;②石块内部移动达到所允许的变形范围。从防止冲蚀的角度,在填石厚度减小的区域,极限因素局部地增加了基土对冲蚀水流的暴露。实际上,已变形结构外观的丑态完全是由于采用了较低的极限状态。 在大多情况下,按较低的临界值设计是较恰当的,这就为实际剪切应力估计中的误差留有一定的余地,当然,这是与实行更严格要求的设计比较而言。由此可见,在所有情况下,很好地装填石头是很重要的。 图12给出了保护河床的石笼沉排的数据,可以根据河道的平均流速,得出所需石块尺寸和石笼沉排厚度的初始指标。在细部设计时,作用在岸坡和护坦上的最大局部剪切应力就可以估算出来,并且,根据 $\psi_s = 0.10$, $\phi = 40°$ 计算块石平均尺寸 ▲ 胶脂灌浆石笼沉排的临界流速 ○ 极限流速 ● 临界流速 **12** 保护河床的石笼沉排厚度与平均流速的关系

续表

项目名称	分项名称	施工做法及说明
石笼沉排	基本资料与说明	石笼沉排的厚度不应小于 $1.5D_{n50}$。常用石笼沉排和石笼沉箱的最大块石的特征尺寸如下表: | 石笼类型网格尺寸(mm)	厚度	块石尺寸(mm) 范围	D_{n50}
---	---	---	---
沉排	0.15/0.17	70~100	85
50×70/60×80	0.20/0.23	70~150	120
沉箱	0.25/0.30	100~160	130
80×100/100×120	0.5	120~250	190	 对防止中等的行船浪和风成浪的作用,石笼沉排能提供有效的保护。应注意的主要问题是在循环水流作用下块石填装的有效性。由实验所做的研究表明,由于波浪的上爬和下跌和水位的消落而引起石笼和基土层之间的滑动是坡度大于1:2的岸坡的主要破坏原因,而由于扬压力所引起的失稳对较平坦岸坡是最关键的。然而,有关波浪作用的设计是复杂的。 对一坡度大于1:3.5的岸坡,实验推出了一个求石笼沉排厚度 t 的经验公式: $$t = \frac{H_s}{3(1-n_r)(s-1)\cos\alpha} \quad (5.12)$$ 式中 n_r ——堆石的孔隙率(对很好地装填的情况,应接近于最小)。 在波高超过0.5m左右时,石笼沉排护岸的设计应向专家咨询
石笼沉排	灌浆	用沥青胶脂部分和全部灌浆约束了单个块石的移动,可以提高石笼沉排的稳定性。如前小节所述,也应考虑渗透率、柔性和水力糙率降低的问题。对石笼沉排灌浆在我国不常用,但在其他欧美国家,尤其是意大利广泛使用
石笼沉排	施工	石笼沉排通常放置在坡度大于1:1.5的岸坡上。首先,在岸坡上精确地形成基面并适当地延伸到靠近河岸的河床。然后在岸坡顶部的平坦地区,通过把盖子的垂直缘和隔板与纵向侧边系扎在一起进行组装。组装后的石笼排呈可弯折的平板结构,石笼沉排常和石笼沉箱一起用于上部高程的护岸。 如图13所示,石笼沉排的各单元被放在岸坡上,并下伸至河床。隔板安置在垂直于填石将要发生移动的方向上,即可沿边坡自上而下,也可按水流方向进行。各个单元在填料前必须系扎在一起,并用起重机装石,配合人工整平以确保在盖子用铁丝捆绑到位前把石块填装得很密实。在浅水区,石笼可就地填石,但在水深超过0.5m的地方,在使用起重机安放前,或是从一个合适的平台

续表

项目名称	分项名称	施工做法及说明
石笼沉排	施工	上滑动就位前,必须进行预组装和填石。安放既可从岸上进行,如果有必要,也可从驳船上进行。对于预充填施工,沉排必须具有铺设就位所需的足够的柔性和强度。为便于铺设和质量控制,灌浆沉排一般在铺前进行预先灌浆。如果靠近沉排使用一层土工织物垫层,在填石和铺设之前,将土工织物固定于沉排底面是较合理的。 图13 石笼沉排护岸(见下表) **石笼沉排使用环境** | 水平位置	由河床至岸顶
---	---
冲刷	严重	
管形石笼		由高模量聚合物格栅构成的管形石笼单个地沿岸坡并排向下放置,形成了另一种沉排,见图14。这种方法一般并不常用。 图14 管形石笼护岸 | 水平位置	由河床至岸顶
---	---
冲刷程度	中等、强烈
土质状况	任何土类	

一、类型与特性

长期以来，预制凝土块一直作为铺砌护岸的主要形式，并广泛应用于海岸防护层、堆石坝和河湖边岸以抵抗水流和风浪的冲刷。预制混凝土块也被用于河道和航道的重点防护区段和局部范围，例如用在港口和引航道上。

随着工程技术和材料研发技术的不断进步，预制技术发展迅猛，已出现许多新型预制混凝土材料和富有创意的混凝土护岸系统，见图1和图2。常用混凝土块的类型有咬合连锁混凝土块、开缝接合或灌浆混凝土块和钢缆系固或土工织物粘结混凝土砖三种类型。其中，咬合联锁混凝土块较为常用。

根据规定的最小水泥含量和耐久的骨料，混凝土可浇成规定的最小抗压碎强度。质量良好的混凝土对于长期耐久性和抗冻性很重要。应注意，预制混凝土块的加压混凝土的表面结构比一般的湿浇混凝土更加多孔。在各种情况下，都必须仔细养护。

混凝土块常设置于满足前节所述的合理功能的垫层上。如果混凝土块能直接安置于不透水的粘土地基上则会更稳定，因为不透水粘土地基限制了在循环外部水流条件下混凝土块下扬压力的发展。只有基土材料是已压实的或固结的和均质的，并且取得了一个混凝土块可牢固置于其上的光滑的、无裂缝的地基建造面，混凝土块才可以直接安装在粘土地基上。

趾部保护结构经常用于护岸，与开缝接合混凝土块、灌浆混凝土块和咬合连锁混凝土块一起抵抗冲刷，也使用趾桩和趾梁。

二、护岸构造

普通四边、六边混凝土块较多采用浆砌法铺贴，而咬合连锁混凝土块能够相互咬合连为一体，因而普遍采用干砌铺贴。混凝土块铺贴护岸的断面及构造见图3。铺贴实例见图1和图2。

1 铺砌至湖岸底部的咬合连锁混凝土块护岸，铺砌顶部为高水位线，中间黄土线为常水位，目前图中水位为枯水位

2 采用浆砌并砂浆勾缝的六边混凝土块护岸

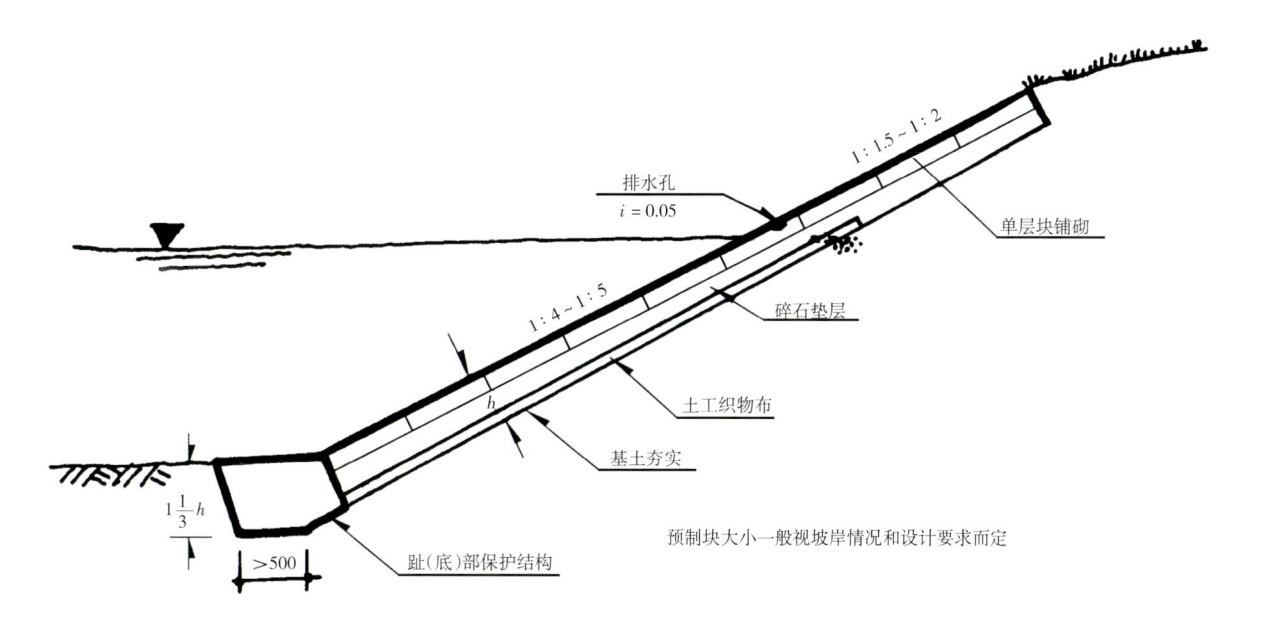

3 混凝土块铺砌构造

5　铺砌护岸与护坡工程·预制混凝土块护岸

三、材料

1. 性能与特点　除特殊要求而订制的专用块材以外,混凝土块通常采用无筋预制,其最小厚度一般为80～100mm。无筋混凝土块承受表面荷载的能力取决于基土的反作用——基土的特性和层理的效能,在某种程度上还取决于混凝土块的细长度(即最大平面尺寸与厚度的关系)。经常采用限定细长比为4的混凝土块,可以承受冲击和交通荷载。混凝土块常灌筑成底部比表面宽,以便一块紧靠另一块,并在表面保留灌浆槽,见图4和图5。

6　几种可种草的混凝土预制砖

4　干砌的咬合连锁混凝土块

7　混凝土预制空心砖,中间嵌草

8　护岸与道路两用空心砖

5　浆砌勾缝的六边混凝土块

2. 替代材料　在实际应用中,有些类型的混凝土块铺砌护岸,其实是借用其他工程用的块材,而并非护岸专用材料,例如,作为道路铺贴开发生产的六边混凝土块(图5);本来是为停车场和透水性路面铺贴开发生产的混凝土预制空心砖,被借用于护坡加固草皮,见图6～图9。当然,在这些类型的铺砌护岸中,也有些块材是专门为护岸而开发的。

9　将原来用于停车场的空心混凝土预制砖用于加固草皮护坡

四、护岸类型功能及抗冲性能分析

几种护岸类型、功能及混凝土块动水稳定性见表1。

几种护岸的功能和混凝土块动力稳定性　　表1

项目名称	分项名称	内容及说明
护岸类型	开缝接合或灌浆混凝土块	最简单的砌块护岸型式是铺设时与相邻块之间没有任何强制性连接的预浇素混凝土块。除了块体侧面因摩擦使相邻块体之间的相对移动在某种程度上受到约束外,这种护面层的稳定主要依赖于各单独块体的稳定性。除非单独预制块的重量足以阻止所谓的破坏或者恶意挪移,否则,开缝接合预制块容易遭受破坏,但开缝接合砌块仍具有相对的柔性。 在预制块之间灌注颗粒材料,块体楔紧,增加了稳定性,但也降低了铺砌护岸的柔性。预制块还可用砂浆或胶脂灌浆,但是如果预制块置于颗粒垫层上,则必须在灌浆接缝中留有空隙(花样灌浆)以允许压力释放。然而,对置于不透水边坡(例如质地良好的粘土)上的预制块,完全灌浆也是可行的。 预制块安装常用人工而不用机械,除非范围大或预制块很重。除非水深很浅,水下安装预制块会很困难。无论是开缝接合预制块还是颗粒材料充填预制块,通常都需要定期检修。如果要避免大的累积破坏,预制块和颗粒材料一发生移动就要立即修补。维修工作,包括调整和更换预制块、灌注砾石等,比较容易实施,不需要专门的人工
护岸类型	咬合连锁混凝土块	在平面和剖面上咬合的各种类型的咬合混凝土块,使预制块间有较大强制性的连接,但大部分的咬合结构在某种程度上减少了护面层的柔性。在市场上,有几种已取得专利的咬合预制块,每一种的咬合特性、表面体和外观稍微不同。图1为其中一种的素混凝土块 

图1 横向咬合的混凝土块

续表

项目名称	分项名称	内容及说明
护岸类型	咬合连锁混凝土块	具有专门的V形或企口和槽形接缝的咬合素混凝预制块可用来形成一种实际上不透水的护面层。在以往,这种预制块常用于保护遭受强烈波浪冲击的海岸,而河渠护岸中用得较少。除了用人工铺砌的以外,有些类型的咬合连锁混凝土块可用专门的起重设备铺设。如果在岸坡上预制块的平面铺设必须具有大的曲率,而不致出现不良互连和外观的问题,则各独立预制块体的几何和物理尺寸是必须考虑的附加因素。沉降或是其他基土的位移也会引起类似的问题
护岸类型	缆索捆绑或土工织物粘结的预制块	预制块用缆索捆固在一起或粘结到土工织物上构成一种巨大的柔性的面层,与其他类型的混凝土预制块护岸比较,具有以下优点: (1)具有较大的柔性,在极端荷载条件下,仍然保持良好的互连性以约束预制块体。 (2)在极端荷载或变形条件下,减小累积性局部破坏的危险。 (3)较易铺设在水下。 (4)安装快,包括锚入基土中。 缆索捆固和土工织物粘结系统不是经常使用。大多数缆索捆固系统,预制块间也存在咬合。这种系统可以在铺砌护岸平面上的一个或两个方向上用缆索捆固。锚索的加工可采用钢或合成纤维,例如聚丙烯。由于合成纤维价格便宜,并且较之钢铁不易腐蚀,所以经常采用;然而,使用合成纤维索时,必须考虑以下问题:①长期强度;②避免磨蚀;③铺设时容易破坏。 实际上,在设计荷载条件下通常不利用锚索的作用,因为这意味着为了调动锚索的约束力,预制块可以有一定的离开岸坡的位移。而这又要求基土应能受冲蚀,或者是缆索或者是土工织物垫层能耐磨蚀。尽管如此,即使在极端荷载条件中,通常认为缆索能提供富裕的稳定性。关于土工织物粘结系统,既可通过把预制块浇筑在固定于土工织物上的连接构件上,也可通过在浇筑后用粘结或用专门的连接销钉,将预制块直接与土工织物纤维连接。作为连接物的土工织物纤维必须具有足够的强度,并且,也在一定程度上起垫层作用。这种复合作用在作为水下的护岸时是有用的,但不是水下时,通常不采用这样的系统。 缆索捆固或土工织物粘结的预制块用起重机铺设,铺设时使用了一种特制的展宽的桁架。这种护面层一般预先组装到合适的尺寸后运到现场。但是如果有必要,也可在现场组装。在干地施工条件下,必要时缆索捆固预制块可以用人工铺设并在现场捆固

5 铺砌护岸与护坡工程·预制混凝土块护岸

续表

项目名称	分项名称	内容及说明
护岸类型	缆索捆绑或土工织物粘结的预制块	必须精心整备好地基建造面，以使基土与护面层的每个预制块保持良好的接触，尤其是铺砌护岸在水下施工时。不容许铺设护面层的表观简易而掩盖实际情况。必须注意确保各相邻护面层接头处的整体性，尤其是接头处不能用机械相连时。通常在铺砌护岸的顶部用缆索或土工织物锚固各护面层。依据设计情况，在岸坡上可以设中间锚固点，在坡趾处可设也可不设锚固点，其典型布置见图 2 。 图 2 混凝土预制铺砌护岸的典型布置 在弯道附近，由于护面层不好就位，必须嵌入预制块，所以施工很困难，如果可能，应予避免。图 2 说明了这类可能出现的问题。在这种环境下，采用一般的咬合预制块或抛石比较合适
混凝土预制块的动水稳定性	说明	精确地铺设预制块形成光滑的表面（不同于堆石）不会受到水流或波浪的上爬和下跌所产生的强大的拽引力，并由于顶面和底面的压力差使预制块抬起而发生破坏。这就是为什么垫层渗透率对稳定性有重大影响和为什么不稳定水流现象（例如波浪作用）或高紊动水流条件是设计者要考虑的主要因素。一旦一块预制块移动，邻近的预制块要受到更大的水流作用力。因此，突然发生的局部破坏，会导致迅速的累积破坏。因此，按低的但可接受的破坏度（如设计抛石那样）来设计混凝土预制块护岸是不合适的。必须考虑可能发生的最大荷载，代之以严格的非破坏标准。当预制块完全灌浆而形成刚性铺砌护岸时，如同浆砌抛石和圬工一样，以独立单元的稳定为依据进行设计也是不能采用的
	波浪冲击	实验研究表明，如果预制块保持齐平，并且没有遭受大的拽引力作用，松散的实体预制块的稳定性主要取决于其厚度。在通常使用的块体尺寸范围内（即预制块不小于 $0.26m^2$），预制块的稳定性与其平面尺寸无大关系

续表

项目名称	分项名称	内容及说明
混凝土预制块的动水稳定性	波浪冲击	遭受波浪作用的疏松的素混凝土预制块所需厚度 t 的合理计算公式如下： $$\frac{(S-1)t}{H_i} = G \frac{1}{\cos\alpha} I_r^{1/2} \quad (5.13)$$ 对于风成浪，H_i 在前章式中给出。置于合理的设计垫层上的素混凝土预制块，系数 G 值在以下范围内：松散预制块，$G = 0.19 \sim 0.26$；用粒状材料充填或花样灌浆的预制块，$G = 0.15 \sim 0.19$；在良好的不透水的粘土层上的松散预制块，$G = 0.13 \sim 0.15$。因为素混凝土预制块构成一光滑的表面，较之松散预制块石表面，波浪爬升的高度较高，可以达到平均水位以上 $3H_i$ 的高度。 许多种有专利权的预制块不是素混凝土而是格状结构的。由于还没有创造出考虑预制块几何特性的统一设计方法，这种预制块的稳定性应由专门的实验数据确定。然而，其重要影响的因素是预制块的表面质量，对有专利权的混凝土预制块所采用的最小厚度约为 80mm，最小非淹没的表面质量大约为 $140kg/m^2$。对于任何有专利权的预制块，应仔细审查制造厂家的设计建议书和专门的试验数据。对于咬合和缆索捆固预制块，采用与灌浆预制块一样的 G 值
	水流冲击	至今还没有关于遭受沿河渠流动的水流冲击的混凝土预制块护岸稳定性的数据。研究河床保护的混凝土预制块（其中有些安装于 1：2.5 的岸坡上）的实验资料和原型性能表明，铺设质量好、表面质量为 $140kg/m^2$ 的预制块在流速超过 5m/s 时可预计对动水作用是稳定的。然而在低的流速范围内也观察到破坏现象，这种破坏主要是由垫层设计不当引起的，虽然过大的表面变形和边坡的细部设计不合适也有一定影响。临界破坏机理可视为以下方面： （1）由于水流紊动或不良的地下排水所产生的扬压力。 （2）底层未对基土起到应有的防冲保护。 （3）作用于不平整的预制块上的高的局部抬升力或拽引力。 一般可以假定，具有以上所给的最小尺寸的任何一种预制块，如果铺设良好，在河渠正常水流条件下，流速为 4m/s 以下时，对动水作用是稳定的。然而，这种预制块用于特别高的紊动区（如泄水堰和消力池下游）可能是不稳定的，因为此处可产生相当大的压力脉动和由此而出现的扬压力。俄罗斯工程师（普拉夫迪维滋和斯利斯基）已发明了一种用于高流速河渠的特殊楔形预制块，它在水流流动条件下能产生一种稳定的下推作用

五、预制混凝土块工程现场实铺示例

流经江苏北部的黄河故道的改造工程，穿越城市中心区的河段全部做了复式断面的亲水护岸设计，城市中心区以外至郊区河段则做缓坡堤岸，边坡中间至坡底做预制混凝土块铺砌，边坡上部为绿化种植，顶部是防护林和堤路。

步骤1：平整岸坡 按设计的坡度、边坡宽度和水平位置进行岸坡基土平整。施工步骤是先用挖掘机和推土机整平，再用辗压机压实，见图1~图3。

步骤2：挖挡土槽和分隔埂 为确保混凝土块护岸的整体稳定性，避免大面积或局部发生滑移，要在护岸底脚设置砌石挡土墙作为护底固脚。在护岸顶部也设置同样的挡土墙，并按设计的分隔档距设置与上下挡土墙相同的分隔埂，见图4~图6。

1 按设计要求清理坡岸，对土堤进行平整

2 用挖掘机将凸起的土堆挖掘填回凹陷处

3 基本整平后，再用辗压机压实压平

4 按设计尺寸放线，并根据划线先开挖底部挡土墙基础槽

5 开挖护岸上部挡土墙基础槽

6 最后按设计的间隔尺寸开挖分隔埂基槽

5 铺砌护岸与护坡工程·预制混凝土块护岸

步骤 3：砌筑挡土墙　沟槽挖好后就可进行挡土墙施工，为使混凝土预制块护岸整体稳定，石砌挡土墙应用水泥砂浆砌筑。此外，为防沙土流失，砌筑前应先铺垫无纺土工布。具体做法见图 7 ～图 12。

7　沿上部基槽铺设土工布

8　在挖掘好的护岸上、下挡土墙基槽和分隔槽内铺设无纺土工布，再进行浆砌石铺砌。无纺土工布具有透水透气、防止流沙流失的作用，在土质为非粘性的沙土地河岸进行铺砌护岸时一定要使用，土质为粘性土壤的地区可不使用

9　底部挡土墙基槽已完成，正进行上部基槽施工

10　正在已铺设土工布的沟槽内用砂浆砌石

11　幅宽 2m 的土工布余量应铺放在与下部沟槽对应的内侧

12　图 11 的施工细部

178

铺砌护岸与护坡工程·预制混凝土块护岸

步骤 4：挡土墙内的基土找平　当上、下挡土墙和分隔埂铺砌完成后，应对埂内护岸铺砌面进一步找平，使基土的平整度和坡度完全符合设计要求。由于垄墙砌筑完毕，无法使用辗压机，通常采取人工整平和打夯，见图 13～图 16。

13 在整个坡堤砌石完成后，应开始基土的找平

14 将高处的基土铲向低洼处

15 从分隔埂的一边向另一边平行推进找平

16 采取退身法面向找平面进行施作

步骤 5：素土夯实　经过人工整平后，即可对基土进行打夯，根据工程量和工程进度要求，可使用电动打夯和人工打夯，但均要求将基土夯实夯平，见图 17～图 18。

17 如果作业面小、工程量不大，可采用人工打夯

18 打夯应沿一字线进行，不能漏夯。夯石应落地有力，夯石落地时，其底部应与基土面平行

179

5 铺砌护岸与护坡工程·预制混凝土块护岸

步骤6：铺砌面满铺无纺土工布 土工布在砂质河床护岸中能起到过滤、隔离、排水、防渗和加筋的作用。铺设时，先将周边砌体铺设的余量布摊平，铺砌面新铺的土工布应与这些余量布搭接1m以上，见图19～图21。

步骤7：铺碎石垫层 在已满铺的土工布上铺洒碎米石垫层，要将碎米石摊开铺平，避免厚薄不均现象，为铺砌预制混凝土块作准备，见图22～图24。

19 按分隔档裁好的土工布在铺砌面展开

20 卷装可以从一边往另一边滚摊，裁块应从上往下摊开

21 一定要和周边砌体已埋设的余量布搭接

22 将碎米石尽量均匀地倾倒在土工布上

23 将成堆的碎米石摊开

24 将厚层碎石向薄处均摊，最后形成厚薄均匀的垫层

铺砌护岸与护坡工程·预制混凝土块护岸

步骤8：铺砌准备　将预制混凝土块搬到待铺作业面，按设计行数和模数大致铺放，以方便铺砌施工，见图25和图26。

25 将码放在工地上的混凝土块搬至待铺作业面

26 均匀平整摆放在作业面上的待铺混凝土块

步骤9：从底层第一行铺起　铺砌护岸的施工程序通常是自下而上地进行，也就是从坡岸的底部铺起。第一行抵靠在护脚（趾）挡土墙上，然后逐层往上咬合铺贴，见图27～图32。

27 抵靠护脚挡土墙的第一行

28 按放线摆砖

29 对齐底边和相邻块边

30 完全放稳并调整到位

31 由于碎米石垫层易被蹭起，正式铺砌时，应重新找平

32 碎石垫层平整统一，有利于提高施工质量，加快铺砌进度

181

5 铺砌护岸与护坡工程·预制混凝土块护岸

步骤 10：铺砌 将抵靠护脚挡土墙的底部第一行铺好后，就可进行大面积的预制混凝土块的护岸铺砌，从下至上逐行进行，具体作业细则见图 33～图 60。

33 除底层第一行外，顶层收口也很重要

34 每一行都应挂线施工，才能保证平行和水平

35 放稳、摆平挂线砖

步骤 11：植物种植与绿化 在铺砌面的土建施工完工后，对岸顶种植区域的土地进行平整疏松，按设计方案要求和绿化护岸细则，划分出乔木、灌木和植草的栽植区，并分区实施种植。图 61～图 63 为在春季种植完成后的当年夏季已投入使用的护岸环境效果。

36 稳固一行第一块起铺砖

37 继续调整，直至与另一头挂线砖完全平行和水平为止

38 如果挂线有误差，应继续调整

39 在砖块下增加碎石垫层

40 用锤敲实

41 调正至完全到位，挂稳线

42 准备开始铺第二块

182

铺砌护岸与护坡工程·预制混凝土块护岸

43 铺砌每一块砖,都要重新找平垫层

44 找平用专用木抹子进行

45 抹平垫层后准备放砖

46 放砖时,对准底边咬合槽

47 咬合后,轻轻放下

48 放稳后,与相邻面推实扣紧

49 铺砌过程始终以挂线为依据进行调整

50 混凝土块低于挂线,应用灰刀填塞碎石

51 然后调整左右平行,与挂线保持一致

52 最后敲实压稳,每一块铺砌都按方法进行

5 铺砌护岸与护坡工程·预制混凝土块护岸

53 初铺完的周边都出现铺砌余量

54 单元铺砌面间分隔槽产生的余量

55 用筛子过砂，拌和水泥砂浆和混凝土

56 用混凝土填充这些铺砌余量

57 单元周边余量填充混凝土后，整个铺砌面形成一个整体

58 混凝土初凝后，抹砂浆面层

59 最后将砂浆面压平压光

60 铺砌完成的护岸作业面

61 铺砌完工后的两岸效果

62 北岸竣工后的铺砌效果

63 与图 **57** 边岸同一地方的竣工使用后的实况，经过绿化和原生植物的自然繁育生长，景象差异极大

184

六、其他混凝土铺砌护岸

其他混凝土铺砌的类型及做法见表1。

其他几种混凝土铺砌的类型及做法 表1

项目名称	分项名称	主要内容
现场浇筑的混凝土板和整体结构	主要类型	其他混凝土铺砌护岸类型主要有现场浇筑的混凝土板和整体结构、混凝土填充袋和灌浆充填沉排等。这些铺砌形式和做法都应根据护岸环境和设计要求恰当地选择使用
	断面与构造	1 现浇混凝土铺砌护岸（混凝土板必须具有钢丝网或必要时设钢筋；排水孔，中心距一般为 2～3m；最高水位；垫层；矮墙，间距约为6m，面板伸缩缝位于矮墙之上；坡趾必须从基蚀处开始保护） 2 现浇混凝土护底（在渠底和岸坡下部的现场混凝土；钢丝网加强） 注：1. 一般用于城市／路面排水渠。 2. 小型渠道的保护通常无垫层，但设有截水墙以防纵向渗流。
	施作条件	项目　内容及要求 水平位置　任意场所，干地浇筑 冲刷程度　严重
	应用范围	在河渠保护中使用现浇混凝土仅局限于在干地条件下进行施工。其很高的最初费用以及单调的外观也限制其使用。通过表面处理，如暴露骨料的修饰花纹，可以改善混凝土外观，或是做成格形结构，可促使在正常水位以上地区长草。因此，使用现浇混凝土护岸的地方，强度、稳定性或者适应表面几何形状变化的能力都是设计中通常要考虑的重要问题。这类应用范围包括以下方面： （1）需有长期使用寿命和最小维修工作量重要地区。 （2）交通区。 （3）邻近建筑物的渐变段。 （4）暴雨排水渠道

续表

项目名称	分项名称	主要内容
现场浇筑的混凝土板和整体结构	施工作法	由于基础位移，或是混凝土结构本身所固有的收缩位移和温度位移，在设计中必须采取措施以适应预计的现浇混凝土位移。通过设置施工缝可以取得一定的柔性。现浇素混凝土是不透水的，因此，重要的是要采取合理的措施以适应地下水的作用（例如用排水孔）。应当注意，凡河床也是混凝土护面时已经出现过这种情况：因地下水压力而引起的扬压力使混凝土护面层断裂和上浮。 图1所示为典型的现浇钢筋混凝土铺砌护岸，图3为护岸实例。图中示出了有岸坡趾梁的情况，但是一种可供选择的趾部保护结构，如钢板桩或对河底的护面块石可能较合适。必须在围堰下部施工或用导管灌注水下混凝土。图2所示为小型渠道的应用，此处，需要排水渠能通过由于城市径流而产生的偶然高的峰值流量。因为高的峰值流量很少发生并且过流时间短，可采用草皮保护上部岸坡，但混凝土衬砌断面应能通过枯水期流量。 除非设有大量的施工缝使浇筑块的稳定问题得以解决，否则面板厚度的决定应考虑潜在的扬压力荷载和一般的结构或使用要求。即使荷载是在规定范围内，为了防裂，仍常用钢丝网加强。一般所采用的最小混凝土厚度为 100～150mm，尤其在施工条件困难时。在设计阶段就必须考虑混凝土浇注方法，以及是否需要顶部模板。一般情况下，在坡度大于 1：1.5 的上部岸坡，不用模板浇注密实混凝土很困难。必须仔细研究，以确保易于在岸坡上浇注的低塌落度要求与长期耐久性的要求不相矛盾。建筑工程和水利工程的混凝土手册都有现浇混凝土施工方面的规范要求，其中包括了与输水渠道混凝土衬砌有关的大量的资料

3 整体浇筑的混凝土护岸

5 铺砌护岸与护坡工程·预制混凝土块护岸

续表

项目名称	分项名称	主 要 内 容
现场浇筑的混凝土板和整体结构	施工作法	现浇格形混凝土板在塑料模具内浇筑，当混凝土凝固后将其烧掉。形成格状后，将土壤填在空格内，并种草，格形混凝土得到加强，能提供一种透水的护面层。 如果合理地设计与施工，并且对边缘进行处理，除了要随时更换施工缝的密封条外，格形混凝土板可以提供一种基本上无需维护的铺砌护岸
混凝土填充袋和灌浆充填沉排	断面与构造	图4 混凝土填充袋铺砌护岸
	施作条件	<table><tr><td>项目</td><td>内容及要求</td></tr><tr><td>护岸范围</td><td>护岸下部</td></tr><tr><td>冲刷程度</td><td>轻微</td></tr></table>
	混凝土填充袋	混凝土填充袋已长期用于河渠护岸和维修。虽然现在已使用合成纤维纺织袋，仍更多选用传统的麻袋。其好处是在填入混凝土后，其稀疏编织的小孔允许一些水泥浆流出，并且在适当的情况下，麻袋可生物降解，就地仅留下混凝土。此外，麻袋十分便宜 图5 已被植草覆盖的混凝土填充袋护岸

续表

项目名称	分项名称	主 要 内 容
混凝土填充袋和灌浆充填沉排	混凝土填充袋	麻袋常用干拌混凝土充填，混合物的强度由用途决定，但一般用强度低的混合物。混凝土填充袋十分适用，虽然有一定的劳动强度，但它能提供一种快速、易施工的护岸结构，并且易维修或补替。因此，虽然由于浇铺费用及外观等因素，通常把填混凝土袋看成是一种过时的形式，但它仍然大量地用于河流工程，尤其是临时工程和维修工程。 图4 所示为典型的混凝土填充袋铺砌护岸，图5 为护岸实例，最下面的袋子置于水下的预挖槽中，以提供某种坡趾保护措施。此外，也可用槽型钢板桩保护坡趾。混凝土填充袋可以叠放约十层高，可构成很陡的岸坡，尤其是介于垂直和倾斜剖面之间的过渡段。 为了使混凝土填充袋连续各排之间获得一定的接触面积，不应将其填满。填充袋常按砌砖方式以顺砖砌合铺放，其开口端朝向下游，向下折叠并用下一个袋子的头部盖住。为了防止位移，可用12mm的低碳钢钉每隔两袋钉住。 应注意，以粘土或沙充填袋子的类似结构型式也有效，但不耐久
	灌浆充填沉排（模袋混凝土沉排）	现在有各种类型的合成纤维沉排，可在铺放后泵填砂浆或混凝土。在施工阶段，合成纤维排的作用是容纳填充物并在凝固过程中对其进行保护。纤维结构中的名义孔隙率能使填充物中的游离水渗出，减小了作用于其上的压力并促使早期硬化。每种类型的沉排都具有一个有特色的互相连接的管状或枕状容器的网络，并由不填料区隔开，不填料区提供所需的柔性或长期表面渗透性。有些人认为，波纹状的合成物外观视觉上难以接受，除非在工业环境下。 一种代表性填浆沉排护岸可用饰以斑点的纤维织物以提供一种更加自然的外观，并且表面的凹处可容纳土壤颗粒，从而允许在较少暴露区形成植被。空的沉排铺设在岸坡上，如果在水下，底部可加重沉下。邻近的沉排缝合或焊接在一起，顶部边缘要锚固，然后，根据制造厂家的建议向沉排内泵入水泥浆。这种结构型式适于水下铺放，并且能够适应岸坡的轮廓。其稳定问题类似于现浇混凝土板。 必须考虑在岸坡环境下沉排表面材料的长期稳定性。如果需要一定的抗拉强度，沉排应进行内部加强以把混凝土系固在一起。编织沉排的某些聚酯纤维对由混凝土硬化所产生的高碱性腐蚀十分敏感

铺砌护岸与护坡工程·实例 5

1 由咬合连锁预制混凝土块凸起与平整结合铺砌的人工湖护岸（中国江苏）

2 图1中的铺砌护岸局部

3 间隙较大的桩石铺砌护岸，石缝间爬满地被植物，既满足护岸要求，又营造了生态环境（中国福建）

4 预制混凝土块的铺砌护岸（中国江苏）

5 图4的铺砌护岸局部

6 大河石和小卵石组砌的堤路一体的铺砌护岸（中国安徽）

5 铺砌护岸与护坡工程·实例

7 六边形预制混凝土块铺砌护岸(中国江苏)

8 六边形混凝土大板及空心板植草护岸(中国福建)

9 护岸下部为拼合混凝土大板,上部是空心植草铺砌

10 图8中的护脚和道路铺砌

11 浆砌块石的铺砌护岸(中国上海)

12 植物覆盖的阶梯式砌石铺砌护岸(中国上海)

铺砌护岸与护坡工程·实例

13 复合式景观护岸中的石材铺砌（中国江苏）

14 图13中复合式护岸下部的卵石铺砌

15 图13中的卵石铺砌局部

16 穿越市区排洪河道的浆砌石铺砌护岸（中国江苏）

17 亲水景观护岸中的低部卵石铺砌，枯水季节完全显露（中国江苏）

18 图17中的铺砌局部

19 图17中的局部

189

5 铺砌护岸与护坡工程·实例

20 缓斜坡混合铺砌护岸,上部为混凝土格植草,下部为连锁砖(中国江苏)

21 图20上部护岸局部

22 以小卵石为主,间隔置以大河石的铺砌河岸(中国香港)

23 图22中的护岸细部

24 一边是堤路一体的垂直护岸,另一边是依山坡而做的混凝土铺砌护岸(中国香港)

25 带加强埂的干砌块石的铺砌护岸(中国江苏)

铺砌护岸与护坡工程·实例 5

26 山川急流河两岸的干砌铺砌护岸（中国四川）

27 图26中的铺砌护岸局部

28 大型人工湖边的石块铺砌护岸（中国江苏）

29 图28岸顶安塑竹栏杆的护岸局部

30 城市河流中阶梯式石块铺砌护岸局部（中国上海）

31 大型河流漫滩中的石材铺砌（中国江苏）

191

5 铺砌护岸与护坡工程·实例

32 布里斯班河沿岸的块石铺砌护岸(澳大利亚)

33 以铺砌护岸为主的滴滴湖,图为砌石水闸(德国)

34 矩形浆砌的大石板铺砌(中国上海)

35 图 34 的铺砌局部

36 石粒覆面的混合土铺砌(中国上海)

37 图 36 的护岸局部

38 以铺砌筑成的景观水溪(中国北京)

39 浆砌块石铺砌护岸(马来西亚)

铺砌护岸与护坡工程·实例

40 与植物群落结合的巨石铺砌护岸（泰国）

41 以砌石铺砌为主，辅以木桩护岸的景观河（中国北京）

42 图 **41** 中的砌石铺砌局部

43 图 **41** 的铺砌局部

44 与山石结合的铺砌局部

45 与山石、地柏组景的铺砌局部

46 图 **41** 的铺砌护岸俯视

47 图 **41** 的水中拍摄的护岸景观局部

48 河床、边岸整体砌石的谷地水溪（中国上海）

193

5 铺砌护岸与护坡工程·护脚(趾)及细部节点设计

铺砌护岸的护脚(趾)及细部节点设计见表1。

铺砌护岸的护脚(趾)及细部节点设计　　表1

项目名称	分项名称	主要内容
护脚设计及趾部防护	做法与说明	必须防止护岸工程的趾部因水流、波浪作用和渗透产生的冲刷而导致的河床下切。趾部的防护可由两种基本方法来实现： （1）修建抗冲截水墙，将护岸建筑物延伸至估计的最大冲刷深度以下。截水墙还可用来延长潜在的渗径。 （2）修建称为护坦(或护裙)的柔性护底层，从岸趾部伸向床面，可控制冲刷，并跟着河床的冲刷向下沉，这样可持续保护护岸趾部。 主要构造和方法见图2，该图说明了垂直墙和斜坡铺砌护岸的原理。在砂质河床上最好采用柔性护坦，其下卧材料受冲刷和变形后，构成比较均一的斜坡。在粘性土河床上，冲刷过程不会构成均一的斜坡，因此护岸结构要向下延伸，直至预计最大冲刷深度。 截水墙的深度必须是超出床面以下预测的最大冲刷深度的适当距离(一般至少为50%)，或者可达到基岩。必须根据河床材料和护岸工程修建后的水流流态来估算冲刷深度。如果必须对波浪作用而不是河水流速考虑安全余量的话，则根据经验，冲刷的安全余量不应小于计算的最大未破碎波的波高，此波高是指岸趾处于正常水面上所拥有的高度。显然，当水深增加时，冲刷就不那么严重了。 护裙的长度也应根据对未来冲刷所作的估算来确定，并且应有足够的长度以保护冲刷后存留的边坡，见图2和图3。在实践中，所选择的标准应至少允许有1m的冲刷。有很多各种各样的建造边岸趾部建筑物及其细部设计的方法。图3所示为以各种常用的材料的趾部保护结构的实例。 在柔性趾部防护的情况下，如果护岸是柔性的，常常可简单连续地伸向河床。防护"裙"应完全是柔性的，并要进行精心设计，以便不会沿趾部线产生破坏。在某些情况下，提供跨越整修河床的完全连续护岸是很经济的。在这种全河道防护情况下，防护"裙"不一定要是柔性的 **1** 与图3d相似的岸坡护脚
护脚设计及趾部防护	构造与节点	a 抗冲设施 b 调整冲刷的设施 **2** 趾部防护的基本型式(估算的冲刷度 d_{max}) a 钢板桩墙 b 延伸的趾部 **3** 脚(趾)部构造与节点(一)

续表

项目名称	分项名称	主要内容
护脚设计及趾部防护	构造与节点	c 沟槽式钢板桩 d 木桩和木板 e 对严重的冲刷采用可下滑的护坦 f 现有趾部的保护 **3** 脚(趾)部构造与节点(二)

续表

项目名称	分项名称	主要内容
细部与其他结构物的节点	顶部细部设计	护岸工程顶部(或上部)必须能够经受以下方面： (1) 特大洪水漫顶事件。 (2) 交通的影响(当用作车辆、人和牲畜的通道时)。 (3) 人为破坏。 必须特别注意使保证顶部用的土工织物或锚固物得到充分的掩埋和覆盖。顶部的布置不应妨碍局部表面排水，必须能够防御漫顶时的底部淘刷。 主要防护的上限高程不必与堤岸顶部高程相同。前者可依据给定的重现期水位或很少超过的爬高水位确定
	波浪的侵蚀范围	平均水位以上的有效爬高的变化范围为 $2H$（抛石）~$4H$（如混凝土板或沥青），其中 H 为随机波的有效波高或规则波的入射波高。波浪侵蚀的下部范围可按平均水位以下约 $2.5H$ 估算
	护岸工程与无衬砌渠道和其他结构物的节点	通常护岸工程必须延伸到不受冲刷的未防护段。初步设计应对比进行研究(例如现场勘测，航空摄影，水力计算，模型试验)。在河岸经受严重冲刷处，在主要防护区的两侧，可以使用一种或一种以上的简化防护型式或减少尺寸的防护。 在有水工建筑物的情况下，必须延伸到下游足够远的范围，以调整水流局部流态。在缺少现场具体数据时，护岸工程必须延续到在结构物（如涵洞）下游水深至少 2.5 倍的地方，有紊流的地方至少达 4 倍深度。在河曲凹岸上，护岸工程常常不正确地在上游处终止。在缺少现场资料时，护岸工程应向弯道下游延续约河道宽度的 1.5 倍

5 铺砌护岸与护坡工程·护脚(趾)及细部节点设计

续表

项目名称	分项名称	主要内容
细部与其他结构物的节点	护岸工程与无衬砌渠道和(或)其他结构物的节点	对反向局部冲刷,通常的做法是对合理布置的护岸工程和天然河岸之间的一个岸段进行防护,采用的护岸材料具有中等水力糙度,因而提供了一个流速梯度的过渡段。例如,在光滑的混凝土铺砌的下游端,可采用石笼,从这里起的下游部分,如果地面已经被扰动,可铺上土工织物和砾石护边,保护岸坡直到可以长出植物。 除了设这类渐变段外,最好是将护岸末端嵌进岸边,以防止护岸工程竣工使用后发生冲刷破坏。对于垂直护岸尤为重要。同样,凡是一段铺砌护岸或天然材料护岸受到严重冲刷时,可在铺砌护岸后面垂直于河岸线修建隐蔽的耐冲点,以限制铺砌护岸破坏后冲刷范围的扩大。 凡主护岸是垂直的,或靠近建筑物要求采用斜坡护岸的,修建从垂直到斜坡护岸的渐变段,从避免水头损失的角度而言,是不经济的。因为在缓流条件下,任何较突然的渐变段会产生局部涡流,对此在设计上应当考虑到。图 4 所示为垂直护岸和斜坡护岸之间的渐变段示意
	图示	a 扭曲形(渐变的) b 圆柱形渐变段 c 后面为折线(中间有弯曲段、过渡段) d 后面为折线 e 端部为直角 f 喇叭口 4 垂直护岸和斜坡护岸之间的渐变段

续表

项目名称	分项名称	主要内容
	道路	前章已讨论了因人和动物到达水边造成破坏的问题。凡是这种损坏已经存在或可能出现的区域,工程师总是应考虑提供交通设施。例如,应把道路、马道以及饮水处组成一个系统,而不是想象的那样,通过管理和调整可以消除破坏源,见图 5。 为进行检查、维修以及安全要求,也要求设道路,尤其是在混凝土板这类光滑面,需要按一定间距设立扶手和台阶,否则,人们到达河边就有危险,因为他们没有其他办法跑出去。 凡是护岸工程植草并意图通过剪修进行维护时,岸坡的形状和马道应能安全地进行维修工作。在比较谨慎时,手提式设备可在 1:25 的边坡上工作,然而,拖拉机通常只可在马道上行走或在 1:4 的缓坡上作业 5 混合土铺成的湖边马道,为管理、维护和游人亲水提供交通,小型车辆也可通过
	环境的细部设计	前章也叙述了一般的环境可行性要求。从人类环境与植物群和动物群的保护观点,保证把合适的环境要求列入设计之中。从人类环境保护观点来看,这些要求应该包括应避免太多的锐缘和直线,以便提高可视感。从植物群和动物群保护观点来看,同环境保护部门讨论有助于确定这些具体要求,例如,马道的高程和边际区的处理问题,这可改善自然环境。尤其是采用刚性材料护岸,如混凝土和圬工铺砌与垂直墙的情况下,应考虑留有洞穴之类的细部结构,因为这些洞穴是动物自然栖息地的基础

亲水设计与设施·概述

一、人的亲水天性

亲水是人的天性。水孕育了一切生物,早期的原始人类就生活和活动在水边。进入文明社会后人们不一定择水而居,但是接触水的活动一点也没有减少。从"炎帝沐浴九龙泉"、"周公旦的水滨宴饮"到王羲之的"曲水邀欢",可以说古人的亲水活动既丰富多彩又风流雅致。

进入工业社会以来,随着城市化的日益扩大,自然的山林、水溪和池塘离人们越来越远,使得人们特别是孩子一遇到溪水或浅滩,就不顾一切地奔向它,接触它,见图1和图2。在涓涓小溪旁或浅水岸边,常常看到孩子们乐此不疲地玩耍。

1 山林石涧中的溪水,对孩子们有着强烈的吸引力

作为一种天性,亲水是不分季节气候的,人们夏季可以入江、河、湖、溪中沐浴,春秋时节可以触水趟水,即使在严冬仍然愿意去水边漫步、到湖边和河边赏景,或与亲友到水边小憩,见图4~图6。

有些游乐园利用人们亲水的天性,将游戏、娱乐和亲水结合,游乐设施既有在水边的,也有在水中和水面上的,极受人们的喜爱,见图3。

2 水边戏水的孩子　　3 建在水面上的秋千索桥

4 天凉了,人们虽然不能下水,但却仍然眷恋水边

5 虽然是严寒的冬季、北风袭人,但仍然没有阻挡人们亲水近水的情致

6 无限美好的夕阳,灿烂暖红的水影,使伫立水边观景的人忘却了寒冷

6 亲水设计与设施·概述

二、亲水设计的概念和内容

1. 基本概念 亲水设计一词是现代景观设计的概念，也是现代景观设计的重要内容之一，是为了满足人们亲水活动的心理要求、建造现代城市亲水景观和亲近自然的居住环境而提出的。

亲水一词有狭义和广义之分，其狭义概念是指人们接近水、接触水的活动；而广义概念涵盖的内容比较广泛，包括行为活动、心理情感和精神文化方面的内容。亲水是通过生态的、自然的恢复和地域文化的再现，以及亲水景观和设施的构建，使人们获得心理的、情感上的满足。

2. 主要内容和类型 亲水设计的内容通常根据人们亲水活动的范围而确定，常见的亲水活动主要有边岸戏水、水边漫步、垂钓和其他活动。因而，"亲水设计"更多体现的是亲水设施和场地的设计，例如，水边阶梯与踏步、水边散步道、栈道与平台、休憩亭与坐椅和泊船码头等等，见图 7 ~ 图 9。

亲水设计按照利用者的活动方式和相应的配套设施，可分为以下表中的几种类型，见表 1。

亲水设计还应考虑水环境的自然生态，及其与江、河、湖、溪的关联，水环境的整体和局部的空间关系等。在关注人对水的亲近性的同时，还应考虑水的环境特性，以及亲水设计与整体景观环境的关系，并且必须兼顾亲水的舒适性、便利性、安全性和合理性等。

亲水活动及设施的类型　　　　表1

名　称	活动形式	主要内容	设　施
近水、触水型	河溪戏水	在浅滩、小溪戏水	小溪、浅滩、台阶、小道
	捕鱼捉虫	徒手、用器具捕鱼捉虫	
	边岸游玩	在河滩、边岸游玩	
	观赏观察	观赏鱼类、鸟类和植物	
观赏型	伫立欣赏	伫立水边欣赏水景	水边小道、散步道
	游览、郊游	在滨水区域行走游览	
休闲、散步型	陶冶性情	以放松心情的散步休憩	散步道、座椅、广场、水边踏步、缓坡、栈道
	情侣约会	情侣在水边约会小憩	
	自然揽胜	在河湖边欣赏景观	
	探访活动	参观具有名胜古迹的地方	
运动、健身型	锻炼健身	以健身为目的散步、跑步	跑道、散步道、自行车道、运动广场、船只码头、阶梯踏步
	水上游览	以观赏为内容的水上活动	
	水上运动	能动性地利用水面	
	水上模型	人在岸边利用水面娱乐	
	场地活动	利用边岸场地的运动	
	堤岸活动	纵向性利用堤岸的活动	
大型文化娱乐纪念庆典活动	传统性活动	在滨水区举行的传统活动	多功能广场、停车场、坡道、河滩、边滩
	季节性活动	每年的季节性活动	
	纪念庆典活动	众多人聚集的活动	

7 连幼童都喜欢踏入的亲水汀步

8 伸入水中的近岸亲水栈道

9 既能坐又方便触水的低程踏步

三、亲水的文化与传统

水文化是文化的有机组成部分,亲水是水文化的核心。水文化可分为传统水文化和现代水文化。传统水文化是中华民族悠久历史所传承的水文化遗产。千百年前,人与水、水文化、水环境,曾经建立过多层面的亲合关系,见图1。今天,这种关系正在得到逐渐的恢复和重建,而且是建立在人类自觉的意识之上的。用现代理念和思维及现代科技所创造的现代亲水文化,传承传统水文化精髓,强调人与水文化、水环境的融合,正在从生态走向心态、从物质走向精神、从表层走向深层。这是一种真正意义上的回归,见图5。

对于华夏文明这样以农业为主的文明体系,择水而居,更成了人们选择聚居地的第一要素。因此,在中国古代的风水学中,"避风找水"也就成了中国人选择居所的第一要素。例如,在《阳宅十书》中所描述的理想居所应为:"左青龙,右白虎,前朱雀,后玄武",这里的"青龙"、"朱雀",就体现了近水、亲水的意向。长期的历史演变在华夏大地形成了多种多样的亲水居住形式,无不渗透着浓厚的地域文化特色。其中尤以江南水乡沿河独具特色的民居建筑最为典型,形成了纵横水网之中的村落街坊,见图2~图4。

亲水在中国文学作品中也多有描述,观水、听水、闻水、亲水并重,在中国的传统诗词中,从屈原的"沧浪之水清兮,可取濯我缨",常建的"故人家在桃花岸,直到门前溪水流",到朱自清的《荷塘月色》,对于水的赞美,也一直是中国文学中永恒的主题。除了传统的水意识和风水文化的影响之外,江南水系发达,河流纵横交错,舟楫毕达,水上交通运输历来在军事、经济和文化交流等方面都具有不可替代的作用。

河流作为水资源的重要载体,同时也是水文化的集中体现。江南众多河流从远古起源,历经沧桑与演变,留下了治理河流、治水人物、抗灾事迹等千古传说和故事,特别是对河流进行治理而极大地影响了人类以及居住地的历史。滨水区域是人类的主要聚居地,江南大部分城镇都是滨水而建,人类文明在此发源和发展。因此,河流具有丰富的文化内涵。此外,航道的整治、变迁,船舶的演变、更新,埠头的兴建、繁荣,无不推动水文化在江南的兴起和发展。

亲水场所中所容纳的内容,也不仅仅局限于人的活动,还有一些无形的非生命因素,诸如历史、文脉、传统和生活方式等,体现了对水的人文性、包容性、伦理性、和谐性和务实性,反映了人对水的思维习惯、认知方式、思想传统和文化精神。同里、乌镇水网如果离开了它的文化传统,威尼斯水体如果失去了它的文化历

1 历史水文化积淀形成了众多的亲水居住形式,其中水网环绕的江南水城水镇尤具特色和韵味

6 亲水设计与设施·概述

史，必然会失去它的光辉，见图6～图8。

作为文化有机组成部分的亲水文化，它针对的不是纯自然物的水，而是"人化了的水"，是人类劳动实践的结果。亲水文化是人们在治理、开发、利用、配置、管理、保护以及认知、美化、欣赏、表现水的劳动过程中产生的物质的和精神的财富集合。其典型特征是人的劳动实践性，劳动创造了水文化，没有人的长期劳动实践，水只能是自然的水；创造水文化的劳动形式具有多样性，既有对水的开发利用、管理保护，又有对水的认知理解、欣赏表现；此外是水文化内容的广博性，它包含了人类创造的制度文化、物质文化和精神文化，并且既相互交叉，又相互渗透，成为一种独特的文化形式。

人们喜欢傍水而居，不仅因为方便生活，而且还因为水的湿润能健康身体、滋润肌肤。水的曲线造就视觉的满足，水的灵动足以洗涤心灵。水乃天地灵气所蕴育，水能寄情，亦能生情。水作为自然精魂的凝聚，徜徉在碧波荡漾的水畔，心灵会得以净化，思维会变得深邃。所谓"江南出才子"无不与这里的文化传统和灵动的水有关，见图8。

此外，中国传统的水意识，还非常注重水空间诸多因素的完整性体验。水体作为建筑外部环境和内部空间的构成要素，一般不与人体发生触觉上的直接联系。人观水、赏水的位置也大多处于水体之外，增加身临其境体会水与水环境的感受。中国古代的先民已经有了营造亲水空间的意识，并采用尽可能多的手段，弥补人与水体之间的触觉沟通，开始出现一些以水体作为主景而构造的亲水空间和水庭，见图9～图12。

中国的先贤圣哲，敬水爱水，流连于山水之间，诉说心曲，抒发胸臆，陶冶情操，使中国古代的水审美观达到了极高境界。今天，人们在水的开发利用的理念上，对水的认识又有了深刻的理解。人类的爱水、近水、亲水、戏水的本性，正在迅猛地重新萌发起来，并已从单纯的工程水利，逐步向资源水利、环境水利、生态水利和文化水利发展，并向水理念赋予了现代的意义和丰富的内涵。

3 最快乐莫过于夏日在自家门前小河里玩耍的孩子，黔东南侗族临河而居的寨子，呈现人与自然相融的和谐气氛

4 引水入村，绕家家门前而过，户户成为小桥流水人家

2 依水而建的江南亲水住宅，集中了观水、近水、赏水、触水和用水的重要元素

5 汲取传统亲水住宅神韵、结合现代科技文化和亲水理念而设计的现代亲水住宅

亲水设计与设施·概述

6 上千条水道、三百座桥形如织网，构成了水城威尼斯完整的水系和交通

7 有着浓郁欧罗巴文化特征和地域文化的威尼斯

8 图 6 的水巷街道

9 屋外诗一般的河道，而窗内的诗人如今却变成了寻觅的游客

10 水道两旁，堤路有廊，成为水城的公共亲水空间

11 从水道引水为池，环池筑屋建廊，形成半封闭水庭空间

12 图 11 中由外向内看的围廊水庭公共空间

13 颐和园中，清乾隆年间兴建的仿江南水城的"苏州街"

6 亲水设计与设施·亲水的设计原则

一、舒适性

除了具有防洪等特殊要求之外,亲水设计和设施,在坡度、高度和尺寸上应符合空间和人体尺度要求,既可以让使用者舒适地使用,并在视觉上令人向往。这种舒适性是就整个亲水环境而言的,包括在河畔水边行走、跑步、堤岸上下移动、就坐、躺卧和触水等。此外,要更多地关注老人、儿童和残疾人的需要,配备适用于他们的相关设施,见图 1 ~ 图 3 。

1 滨水的亲水设施,树阴下有观景亭、踏步和休息椅

二、生态性

亲水设计的生态性体现在生态的恢复和维持、人与自然的融合和功能适用性等方面。生态方面的合理性是要求设计者充分了解和掌握所设计环境的地区生态现状,制定符合该地区特性的、切实可行的实施方案。对于已形成较为丰富的、物种生存良好的自然环境,在不对该环境造成影响的前提下,应力求提供人与自然环境的接触,特别是与水的接触。在人与自然的交融中,仍能保持原有的生态现状和生物生息环境,见图 4 和图 5 。亲水活动的内容和方式应符合环境要求并与具体环境状况相结合,还应与设施相配套。

2 坐落在景观湖角湾处的亲水建筑,既可踏入水中平台赏景,又可进入建筑廊内乘凉、避雨。远远望之便使人产生想接近的欲望

3 逶迤在水中的亲水曲廊,在一侧临水处设置坐凳,无论天气如何都可坐在水边赏景,特别是盛夏炎炎烈日下,这里更显舒适、惬意

4 疏林中的浅水溪流,具有较好的自然生态环境。水溪边砌筑的高低错落的山石,方便人们在边岸触水

5 森林公园中横亘在水漫滩上的木栈桥,急流从栈桥下穿过,蹲在栈桥边可轻易地触到水,游人只能从全木结构的栈桥上通过,对自然环境不会造成不利的影响

三、安全性

在提倡近水和亲水设计的同时,不应忽略安全问题,俗话说的好,"水火无情"。近来,有关城市滨水区域发生安全事故的报道不断见诸报端。因此,避免在亲水区发生跌水、溺水事故成为亲水设计的安全底线。在接近、接触水的水边部位应考虑防范性的安全设施,原则上不要在水位较深、水流较大的区域进行亲水设计,也要避免在具有潜在危险的地段进行设置。如果确须进行设置,则应考虑必要的安全措施,见图 6。

6 虽然踏步式亲水平台极为平缓,离水面也较近,但平台下的水位较深,因而设置了安全护栏

1. 亲水边岸的安全设计 由于雨水、洪水和干旱等因素的影响,使河湖水位产生很大的变化,特别是一些季节性河流的河床变化更大,致使河湖本身就存在发生水情事故的危险性。这一点应引起设计者的高度注意,因此,安全的边岸设计就显得尤为重要。应该采用利用者在无需帮助的情况下能够自我解脱和不需费力动作的结构,见图 7 ~ 图 9。

如果欲将亲水边岸设计成坡面形式,则应以缓斜坡的结构将水边部位与水下部分连接起来,并要缩小缓斜坡至水面以下部位的落差,见图 8 a。倘若将边岸设计成阶梯形式时,一定要将踏步一直延伸至水下河床,见图 8 b。此外,还要缩小边岸至水面以下部位的落差,并将从河岸向深水区延伸的一段距离的水域做成浅水区,见图 8 c。

a 将水边部位及其相接的水面以下部位连接在一起的缓斜坡坡面

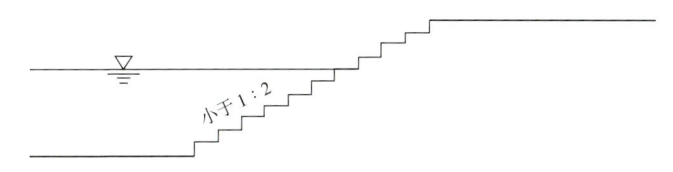

b 使水边部位呈阶梯状,并一直延伸至河床

c 缩小边岸至水面以下部位的落差,并将自河岸向前延伸的一定范围的水域做浅水区处理

8 符合安全要求的亲水边岸的结构

7 与图 8 a 边岸结构相同的亲水缓斜坡

9 与图 8 b 边岸结构相同的亲水阶梯

6 亲水设计与设施·亲水的设计原则

将亲水边岸的一定水域设计成浅水区，是最安全可靠的方法，这对于妇女和儿童来说尤为重要。对于规则式的直线形边岸，还要将临水边岸至水面以下的落差缩小到合适的高度，并尽量加大浅水区的距离。如果是多梯阶的踏步边岸，应将踏步分梯延伸至较深水域，见图10～图12。

如果采用非规则式的自然边岸，水面以下浅水区不可能设置平整的亲水平台，但其坡度应尽量平缓，且水位深度能够让利用者清楚地看到水底河床，见图13。既使是专为安全亲水而建的浅水溪流，其边岸也应尽量平缓，见图14和图15。

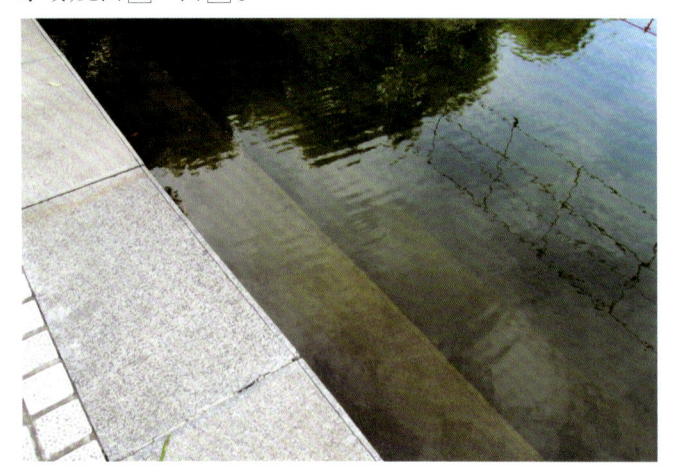

10 临水踏步宽阔的阶梯形边岸，距水面以下的落差极小，水面以下的亲水台阶一目了然

13 能够让人一眼望穿的自然式亲水边岸，清晰地看到水底使人消除了对朦胧水体的恐惧，使亲水环境变得温馨、方便

11 水面上三级、水面下二级的低落差踏步的亲水边岸

14 沙滩式亲水溪流，深浅水域没有截然隔离，而是设置浮标警戒线

12 堤岸至水面以下落差较小、可让人看清水深的水面下的亲水平台及其高度的亲水环境，既舒适又方便

15 在浅水区戏水的妇女和儿童，环境优雅、舒适和安全

2. 亲水安全措施与设施 亲水设计原则上不应在有潜在危险的地段设置亲水设施，例如，河流冲蚀部分，流速较快河床狭窄部位；支流的分合点及其他河流状况不稳定的地方；有堰和水闸的地方及水位较深的地方等，见图16～图19。

即使不在以上地段进行亲水设计，也应对拟设置场所的河湖边岸和河床断面进行认真调研，因地制宜地进行构思设计。此外，还应根据需要采取相应安全措施，设置必需的安全救生设施，见图20和图21。

16 水流湍急的河溪，存在潜在的危险，不应在这样的河段设置亲水设施

17 流速较快、河床狭窄部位水情极不稳定，也不应设置亲水设施

18 水闸、堰等水利管理设施周围也不能设置亲水设施

19 水情暴涨暴跌，汛期水患频繁，边岸冲蚀严重，河岸极不稳定，这样的河段也不能设置亲水设施

20 亲水河岸边的救生圈，发现落水者时岸上人可将其抛入水中救助

21 岸边带有绳索的救生圈，通过他人辅助实施救助

6 亲水设计与设施·亲水的设计原则

在亲水环境和城市滨水边岸，应根据具体情况和需要，设置防落水的栅栏。栅栏的类型很多，按尺度分为高栅栏、低栅栏、宽栅栏和薄栅栏；按材质分为石栏、铁栏、木栏和混合材料栏等。

为防止人们不慎跌水设置的栅栏一般称为安全栏，在潜在危险不大的部位设置的、为提示和装饰而设置的栅栏称为警示栏。此外，还有不同结构和材料组合的复合栅栏，以及通过密植灌木而设置的绿篱栏。常见的几种栅栏的作用和环境效果见图22～图28。

22 在无阶梯、水位较深处设置的安全性较高的栅栏

23 在危险部位设置的钢栏加保护板的复合式栅栏

24 采用与地面相同的材料，使安全栏在质感和色彩上与周边环境相谐调

25 与周围植物群落和建筑群等城市景观不太协调的安全栏

26 与周围城市景观极为协调并融为一体的金属管玻璃栏

27 无视线碍障的索链栏，下部有钢丝牵拉防护

28 浅水边岸具有提示、警示和装饰性功能的低石栏

四、合理性

1. 生态合理性 在未被城市化开发的河湖滨水地带，有着丰富的自然环境，并且繁育、生长着适合水边环境的以当地物种为特征的动植物。其中，尤以植物的品种多种多样，形成了以边岸为主要区域的、水陆交融的生态自然环境。

图1和图2是为鱼虾等水生动物提供边岸栖息环境的生态护岸。在正常水位以下的护岸衬砌采用预制鱼巢结构，为水生动物提供了充裕的生存和躲藏空间。

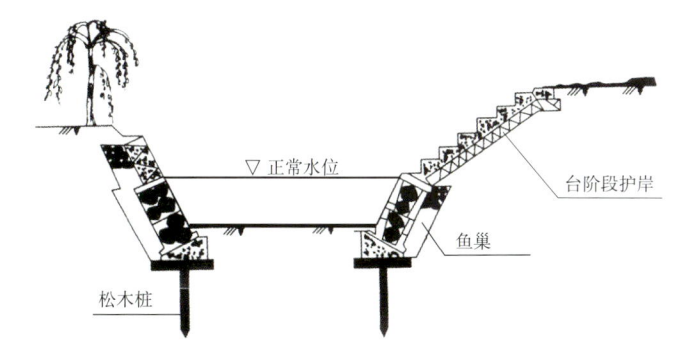

1 鱼巢结构断面图

2 图1的鱼巢护岸正面

生态合理性的真正实现，首先是治水管理者、设计者要有回归自然的治水思想和人与自然和谐相处的理念，改变以往到处搞城市化河道整治和所谓的景观河岸的做法，恢复和维持河道的自身基本功能，尤其是维护水生物的多样性和生物链，以提高水体的自净化能力。

其次是要兼顾以人为本的设计思想，在不影响边岸生态环境的前提下，尽量考虑人的亲水需求和人在滨水区的活动空间，以满足人类活动的需求。

图3是未被人类开发和干扰的河川自然环境，河床和边岸的动植物丰富多样，呈现出和谐的生态景观。

图4~图7是人工营造的河川和边岸生态环境，虽然与图3完全自然的生态环境不能比拟，但已能满足生物生存的环境需要，特别是营造了多样的水生物和生物链，也能提高水体的自净化能力。

3 自然演替形成的河川环境，不仅有其自身内在的合理性，而且具有人工所不能及的生态性和景观效果

4 在尽量保留原有树木的同时，利用当地材料和地形，充分考虑生物生存环境的河川和亲水边岸

5 采用植物栽植营造生物生存环境的亲水河岸

6 亲水设计与设施·亲水的设计原则

6 图 **5** 植物栽植的亲水河岸局部

7 植物栽植、散布山石的生态亲水河岸，较缓的草坡，树种多样的疏林，营造了一个诱人的亲水空间

营造生物生存环境的亲水河川，特别是在富于多样性的水边部位，最好不要采用混凝土进行表面铺装，除了植物栽植外，可采用石铺或石铺与栽植相结合的方法，见图 **8** ~图 **10**。

8 岸坡植草栽树、坡底铺石护趾的亲水护岸，水面下的石缝为水生动物提供躲藏和生存空间

9 图 **8** 边岸局部　　**10** 多样性的亲水边岸

在河湖边岸区域内种植树木、花草是值得肯定的，但应栽植当地的原生植物，不要盲目引进外来品种，也不要在河湖边岸修建城市公园或公园化的大型花坛，见图 **11** ~图 **13**。

11 不是当地原生的外来品种，且整体布局过于公园化

12 规整式的几何造型滨水景观与河川状态极不谐调

13 过于人工化的河川边岸花坛

2. 历史与地域文化的合理性 任何地方都有自己的历史和地域文化，不同地区的湖泊和河川之所以都有自己的魅力和个性，就是因为存在着历史和地域文化印痕和因素。在进行河道整治和边岸重建时，如何将该地区的历史文化内涵和地域风情与水工程相融合，并恰当地表现和展示出来，是工程设计需重点考虑的问题。

作为水工程的护岸与亲水设计，是科学性与艺术性的结合，且在客观上表现了该工程的文化内涵，也流露出工程设计者和建造管理者的文化艺术修养。亲水设施和边岸是人们喜观光顾和聚集的场所，更应传承当地历史文化，创新现代水文化表现形式，使其成为既有愉悦性和观赏性，又有艺术性和文化性的场所。

在表现手法上，我们提倡多用天然材料，尽可能将工程废弃土和石料碎渣进行再利用。在边岸和亲水设施上表现历史文化，要形式简洁、质朴，与边岸环境和周边景观相协调。最好不要采用绘画装饰，可以通过边岸、堤路的铺装、栅栏、围栏、栈桥、曲桥以及灯具、指示牌和座椅等形式来表现，见图 14 ~ 图 17 。

15 在边岸水中或岸坡上设置雕塑也是一种表现方法，值得注意的是，雕塑在滨水环境的使用有些泛滥

16 利用设置栅栏的机会，在石栏和柱头上雕刻一些表现当地历史和地域文化的图案，是一举两得的方法

14 采用当地石材、碎石在堤路和亲水阶梯上镶嵌图案，既很好地表现了古镇的历史文化，又给人以历史的厚重之感

17 千年之久、穿越苏北——一历史文化名城的古老河道在治理设计中利用悬壁浮雕表现地域文化和河畔风情

6 亲水设计与设施·亲水的设计原则

3. 工程设计的合理性与亲水的便利性 工程设计的合理性首先应符合人的要求,以人为本,为人所用;其次是亲水设计及设施不会影响水利工程和河道安全。所谓便利性是指人们使用的便利性和维护管理的便利性,归纳起来主要有以下几点:

(1)以人为本的工程设计才能体现出亲水的人性化,具体内容包括亲水设施要有符合人体工程学的尺度、坡度、体量和大小,以及选择的位置和方式等,例如,阶梯的坡度和踏步的大小、高低是否适宜;亲水平台伸入水中的位置及平台与水面的关系,见图18~图20。

18 在有限的水域上最大限度地满足亲水的需要,亲水的方便性、舒适性和安全性都考虑得非常周到

(2)在江河湖泊边岸设置亲水设施时,应符合水利管理规定,不能对堤防的安全造成影响;还应避免在河流狭窄部位、水流较急河段和河流分叉点等部位设置亲水设施。

(3)亲水设施不应成为阻碍水流和行船的障碍物,也不应对河湖日后的整治造成影响,还应远离拦河坝、水闸等水利管理设施。

(4)如果是伸入水面的亲水设施,如栈道、平台和廊亭等,应

19 利用有限的水面实现亲水活动,但过于人工化的处理手法,虽点缀自然山石,但仍使人难于接近水面,边岸缺乏柔和感

20 一边是碎石浅滩,一边是伸入水中的平台,与图19相比,最大限度地满足了人们亲水的需求,设计很具人性化

21 "水漫金山",房变成了船,路变成了渠。该亲水廊亭的常水位线测定失误,导致湖水淹没建筑地平和道路,使人难以进入

测量准水体的常水位线,根据所处地区气候、降雨量和地形特点来确定建筑地平。如果确定的数值不准,将造成高水位期无法使用的尴尬,见图21和图22。

(5)亲水的便利性包括使用者的便利性和管理的便利性;使用的便利性包括尺度、坡度和人性化的设计;管理的便利性包括选址、选材和工程造价及耐久性的结构等。

22 伸入水面的观景平台,虽然湖水不会淹没,但是平台内排水不畅,人们无法进入

一、功能与特点

在注重人与自然和谐相处的今天，人们对水环境的要求越来越高，河流湖泊已不仅仅具有"蓄水、泄洪、排涝、引清、航运"等水道的基本功能，而且还应具有"景观、旅游、生态、对周边环境的呼应"等功能。人们渴望见到水，见到绿树夹岸、鱼虾洄游的河道生态景观。亲水栈道和平台为人们提供了一个观赏水景和水生动植物以及与水环境亲密接触的场所，见图1。

1. 亲水栈道 临水而建的亲水栈道，通常沿边岸设置或伸入水面，多呈曲线形、折线形由边岸连接亲水平台和水榭长廊。如果亲水栈道跨过水面连接彼岸，又称为栈桥。栈道桥面上一般多采用铺木板或仿木板的方式，木板之间多采取离缝拼铺形式，每块木板之间的缝隙宽度根据环境而定，例如设计为游人观水的缝隙宽2cm以上，一般为 0.5～2 cm。宽板缝的设计，是想让游人漫步临水栈道时看到水从脚下流过，心情由稳实进入悬空再进入稳实，实现心理的突变，增加景观情趣。

2. 亲水平台 亲水平台与栈道的结构类型基本相似，其显著区别是平台面积大，在设计上一般是依岸而建，另一边伸入水面或挑入水面。亲水平台要结合原有地形并在满足行洪要求基础上修建。亲水平台有平地式和分级式两种。分级式一般整体分为三至五级，逐级下梯，高梯主要供游人观赏河湖美景。如果亲水平台下水位较深，通常设置安全栏；水位较浅或是浅滩，亲水平台最低梯可直接临水，以供孩童玩水。亲水平台与栈道具有功能和构造上的相同性，栈道也就是伸入水面的平台，平台是岸边加宽了的栈道，但它们的区别又很明显，见图2～图4。

行走在亲水栈道上，能够让人感受到水汽的清凉和滋润，呼吸大自然最淳朴的气息，也许，这便是亲水栈道更受人们青睐的原因吧。

2 这是栈道和平台融为一体的实例，如果一定要区分，那尽头面积方整且大的是平台，其他窄如路面的就是栈道了

3 虽然伸入水面不多，但其窄如道路，人们肯定称之栈道无疑

1 挑入湖面的亲水平台，犹如游船的甲板，成为观景的最佳地方

4 尽管其伸入水面距离较远，但由于横向距离是纵向距离的2倍，且面积较大，因而，所有人都会称其为亲水平台

二、主要类型及构造

亲水栈道的构造类型主要有钢筋混凝土结构、砌石结构、钢结构、木结构和混合结构等，混合结构包括钢木结构和钢筋混凝土梁架木质覆面结构等，见图1~图7。也有为了环境的需要做成钢筋混凝土仿木结构，但其本质上仍然属于钢筋混凝土结构。

1 钢筋混凝土结构和覆面的亲水栈道

2 砌石结构、面层为整块石板铺成的栈桥

3 钢结构、面层为密缝木板的观景栈桥

4 支撑结构为钢筋混凝土、栏杆和面板为钢木的混合结构

5 钢筋混凝土为支撑结构、木板覆面的栈道和平台

6 砌石为支撑底座、木结构覆面的亲水平台

7 全木结构的亲水栈桥

三、实例

1. 颐和园昆明湖小南湖东岸掩映在芦苇丛中的亲水栈道和平台（中国北京）

2. 图1的局部，从木平台上看亲水边岸的环境效果，栈道与水边环境浑然一体

3. 连接湖中小岛的钢筋混凝土亲水栈桥

4. 连接岛形亲水平台的木结构竹覆面的栈桥（中国江苏）

5. 木栈道和岛形平台构成湖边具有诱惑力的亲水环境（中国江苏）

6. 亲水边岸、栈道和伸入水中的岛形平台（中国江苏）

6 亲水设计与设施·亲水栈道与平台

7 在湖边分隔出小水面的石栈道(中国上海)

8 图 **7** 栈道局部

9 穿梭在水生植物中并连接水中平台的亲水栈道(中国上海)

10 沿水边而建的亲水栈道和平台(中国上海)

11 部分挑入水中的亲水栈道和平台局部

12 图 **10** 中的亲水平台局部

13 图 **10** 中栈道与平台连接处的山石与木地板的节点

亲水设计与设施·亲水栈道与平台 6

14 栈道将水中平台、水中亭和水边建筑连成一个整体的亲水环境设施（中国上海）

15 图 14 中栈道与水中亭的环境局部

16 环湖边岸兴建的亲水栈道和平台（中国上海）

17 图 16 中的一个亲水平台

18 为孩子们修建的水边垂钓平台（中国上海）

19 公园小水面中的亲水栈道和建筑（中国上海）

20 大型纪念园水面边的亲水平台（中国上海）

21 园林水体边的亲水平台（中国上海）

22 住宅前景观水渠边的亲水木平台（中国上海）

6 亲水设计与设施·亲水栈道与平台

23 水生林中的混凝土栈桥(中国广东) 　　**24** 沿河岸而建的仿木栈道和横跨小河的混凝土栈桥(中国广东)

25 图24中混凝土栈桥局部 　　**26** 黄河故道边亲水栈道和平台(中国江苏) 　　**27** 图26挑入水面的亲水平台和栈道

28 图26中的一个外弧形的平台局部 　　**29** 建在河道水面上的亲水栈道和平台(中国江苏)

30 伸入水面上的亲水栈道,既可观景又可垂钓(中国江苏) 　　**31** 图30中的亲水栈道局部(中国江苏)

216

亲水设计与设施·亲水栈道与平台 6

93 图96的局部

94 与图96同环境的亲水平台

95 图94的局部

96 建在沙滩边和水中的亲水平台(中国香港)

97 图96的亲水阶梯和伸入水中的平台

98 挑入水中的亲水平台(中国江苏)

99 城市公园中的亲水平台(中国香港)

100 图101的局部

101 城市公园水面中的亲水平台(中国香港)

102 城市景观湖狭窄处的亲水栈桥(中国上海)

6 亲水设计与设施·阶梯与踏步

一、功能与特点

亲水阶梯，又称为台阶，当涉及具体梯级时又称为踏步。亲水阶梯是最容易使人接近水、接触水和涉入水的亲水设施之一。为人们提供可安全方便到达水边的阶梯是亲水设计中的重要内容。亲水阶梯的主要功能和设计要点如下：

（1）在城市大型水景和社区的较大面积水景中，可以设计紧贴水景水岸的坡形走道或逐级台阶，使人们的亲水活动不受水面高度变化的影响。沿着石阶在水边漫步的同时，只需弯下身子，就可接触到水，可以使人们与水的亲近程度非常密切。也可采用草坪缓坡或错落有序的毛石堆砌等方式以达到亲水要求，见图1～图4。

（2）城市河道垂直护岸的矩形断面由于离水面较高，需设置护栏等保护措施，同时沿直立护墙设置两岸交错上下台阶，满足上下岸和亲水的要求，见图2。梯形断面的河道边坡要考虑游人行走安全要求，留足马道宽度。

（3）亲水平台或亲水台阶的护岸，需根据水位变幅，在亲水平台中设置水下平台，水下平台应有足够宽度，保护游人在亲水、戏水过程中的安全。设计时允许小洪水淹没某些岸边设施，这样做既能长时间保持一定水深，又使河道的常水位尽量贴近人们，让人能走到水边，使人们的亲水活动不受季节和水位变化的影响。

（4）用于儿童嬉水的涉水池，常常将亲水阶梯与涉水池作为整体设计，涉水池可分水面下涉水和水面上涉水两种。水面下涉水的深度通常为0.1～0.3m，池底必须进行防滑处理，不能种植苔藻类植物，见图4。

（5）亲水阶梯坡度的确定，应考虑到行走和上下的舒适、攀登效率和空间状态等因素。梯段各级踏步前缘各点的联线称为坡度线。坡度线与水平面的夹角即为阶梯的坡度（这一夹角的正切称为阶梯的梯度）。不同环境和边岸状况对阶梯要求的坡度各不相同。除了特殊功能的台阶外，坡度为14°～27°，坡道的坡度通常在15°以下。一般说来，在人流较大、安全标准较高或面积较充裕的场所阶梯坡宜平缓些。

（6）户外亲水阶梯的踏步的尺寸一般应与人脚尺寸步幅相适应。踏步的尺寸包括高度和宽度。踏步高度与宽度之比就是阶梯的梯度。踏步在同一坡度之下可以有不同的数值，应给出一个恰当的范围，使人行走时感到舒适。实践证明，行走时感到舒适的踏步，一般都是高度较小而宽度较大的。因此在选择高宽比时，对同一坡度的两种尺寸以高度较小者为宜，但要注意宽度亦不能过小。

[2] 由于城市河道大多为矩形断面，并采用垂直护岸，使得边岸离水面较高，这就需要沿直立护墙间隔设置交错的上下接转平台和台阶，以满足人们上下岸和亲近水的需求

[3] 毛石块错落有序地堆砌，并与植草相结合，形成了自然生态的亲水边岸，既可坐下休息又方便触水

[1] 可沿水边散步、赏景和触水的亲水台阶

[4] 一边设有戏水喷泉，另两边分别设置坡形走道和逐级台阶的涉水池，池内为喷泉的流动水波，池底做了防滑处理

二、设计资料及参数

1. 阶梯结构的安全性和舒适性 安全性是亲水设计的首要问题。在确保游人的亲水和戏水过程安全的前提下,应该考虑使用者上下台阶不吃力,遇到意外能够自我解脱。因此,必须采用既安全又舒适的踏步结构。图5的阶梯形式是将踏步一直延伸至河床,以避免游人突然跌入深水;图6是缩小至水面以下部位的落差,并将第二级台阶自河岸向前延伸一定宽幅范围的水下台阶作浅水区处理的设计实例。

5 比较安全和舒适的亲水阶梯

6 将第二级台阶作浅水区处理并延伸一定范围的亲水台阶

2. 阶梯的形式与类型 从人们亲水活动的内容和要求来说,亲水阶梯具有多种功能。首先可将亲水阶梯按要求和功能划分为主要功能阶梯和次要功能阶梯;按用途可分为上下型阶梯、立足型阶梯、就坐型阶梯和泊船型阶梯4种形式,见表1。

3. 阶梯及边岸的坡度 有关亲水阶梯适用于水边踏步的坡度值,目前还没有国家和行业规范的明确指标。我们根据相关建筑和水利的规范要求,以及各种户外阶梯的坡度与护岸边坡的关系进行整理和归纳,并参考国内外的相关资料,形成了如图7所示的阶梯坡度与护岸边坡坡度关系的数值。

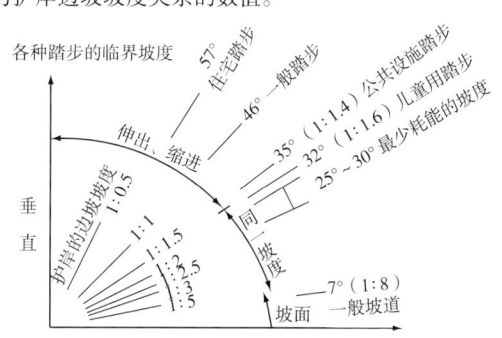

7 阶梯坡度与护岸边坡坡度关系的数值

4. 阶梯踏步高度(R)与踏面宽度(T) 安全舒适和易于行走是踏步设计的基本原则。从这一角度出发,结合建筑和园林设计相关数据,我们知道踏步在同一坡度下会有多种尺寸;其标准尺寸也会因使用对象的不同而有不同的数值。例如,面向多数人群的阶梯踏步高度约为18cm,而供老人和儿童使用的踏步高度则为15cm。至于踏步高度与宽度的关系,虽然已有多种不同的关系式,但实践证明,最常用的关系式为2倍的踏步高度加上踏面的宽度,即60~65cm。这是以人的自然步幅为基础的,见表2、表3和图8。

亲水阶梯的主要类型、用途与功能　　　表1

形式	主要类型	基本功能	
	用途	主要功能	次要功能
立足型	平地式,提供戏水和垂钓的立足处	平地,在水边线活动的立足处	纵向的通道上下,坐椅
	垂钓场所式	垂钓场所的立足,平地	上下移动,坐椅
	观察和观赏用场所式	作为观察和观赏活动立足处	上下移动,坐椅
就坐型	休憩用坐椅式	休息用坐椅,纵向通道	上下移动
	大型娱乐、节日庆典活动、体育活动观览式	观览席、观看坐椅	上下移动,纵向通道
上下型	上下移动通过式	供游人上下	纵向通道
泊船型	游船码头式	供上下船用	
	划艇、小型船泊船码头式	划艇、小型船上下船	
说明	就坐型和上下型阶梯可全面利用边岸的堤坡范围;而立足型和泊船型仅能利用堤岸的水边线		

不同坡度的阶梯踏步高与踏面宽度　　　表2

坡度	成人				老人、儿童	
	$2R+T=65$		$2R+T=60$		$2R+T=57$	
	R	T	R	T	R	T
1:1.0	21.7	21.7	20.0	20.0	19.0	19.0
1:1.5	18.6	27.9	17.1	25.7	16.3	24.4
1:2.0	16.3	32.5	15.0	30.0	14.3	28.5
1:2.5	14.4	36.1	13.3	33.3	12.7	31.7
1:3.0	13.0	39.0	12.0	36.0	11.4	34.2

6 亲水设计与设施·阶梯与踏步

阶梯坡度与角度的关系　　表3

1:1.3	333%	73.3°	9%	1:11.4	5°
1:0.5	200%	63.4°	18%	1:5.7	10°
1:1.0	100%	45.0°	27%	1:3.7	15°
1:1.5	67%	33.7°	36%	1:2.7	20°
1:2.0	50%	26.6°	47%	1:2.1	25°
1:2.5	40%	21.8°	58%	1:1.7	30°
1:3.0	33%	18.4°	70%	1:1.4	35°
1:5.0	20%	11.3°	84%	1:1.2	40°
1:10.0	10%	5.7°	100%	1:1.0	45°
			119%	1:0.8	50°

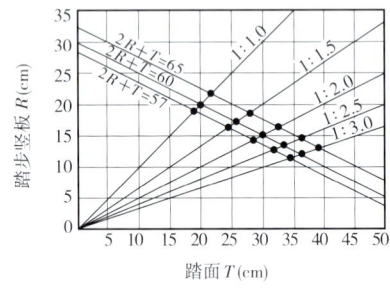

8 坡度与踏步高度和踏面的关系

我们知道，舒适的踏步尺寸是使人上下移动时感觉轻松的步幅为基准计算得出的。在表1所列的4种阶梯形式中，上下型、立足型和就坐型的踏步尺寸最为常用，见表4、表5和图9。

立足型和就坐型阶梯尺寸　　表4

行为方式和尺度要求		尺寸(cm)
纵向行走时的必要踏步宽度	人在踏步上可行走最小宽度	40
	人行走的必要人体宽度	60
	人与人之间的间隔	10
适宜就坐的踏步尺寸	踏步高度(座面高)	35～40
	踏步宽度(踏面)	38～45
采取蹲姿时的必要空间尺度	最小宽度	60
	标准宽度	70
就坐者与行走者同时并存时的宽度	最小宽度	108～110
	标准宽度	113～120

上下型阶梯踏步尺寸　　表5

尺度名称	成人(cm)	老人、儿童(cm)
踏步高度	18以下	16以下
踏面宽度	26以上	26以上

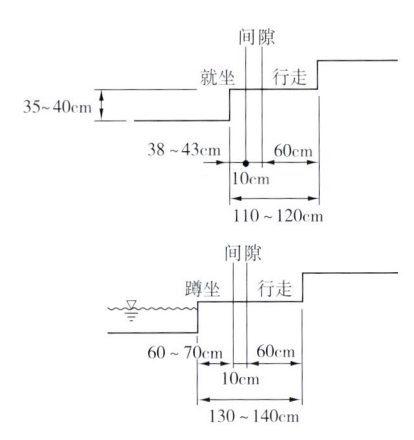

9 就坐与行走并存的阶梯踏步空间尺度

5. 踏面材质和防滑铺装　　亲水阶梯设在水边，在人们进行触水活动或雨天时，踏面浸水或被弄湿，这时就极易发生跌倒等安全问题，因此，设计时就必须考虑阶梯防滑问题。防滑措施最好利用天然石材的粗糙材质面，对于光面材料，必须做人工防滑处理，见图10和图11。

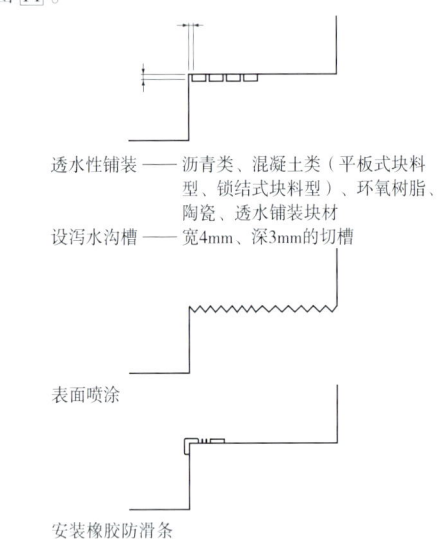

透水性铺装——沥青类、混凝土类(平板式块料型、锁结式块料型)、环氧树脂、陶瓷、透水铺装块材

设泻水沟槽——宽4mm、深3mm的切槽

表面喷涂

安装橡胶防滑条

10 阶梯防滑的几种做法

11 亲水阶梯与坡道的组合，阶梯踏步边沿为防滑仿石凿毛处理，踏面和坡面为小卵石和碎石铺贴，具有极好的防滑效果

三、实例

|1| 城市景观湖的边岸景观和亲水台阶（中国上海）

|2| 图3环状亲水台阶局部

|3| 图1湖湾一角具有休闲餐饮功能的亲水台阶

|4| 图3的台阶局部

|5| 城市公园水面边可观景、戏水的亲水台阶（中国香港）

|6| 图5中的亲水台阶局部

6 亲水设计与设施·阶梯与踏步

|7| 图|8| 铺贴防滑陶瓷面砖的圆弧形亲水台阶

|8| 城市大型水景边的亲水台阶(中国香港)

|9| 城市景观湖边的石板亲水台阶(中国江苏)

|10| 图|11| 木板覆面的台阶局部

|11| 城市水景边木板覆面台阶(中国江苏)

|12| 图|10| 转角台阶局部

|13| 城市景观湖边的砌石台阶(中国上海)

|14| 城市风景区园林水面边的亲水台阶(中国浙江)

|15| 自然生态公园河溪边的砌石台阶(中国福建)

亲水设计与设施·阶梯与踏步 6

16 浅水海滩边的砌石亲水台阶和平台（中国香港）

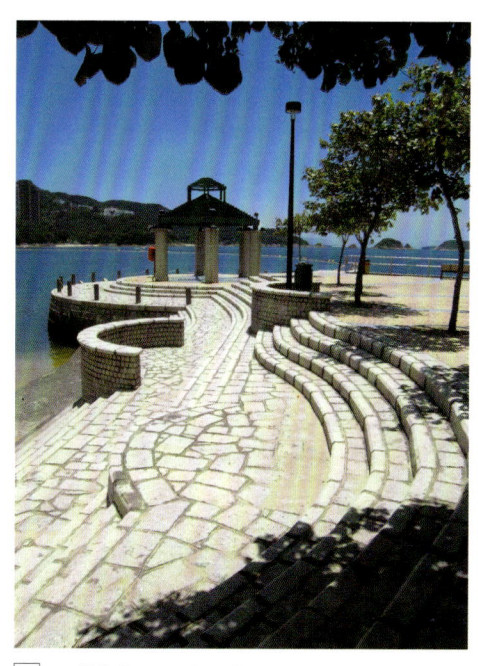

17 图 16 中的环境局部

18 图 16 的砌石台阶和坡道局部

19 图 16 中砌石台阶和边岸景观局部

20 设有逐级亲水台阶、水下台阶和亲水缓坡的城市景观湖，岸形丰富、景观迷人（马来西亚）

21 图 20 的一段亲水边岸。设置的水下台阶，宽度较大，既方便戏水，又确保安全

6 亲水设计与设施·阶梯与踏步

22 城市河道边岸中的亲水台阶，砌石踏步宽幅近1m，而高度仅10mm（中国江苏）

23 黄石护底的草坡边岸，常水位时，石块既可立可坐，又方便触水；高水位期，大部分黄石块都没入水面，人们可在草坡边触水（中国江苏）

24 一边是植草缓坡，另一边是错落有序毛石堆砌的亲水护岸，营造了自然生态和满足亲水要求的边岸环境（中国上海）

25 图 **23** 的亲水边岸环境局部

26 图 **23** 中的边岸局部，黄毛石错落有致，既可在水面下又可在水面上涉水

27 图 **25** 的边岸局部，草坡与块石结合，使岸坡更加稳固，形成较自然、生态的亲水边岸

亲水设计与设施·亲水栈道与平台

93 图96的局部
94 与图96同环境的亲水平台 
95 图94的局部 
96 建在沙滩边和水中的亲水平台(中国香港) 
97 图96的亲水阶梯和伸入水中的平台 
98 挑入水中的亲水平台(中国江苏) 
99 城市公园中的亲水平台(中国香港) 
100 图101的局部 
101 城市公园水面中的亲水平台(中国香港) 
102 城市景观湖狭窄处的亲水栈桥(中国上海)

6 亲水设计与设施·阶梯与踏步

一、功能与特点

亲水阶梯，又称为台阶，当涉及具体梯级时又称为踏步。亲水阶梯是最容易使人接近水、接触水和涉入水的亲水设施之一。为人们提供可安全方便到达水边的阶梯是亲水设计中的重要内容。亲水阶梯的主要功能和设计要点如下：

（1）在城市大型水景和社区的较大面积水景中，可以设计紧贴水景水岸的坡形走道或逐级台阶，使人们的亲水活动不受水面高度变化的影响。沿着石阶在水边漫步的同时，只需弯下身子，就可接触到水，可以使人们与水的亲近程度非常密切。也可采用草坪缓坡或错落有序的毛石堆砌等方式以达到亲水要求，见图1～图4。

（2）城市河道垂直护岸的矩形断面由于离水面较高，需设置护栏等保护措施，同时沿直立护墙设置两岸交错上下台阶，满足上下岸和亲水的要求，见图2。梯形断面的河道边坡要考虑游人行走安全要求，留足马道宽度。

（3）亲水平台或亲水台阶的护岸，需根据水位变幅，在亲水平台中设置水下平台，水下平台应有足够宽度，保护游人在亲水、戏水过程中的安全。设计时允许小洪水淹没某些岸边设施，这样做既能长时间保持一定水深，又使河道的常水位尽量贴近人们，让人能走到水边，使人们的亲水活动不受季节和水位变化的影响。

（4）用于儿童嬉水的涉水池，常常将亲水阶梯与涉水池作为整体设计，涉水池可分水面下涉水和水面上涉水两种。水面下涉水的深度通常为0.1～0.3m，池底必须进行防滑处理，不能种植苔藻类植物，见图4。

（5）亲水阶梯坡度的确定，应考虑到行走和上下的舒适、攀登效率和空间状态等因素。梯段各级踏步前缘各点的联线称为坡度线。坡度线与水平面的夹角即为阶梯的坡度（这一夹角的正切称为阶梯的梯度）。不同环境和边岸状况对阶梯要求的坡度各不相同。除了特殊功能的台阶外，坡度为14°～27°，坡道的坡度通常在15°以下。一般说来，在人流较大、安全标准较高或面积较充裕的场所阶梯坡宜平缓些。

（6）户外亲水阶梯的踏步的尺寸一般应与人脚尺寸步幅相适应。踏步的尺寸包括高度和宽度。踏步高度与宽度之比就是阶梯的梯度。踏步在同一坡度之下可以有不同的数值，应给出一个恰当的范围，使人行走时感到舒适。实践证明，行走时感到舒适的踏步，一般都是高度较小而宽度较大的。因此在选择高宽比时，对同一坡度的两种尺寸以高度较小者为宜，但要注意宽度亦不能过小。

2 由于城市河道大多为矩形断面，并采用垂直护岸，使得边岸离水面较高，这就需要沿直立护墙间隔设置交错的上下接转平台和台阶，以满足人们上下岸和亲近水的需求

3 毛石块错落有序地堆砌，并与植草相结合，形成了自然生态的亲水边岸，既可坐下休息又方便触水

4 一边设有戏水喷泉，另两边分别设置坡形走道和逐级台阶的涉水池，池内为喷泉的流动水波，池底做了防滑处理

1 可沿水边散步、赏景和触水的亲水台阶

二、设计资料及参数

1. 阶梯结构的安全性和舒适性 安全性是亲水设计的首要问题。在确保游人的亲水和戏水过程安全的前提下，应该考虑使用者上下台阶不吃力，遇到意外能够自我解脱。因此，必须采用既安全又舒适的踏步结构。图5的阶梯形式是将踏步一直延伸至河床，以避免游人突然跌入深水；图6是缩小至水面以下部位的落差，并将第二级台阶自河岸向前延伸一定宽幅范围的水下台阶作浅水区处理的设计实例。

5 比较安全和舒适的亲水阶梯

2. 阶梯的形式与类型 从人们亲水活动的内容和要求来说，亲水阶梯具有多种功能。首先可将亲水阶梯按要求和功能划分为主要功能阶梯和次要功能阶梯；按用途可分为上下型阶梯、立足型阶梯、就坐型阶梯和泊船型阶梯4种形式，见表1。

亲水阶梯的主要类型、用途与功能　　　　表1

形式	主要类型	基本功能	
	用途	主要功能	次要功能
立足型	平地式，提供戏水和垂钓的立足处	平地，在水边线活动的立足处	纵向的通道上下，坐椅
	垂钓场所式	垂钓场所的立足处，平地	上下移动，坐椅
	观察和观赏用场所式	作为观察和观赏活动立足处	上下移动，坐椅
就坐型	休憩用坐椅式	休息用坐椅，纵向通道	上下移动
	大型娱乐、节日庆典活动、体育活动观览式	观览席、观看坐椅	上下移动，纵向通道
上下型	上下移动通过式	供游人上下	纵向通道
泊船型	游船码头式	供上下船用	
	划艇、小型船泊船码头式	划艇、小型船上下船	
说明	就坐型和上下型阶梯可全面利用边岸的堤坡范围；而立足型和泊船型仅能利用堤岸的水边线		

6 将第二级台阶作浅水区处理并延伸一定范围的亲水台阶

3. 阶梯及边岸的坡度 有关亲水阶梯适用于水边踏步的坡度值，目前还没有国家和行业规范的明确指标。我们根据相关建筑和水利的规范要求，以及各种户外阶梯的坡度与护岸边坡的关系进行整理和归纳，并参考国内外的相关资料，形成了如图7所示的阶梯坡度与护岸边坡坡度关系的数值。

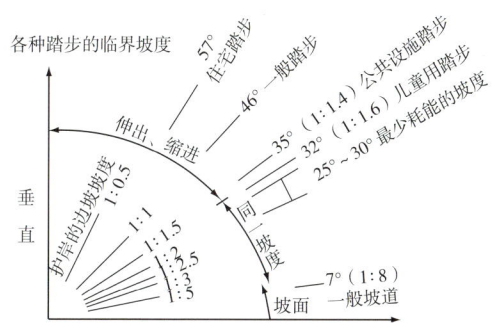

7 阶梯坡度与护岸边坡坡度关系的数值

4. 阶梯踏步高度(R)与踏面宽度(T) 安全舒适和易于行走是踏步设计的基本原则。从这一角度出发，结合建筑和园林设计相关数据，我们知道踏步在同一坡度下会有多种尺寸；其标准尺寸也会因使用对象的不同而有不同的数值。例如，面向多数人群的阶梯踏步高度约为18cm，而供老人和儿童使用的踏步高度则为15cm。至于踏步高度与宽度的关系，虽然已有多种不同的关系式，但实践证明，最常用的关系式为2倍的踏步高度加上踏面的宽度，即60~65cm。这是以人的自然步幅为基础的，见表2、表3和图8。

不同坡度的阶梯踏步高与踏面宽度　　　　表2

坡度	成人				老人、儿童	
	$2R+T=65$		$2R+T=60$		$2R+T=57$	
	R	T	R	T	R	T
1:1.0	21.7	21.7	20.0	20.0	19.0	19.0
1:1.5	18.6	27.9	17.1	25.7	16.3	24.4
1:2.0	16.3	32.5	15.0	30.0	14.3	28.5
1:2.5	14.4	36.1	13.3	33.3	12.7	31.7
1:3.0	13.0	39.0	12.0	36.0	11.4	34.2

6 亲水设计与设施·阶梯与踏步

阶梯坡度与角度的关系 表3

1:1.3	333%	73.3°	9%	1:11.4	5°
1:0.5	200%	63.4°	18%	1:5.7	10°
1:1.0	100%	45.0°	27%	1:3.7	15°
1:1.5	67%	33.7°	36%	1:2.7	20°
1:2.0	50%	26.6°	47%	1:2.1	25°
1:2.5	40%	21.8°	58%	1:1.7	30°
1:3.0	33%	18.4°	70%	1:1.4	35°
1:5.0	20%	11.3°	84%	1:1.2	40°
1:10.0	10%	5.7°	100%	1:1.0	45°
			119%	1:0.8	50°

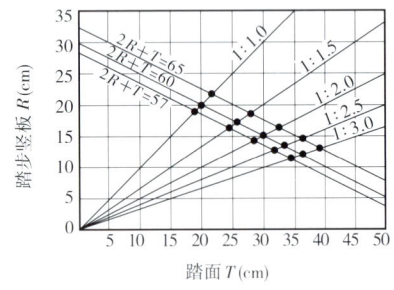

⑧ 坡度与踏步高度和踏面的关系

我们知道，舒适的踏步尺寸是使人上下移动时感觉轻松的步幅为基准计算得出的。在表1所列的4种阶梯形式中，上下型、立足型和就坐型的踏步尺寸最为常用，见表4、表5和图⑨。

立足型和就坐型阶梯尺寸 表4

行为方式和尺度要求		尺寸(cm)
纵向行走时的必要踏步宽度	人在踏步上可行走最小宽度	40
	人行走的必要人体宽度	60
	人与人之间的间隔	10
适宜就坐的踏步尺寸	踏步高度（座面高）	35～40
	踏步宽度（踏面）	38～45
采取蹲姿时的必要空间尺度	最小宽度	60
	标准宽度	70
就坐者与行走者同时并存时的宽度	最小宽度	108～110
	标准宽度	113～120

上下型阶梯踏步尺寸 表5

尺度名称	成人(cm)	老人、儿童(cm)
踏步高度	18以下	16以下
踏面宽度	26以上	26以上

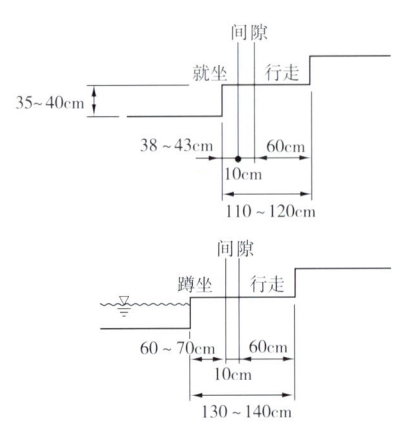

⑨ 就坐与行走并存的阶梯踏步空间尺度

5. 踏面材质和防滑铺装 亲水阶梯设在水边，在人们进行触水活动或雨天时，踏面浸水或被弄湿，这时就极易发生跌倒等安全问题，因此，设计时就必须考虑阶梯防滑问题。防滑措施最好利用天然石材的粗糙材质面，对于光面材料，必须做人工防滑处理，见图⑩和图⑪。

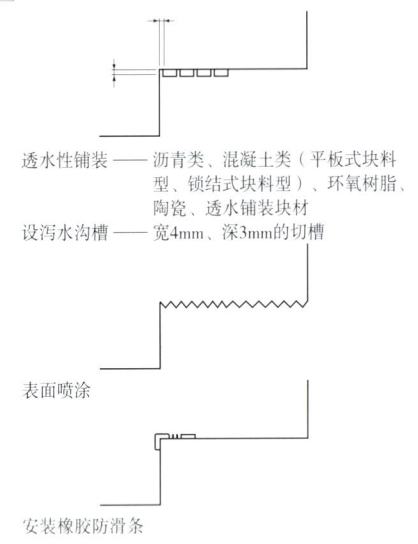

透水性铺装——沥青类、混凝土类（平板式块料型、锁结式块料型）、环氧树脂、陶瓷、透水铺装块材

设泄水沟槽——宽4mm、深3mm的切槽

表面喷涂

安装橡胶防滑条

⑩ 阶梯防滑的几种做法

⑪ 亲水阶梯与坡道的组合，阶梯踏步边沿为防滑仿石凿毛处理，踏面和坡面为小卵石和碎石铺贴，具有极好的防滑效果

三、实例

1 城市景观湖的边岸景观和亲水台阶（中国上海）

2 图3环状亲水台阶局部

3 图1湖湾一角具有休闲餐饮功能的亲水台阶

4 图3的台阶局部

5 城市公园水面边可观景、戏水的亲水台阶（中国香港）

6 图5中的亲水台阶局部

6 亲水设计与设施·阶梯与踏步

7 图8 铺贴防滑陶瓷面砖的圆弧形亲水台阶

8 城市大型水景边的亲水台阶（中国香港）

9 城市景观湖边的石板亲水台阶（中国江苏）

10 图11 木板覆面的台阶局部

11 城市水景边木板覆面台阶（中国江苏）

12 图10 转角台阶局部

13 城市景观湖边的砌石台阶（中国上海）

14 城市风景区园林水面边的亲水台阶（中国浙江）

15 自然生态公园河溪边的砌石台阶（中国福建）

亲水设计与设施·阶梯与踏步 6

16 浅水海滩边的砌石亲水台阶和平台（中国香港）

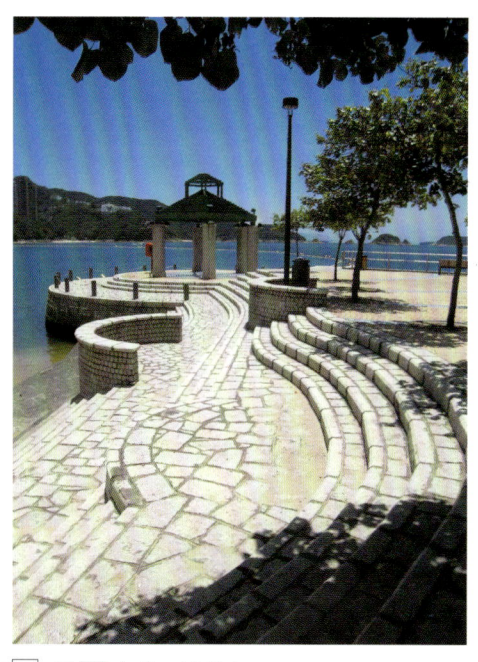

17 图 16 中的环境局部

18 图 16 的砌石台阶和坡道局部

19 图 16 中砌石台阶和边岸景观局部

20 设有逐级亲水台阶、水下台阶和亲水缓坡的城市景观湖，岸形丰富、景观迷人（马来西亚）

21 图 20 的一段亲水边岸。设置的水下台阶，宽度较大，既方便戏水，又确保安全

6 亲水设计与设施·阶梯与踏步

22 城市河道边岸中的亲水台阶,砌石踏步宽幅近1m,而高度仅10mm(中国江苏)

23 黄石护底的草坡边岸,常水位时,石块既可立可坐,又方便触水;高水位期,大部分黄石块都没入水面,人们可在草坡边触水(中国江苏)

24 一边是植草缓坡,另一边是错落有序毛石堆砌的亲水护岸,营造了自然生态和满足亲水要求的边岸环境(中国上海)

25 图 **23** 的亲水边岸环境局部

26 图 **23** 中的边岸局部,黄毛石错落有致,既可在水面下又在水面上涉水

27 图 **25** 的边岸局部,草坡与块石结合,使岸坡更加稳固,形成较自然、生态的亲水边岸

亲水设计与设施·阶梯与踏步

28 在城市河道整治中修建的大型亲水环境,草坡、坡道、阶梯和平台融为一体(中国江苏)

29 图 28 临水而建的环形亲水木台阶

30 复式护岸中由缓坡和坡道台阶组成的亲水环境(中国江苏)

31 图 33 亲水边岸环境局部

32 图 30 亲水边岸局部

33 老城河新改造完成的亲水边岸,河岸一边为水边散步道,另一边为亲水台阶、平台和水景组成的边岸景观(中国北京)

6 亲水设计与设施·戏水溪

一、功能与特点

人们不仅喜欢水,还希望和水保持着较近的距离。当距离很近的时候,人们可以接触到水,用身体的各个部位感受水的至柔、亲和、气味、水雾、水温,这让人感到兴奋。当距离较远的时候,人们可以通过视觉感受到水的存在,被吸引到水边,实现近距离接触;有时候,水景设置得较为隐蔽,但是可以通过水声来吸引人。戏水溪流是亲水类型中的一种形式,其主要功能和特点如下:

（1）亲水、戏水溪流攫取了自然山水中溪涧神韵和景色的精华,再现于城市园林之中,城市绿地和住宅区里的溪流是回归自然的真实写照。小径曲折逶迤,溪水忽隐忽现,因落差而产生的流水声音,叮咚作响,使人仿佛亲临自然。现代设计中更多地采用溪流等浅水水景布局,这样的水景和小环境结合得比较紧密,由于水位一般都比较浅,亲水的安全有保障,适合儿童玩耍,同时也便于清洁,见图 1 和图 2。

（2）为了使水环境景观在视觉上更为开阔,可适当增大宽度或使溪流蜿蜒曲折。为了方便人们蹲下接触水或者进入水中,边岸宜采用阶梯式、斜坡式和易于接近水边的护岸类型。自然式的溪流水岸可采用散石和块石,并配置一些水生或湿地植物,尽量减少人工造景的痕迹。此外,河溪中水体的水深和流速必须可供人们安全地进行戏水活动。

（3）溪流的形态有自然式和规则式,应根据环境状况、地貌特征、水量、流速、水深、水面宽和当地材料等因素进行合理的设计,见图 3 ~ 图 5。

（4）由于人的亲水性,在兴建城市水景和居住区的较大面积水景时,应该缩短人和水面的距离,在较为安全的情况下,应可以让人融入到水景中。人们喜欢立于水面,直接接触到水,小孩子喜欢在浅水中嬉水,涉足水中尽情玩乐。在特殊的情况下,人们可以潜入水中,身临其境,欣赏水下环境的魅力等。

1 自然风景区山林间的天然溪流,造化天成

2 提取图 1 自然溪流神韵而设计的人工亲水溪流

3 城市园林中人工与自然结合的亲水小溪

4 城市园林中以山石营造的自然式亲水小溪

5 深水种植区与浅水戏水区结合的石砌溪流。跌水区为戏水区,水深仅 0.1m;静流区为水生植物区,水深为 0.3~0.5m

（5）溪流按亲水程度和方式分为可涉入式和不可涉入式两种。可涉入式溪流的水深应小于0.3m，以防止儿童溺水，同时水底应做防滑处理，见图6～图10。此外，可供儿童嬉水的溪流，应安装水循环和过滤装置。不可涉入式溪流宜种养适应当地气候条件的水生动植物，增强观赏性和趣味性，见图5。

（6）溪流的坡度应根据地理条件和排水要求而定。普通溪流的坡度宜为0.5%，急流处为3%左右，缓流处不超过1%。溪流宽度宜在1~2m之间，可涉入式水深一般为0.1~0.3m；不可涉入式为0.3~1m左右，超过0.4m时，应在溪流边采取防护措施（如石栏、木栏、矮墙等）。

6 城市住宅区内主要供儿童入内玩耍戏水的规则式溪池，水深0.35m，既可使孩子们融入水中，又能保证嬉水的安全

7 在位于溪池中间设立跨越水面的圆汀步，为那些不愿入水的孩子和成人提供在水面上涉水的设施

8 孩子们在放入鱼苗的溪水中玩水更加专注，不仅丰富了亲水内容，更增添了戏水的乐趣

9 城市绿地公园可供成人和儿童涉水的石砌溪流，水流较急，但水深仅0.15m，仍较安全

10 城市绿地广场山林间用散石和块石布置的自然式溪流，水流较缓，水位较图9略深，但仍在安全范围内

6 亲水设计与设施·戏水溪

二、实例

1 城市大型住宅区内的自然式可涉入亲水小溪，溪底和边岸由中粒卵石和大河石铺成（中国上海）

2 图1小溪上游段中的一个跌水局部，该溪流最深处0.35m，符合亲水安全设计要求

3 图1上游较陡急的小溪局部

4 图1小溪宽窄变幅处局部

5 图1小溪水流平缓处局部

6 图2跌水汀步桥局部

7 城市园林中不可涉入式亲水溪流（中国上海）

8 城市开放式园林中的亲水溪流，分为水生植物观赏和可涉入区多个河段，亲水形式丰富（中国北京）

亲水设计与设施·戏水溪 6

9 城市大型园林中具有自然神韵的峡谷式溪涧,边岸和河床变化多样(中国广东)

10 图9中溪流跌水坎,整个溪涧可攀可爬、可跨越、可入水,呈现丰富的亲水形式

11 图9峡谷式溪涧一个河段

12 图15中不同边岸的小溪局部

13 图15中的小溪局部

14 图15中水面较窄的一段小溪

15 城市住宅区里规则式可涉入的亲水小溪,通过水面宽窄和边岸形式的变化来打破规整式的单一(中国上海)

16 图15中的规则式小溪一个河段

6 亲水设计与设施·戏水溪

17 大型住宅区有戏水喷泉的自然式可涉入亲水小溪（中国上海）

18 图 17 小溪边岸堆砌的长条石亲水台阶

19 图 17 起始于住宅区休闲广场高坡山石中的小溪源头

20 图 22 的喷泉局部

21 图 19 小溪山石源头处的景观局部

22 布置在块石间的小喷嘴喷雾喷泉

亲水设计与设施·戏水溪 6

23 城市园林蜿蜒于竹林间的戏水小溪（中国上海）

24 图 23 中小溪穿过道路局部，从此而过的游人都须涉水而过

25 图 23 小溪中的跌水坎

26 图 23 的溪流注入湖中

27 图 23 中的一段溪流

28 图 23 竹林中的一段小溪

29 城市绿地公园里的规则式跌水溪（中国上海）

30 图 29 中的跌水小溪局部

6 亲水设计与设施·戏水溪

31 城市园林中可涉入戏水的小溪局部（中国浙江）

32 城市公园里自然山石砌筑的亲水小溪（中国上海）

33 图32中的一段溪流

34 城市园林中可涉水的石砌自然式小溪（中国上海）

35 图34中的石砌小溪窄段局部

36 城市园林疏林中可涉入的亲水小溪（中国上海）

37 图36小溪局部

38 图36中的小溪与石桥

39 城市园林密林中的自然式亲水小溪（中国浙江）

亲水设计与设施·阶梯与踏步 6

28 在城市河道整治中修建的大型亲水环境,草坡、坡道、阶梯和平台融为一体(中国江苏)

29 图 28 临水而建的环形亲水木台阶

30 复式护岸中由缓坡和坡道台阶组成的亲水环境(中国江苏)

31 图 33 亲水边岸环境局部

32 图 30 亲水边岸局部

33 老城河新改造完成的亲水边岸,河岸一边为水边散步道,另一边为亲水台阶、平台和水景组成的边岸景观(中国北京)

6 亲水设计与设施·戏水溪

一、功能与特点

人们不仅喜欢水,还希望和水保持着较近的距离。当距离很近的时候,人们可以接触到水,用身体的各个部位感受水的至柔、亲和、气味、水雾、水温,这让人感到兴奋。当距离较远的时候,人们可以通过视觉感受到水的存在,被吸引到水边,实现近距离接触;有时候,水景设置得较为隐蔽,但是可以通过水声来吸引人。戏水溪流是亲水类型中的一种形式,其主要功能和特点如下:

(1)亲水、戏水溪流攫取了自然山水中溪涧神韵和景色的精华,再现于城市园林之中,城市绿地和住宅区里的溪流是回归自然的真实写照。小径曲折逶迤,溪水忽隐忽现,因落差而产生的流水声音,叮咚作响,使人仿佛亲临自然。现代设计中更多地采用溪流等浅水水景布局,这样的水景和小环境结合得比较紧密,由于水位一般都比较浅,亲水的安全有保障,适合儿童玩耍,同时也便于清洁,见图1和图2。

(2)为了使水环境景观在视觉上更为开阔,可适当增大宽度或使溪流蜿蜒曲折。为了方便人们蹲下接触水或者进入水中,边岸宜采用阶梯式、斜坡式和易于接近水边的护岸类型。自然式的溪流水岸可采用散石和块石,并配置一些水生或湿地植物,尽量减少人工造景的痕迹。此外,河溪中水体的水深和流速必须可供人们安全地进行戏水活动。

(3)溪流的形态有自然式和规则式,应根据环境状况、地貌特征、水量、流速、水深、水面宽和当地材料等因素进行合理的设计,见图3~图5。

(4)由于人的亲水性,在兴建城市水景和居住区的较大面积水景时,应该缩短人和水面的距离,在较为安全的情况下,应可以让人融入到水景中。人们喜欢立于水面,直接接触到水,小孩子喜欢在浅水中嬉水,涉足水中尽情玩乐。在特殊的情况下,人们可以潜入水中,身临其境,欣赏水下环境的魅力等。

1 自然风景区山林间的天然溪流,造化天成

2 提取图1自然溪流神韵而设计的人工亲水溪流

3 城市园林中人工与自然结合的亲水小溪

4 城市园林中以山石营造的自然式亲水小溪

5 深水种植区与浅水戏水区结合的石砌溪流。跌水区为戏水区,水深仅0.1m;静流区为水生植物区,水深为0.3~0.5m

亲水设计与设施·戏水溪

(5) 溪流按亲水程度和方式分为可涉入式和不可涉入式两种。可涉入式溪流的水深应小于0.3m，以防止儿童溺水，同时水底应做防滑处理，见图6~图10。此外，可供儿童嬉水的溪流，应安装水循环和过滤装置。不可涉入式溪流宜种养适应当地气候条件的水生动植物，增强观赏性和趣味性，见图5。

(6) 溪流的坡度应根据地理条件和排水要求而定。普通溪流的坡度宜为0.5%，急流处为3%左右，缓流处不超过1%。溪流宽度宜在1~2m之间，可涉入式水深一般为0.1~0.3m；不可涉入式为0.3~1m左右，超过0.4m时，应在溪流边采取防护措施（如石栏、木栏、矮墙等）。

6 城市住宅区内主要供儿童入内玩耍戏水的规则式溪池，水深0.35m，既可使孩子们融入水中，又能保证嬉水的安全

7 在位于溪池中间设立跨越水面的圆汀步，为那些不愿入水的孩子和成人提供在水面上涉水的设施

8 孩子们在放入鱼苗的溪水中玩水更加专注，不仅丰富了亲水内容，更增添了戏水的乐趣

9 城市绿地公园可供成人和儿童涉水的石砌溪流，水流较急，但水深仅0.15m，仍较安全

10 城市绿地广场山林间用散石和块石布置的自然式溪流，水流较缓，水位较图9略深，但仍在安全范围内

6 亲水设计与设施·戏水溪

二、实例

1. 城市大型住宅区内的自然式可涉入亲水小溪,溪底和边岸由中粒卵石和大河石铺成(中国上海)

2. 图1小溪上游段中的一个跌水局部,该溪流最深处0.35m,符合亲水安全设计要求

3. 图1上游较陡急的小溪局部

4. 图1小溪宽窄变幅处局部

5. 图1小溪水流平缓处局部

6. 图2跌水汀步桥局部

7. 城市园林中不可涉入式亲水溪流(中国上海)

8. 城市开放式园林中的亲水溪流,分为水生植物观赏和可涉入区多个河段,亲水形式丰富(中国北京)

亲水设计与设施·戏水溪 6

9 城市大型园林中具有自然神韵的峡谷式溪涧,边岸和河床变化多样(中国广东)

10 图9中溪流跌水坎,整个溪涧可攀可爬、可跨越、可入水,呈现丰富的亲水形式

11 图9峡谷式溪涧一个河段

12 图15中不同边岸的小溪局部

13 图15中的小溪局部

14 图15中水面较窄的一段小溪

15 城市住宅区里规则式可涉入的亲水小溪,通过水面宽窄和边岸形式的变化来打破规整式的单一(中国上海)

16 图15中的规则式小溪一个河段

6 亲水设计与设施·戏水溪

17 大型住宅区有戏水喷泉的自然式可涉入亲水小溪(中国上海)

18 图 17 小溪边岸堆砌的长条石亲水台阶

19 图 17 起始于住宅区休闲广场高坡山石中的小溪源头

20 图 22 的喷泉局部

21 图 19 小溪山石源头处的景观局部

22 布置在块石间的小喷嘴喷雾喷泉

238

亲水设计与设施·戏水溪

23 城市园林蜿蜒于竹林间的戏水小溪(中国上海)

24 图 **23** 中小溪穿过道路局部,从此而过的游人都须涉水而过

25 图 **23** 小溪中的跌水坎

26 图 **23** 的溪流注入湖中

27 图 **23** 中的一段溪流

28 图 **23** 竹林中的一段小溪

29 城市绿地公园里的规则式跌水溪(中国上海)

30 图 **29** 中的跌水小溪局部

6 亲水设计与设施·戏水溪

|31| 城市园林中可涉入戏水的小溪局部（中国浙江）

|32| 城市公园里自然山石砌筑的亲水小溪（中国上海）

|33| 图 32 中的一段溪流

|34| 城市园林中可涉水的石砌自然式小溪（中国上海）

|35| 图 34 中的石砌小溪窄段局部

|36| 城市园林疏林中可涉入的亲水小溪（中国上海）

|37| 图 36 小溪局部

|38| 图 36 中的小溪与石桥

|39| 城市园林密林中的自然式亲水小溪（中国浙江）

亲水设计与设施·缓坡与广场

（5）如果边岸亲水区域有举办文化娱乐、集会和表演等活动的要求，可以设置广场。广场的位置、形态和规模应慎重推敲，通常根据边岸区域空间量与活动人数的关系确定广场大小。此外，还应考虑如何利用边岸和周边空间特性，以及如何与周边环境相协调。

（6）广场的形式是多样的，既能以单独的形态、区域设置，也可以与缓坡组合在一起。此外，还可以把广场一侧悬挑于水面之上，而另一侧与缓坡相连，这样广场主要由亲水平台、边岸台地和缓坡草坪构成，既增加了广场的亲水性，又扩大了面积和规模。

亲水的前提，是要有一个良好的水生态环境。否则，即使营造再优美的滨水景观，仅靠绿化也无法让人们愿意到水边去。由于环境的日益恶化，人们越来越关注与生活休戚相关的水环境问题。尤其是人口密集的城市，人们开始通过建造公园、绿地、整治河道等来改善水环境，并将恢复河流的多样性或建成接近自然的状态，作为河湖边岸环境综合治理的目标，以创造出形态自然丰富并且有生态性和魅力的水边环境。

缓斜坡的河湖岸坡，是最接近自然状态的边岸形式，既有利于水际线上下的水生植物和坡岸灌乔木的种植，营造多样性的生态环境，又适宜各种亲水活动的开展。图5和图6为水边接近自然状态的植草缓坡。

7 草坪与干砌石结合的亲水缓坡，与图5和图6相比，其接近自然状态和生态性的程度明显降低。但是平缓的草坡构成了开阔的亲水边岸，底部的干砌石能够使地表水与地下水渗透交流，并起到护坡作用，又成为水边的散步道

8 平缓的湖坡由草坪、铺装卵石、碎石和碎石混合土组成。高水位时，水际线淹没碎石滩；枯水位时，碎石滩显露，形成适应水位多变的亲水边岸

5 植草和种植水生植物、间歇布置山石的自然生态缓坡护岸，营造了生态型的亲水边岸环境

6 坡度平缓的草坪亲水边坡，坡底水际线附近散置块石并种植水生植物，营造了生态的亲水环境

9 从图8的缓坡局部可以看出，设置在草坪和碎石滩中间的卵石铺装是缓坡中的亲水道路，但其路幅过宽，影响了边岸的生态环境

6 亲水设计与设施·缓坡与广场

10 河滩草坡、树林营造了自然状态的河滩环境,但边岸的石砌护岸影响了水陆交融和动物的栖息

11 大块河石的抛石护岸,为水生动物提供栖息空间。缓坡植草造林,既营造了较为生态的坡岸,又方便人们亲水

13 坡缓防滑的砌石铺砌边岸,虽然方便亲水,但其渠道化铺装毫无生态可言

12 图**11**的边岸环境

14 图**13**方便亲水、戏鱼的边岸

15 图**13**的边岸环境

16 具有自然状态的缓坡地被和疏林,为方便亲水和避免践踏植被,在绿丛间设置踏步石

17 自然状态中的大河漫滩,成为户外亲水宿营的最佳去处

250

二、设计资料及参数

1. 缓坡坡度 亲水缓坡适于不同活动和动作的坡度值,目前还没有相应的规范规定明确的指标,从设计实践、相关标准可知,适宜的亲水缓坡坡度应在1:7~1:5之间。在亲水边坡上进行体育活动、游戏、散步和坐卧时,坡度上限约为1:3,详见图 1。

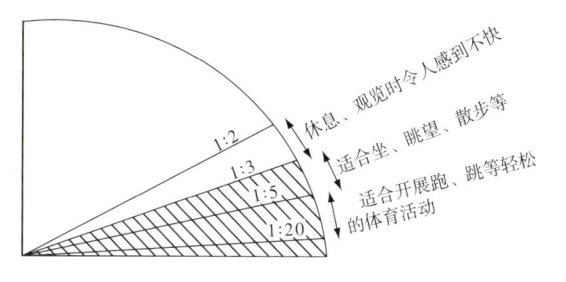

1 不同活动要求的缓坡坡度值

不同的活动方式和内容就有不同的坡度要求,但有一点是肯定的:边岸坡度越高,能够在坡上进行活动的项目就越少,反之就越多。除了出于防洪拦水的需要而被迫将坡度加高之外,应尽量将城市河湖等方便人进入的亲水边坡设计得平缓一些,以满足人们的亲水需求和方便各种活动的进行。图2和图3是两个不同坡度的亲水边坡的比较。

2. 广场空间及规模 滨水区域的亲水广场设置,是为人服务的,是为满足人们举办各种文化娱乐活动、集会和庆典等兴建的。因此,确保参与活动的每个人的活动空间,是确定包括各项设施在内的广场空间及其规模的基本依据,见表1和图 4、图 5。

亲水缓坡、广场和其他亲水设施规模基准 表1

亲水设施类型		空间和面积
广场缓坡	露天活动广场	25m²/人
	运动、体育广场	60m²/人
	草坪缓坡	0.4~0.6m²/人
郊游、野营设施	郊游用道路	400m/聚会
	郊游用野餐场地	40~50m²/人
	普通野营场地	30~50m²/人
	汽车野营场地	650m²/辆
其他设施	休息场所	1.5m²/人
	自行车骑行用道路	30m/人
	垂钓场所	80m²/人
	阶梯、坡道	0.2~0.4m²/人
	泊船船池	250m²/条

2 坡度超过1:2的边坡,不仅限制了各种亲水活动的开展,连坐卧也会让人感到不适

3 坡度低于1:20的平缓草坡,不仅适宜坐卧、散步,还能跑、跳和开展各种球类体育活动

4 建在缓坡下、临水一边挑入水面的中型亲水广场,特别适合开展水上运动和观看表演活动

5 建在坡岸上的大型下沉式亲水广场,周围设有就坐式台阶,适宜举行各种文化娱乐表演活动和庆典

三、实例

1 城市景观湖坡底种植挺水植物的植草缓坡(中国上海)

2 图 1 中坡岸直接入水、其间种植水生植物的局部

3 城市大型湖泊边岸底部采用块石、水生植物护坡的亲水缓草坡(中国上海)

4 主坡较陡、坡底平缓的河边草坡(中国北京)

5 碎卵石与草坪组成的亲水缓坡(中国上海)

6 疏林与植草结合的亲水缓坡护岸(英国)

亲水设计与设施·缓坡与广场 6

7 城市生态景观河一边采取灌乔木护坡,另一边是为人们亲水设置的草坪疏林缓坡(中国上海)

8 图**10**的草坪缓坡局部。极平缓的浅水河边具有很大的吸引力,成为人们休憩、野餐的好地方

9 水际线设有亲水台阶的草坪护坡(中国上海)

10 浅水河的疏林草坪缓坡(中国北京)

11 图**10**的一段河岸景观

12 由防护林和植草组成的亲水缓坡护岸(中国上海)

13 由草坪、花草和灌乔木立体配置的亲水花园式缓坡(中国上海)

14 由草坪、置石和灌乔木组成的亲水缓坡(中国上海)

6 亲水设计与设施·缓坡与广场

15 图17中大面积的亲水草坪缓坡

16 图17中与疏林结合的湖边缓坡，营造了园林化的城市滨水环境

17 城市大型人工景观湖，边岸设计成广阔平缓的草坪，既有利于人们的亲水要求，又可开展各种文化娱乐和体育活动（澳大利亚）

18 图17的缓坡局部

19 图17中草坪缓坡与亲水建筑局部

20 图17中入水边岸为砾石混凝土的湖边亲水缓坡

21 图17的亲水缓坡局部

亲水设计与设施·缓坡与广场 6

|22| 城市河道的植草护坡（中国上海） 　|23| 城市大型河道的植草缓坡（中国江苏） 　|24| 与疏密林结合的河道缓坡（中国江苏）

|25| 城市风景名胜区景观河边的草坪缓坡，开阔平坦，适宜进行各种亲水活动（中国浙江） 　|26| 从河溪水面看图|25|的景观效果

|27| 城郊风景区生态河边的植草缓坡（中国上海） 　|28| 河岸斜边坡作起伏陡缓变坡设计的植草边岸，时陡时缓的设计使坡岸环境富于变化（中国北京）

255

6 亲水设计与设施·缓坡与广场

29 具有亲水广场功能的河畔草坪(中国浙江)

30 适宜坐卧、垂钓、散步的亲水草坪缓坡(中国上海)

31 按广场规模设计的水边草坪缓坡,能举行各种文化娱乐和集会活动(中国浙江)

32 图31亲水缓坡和水边局部

33 城市景观河流的亲水缓坡(中国北京)

34 图33中陡缓变坡局部

亲水设计与设施·缓坡与广场

35 古老的排洪河道,如今成为优美的景观园林河,两岸缓坡是市民垂钓、散步和休憩的好去处(中国江苏)

36 石材铺装与植草结合的湖边缓坡(中国北京)

37 图38中伸入河面的亲水广场和滨水环境

38 图37中与广场相连的植草缓坡局部

39 图41中的亲水广场局部

40 城市河岸边的现代景观亲水广场(中国江苏)

41 城市古河道滨水花园中的亲水广场(中国江苏)

257

7 城市河道整治与滨水环境设计实例·苏北故黄河徐州段治理工程

一、概述

黄河之水天上来,黄河从江苏入海改为从山东独流入海前,在徐州奔突流淌了661年。1194年(南宋绍熙五年),桀骜不逊的黄河浊浪,决堤后汹涌南下,主道夺汴、泗河流经徐州。直到清代咸丰五年(1855年)才改道山东,黄河自此在徐州留下了一条故道。长期以来,由于黄河故道河床高出地面、堤岸残破、河道淤塞,每逢汛期,古黄河水位高出地面3~7m,严重威胁着市区人民的财产安全。为此,徐州人民曾经与洪水进行过无数次艰苦卓绝的抗争,留下了宋知州苏轼、明总理河道潘季驯治水保城的业绩和佳话。

新中国成立以来,为变水患为水利,徐州历届政府均十分重视古黄河治理,进行了多轮整治。但由于投入不足等原因,故黄河市区段防洪标准仍然不高,加之水环境相对较差,与现代经济社会发展和人民生活极不适应。为此,新一轮故黄河综合整治在2006年3月开始,作为全省水利建设重点工程之一的故黄河综合整治工程,总投资达1.8亿元。整个工程集"水安全、水环境、水景观、水文化和水经济"为一体,结合河道清淤,使河面变宽、河床变深、河水变清、两岸变绿,达到人水和谐的目标。同时强调"综合"功能,不仅突出防洪保安要求,还注重开发河流综合生态功能,以实现城区段的"水安全保障、水环境清新、水景观优美、水文化丰富、水经济活跃"的目标,为居民提供休闲、健身、娱乐和交流的场所,展现人水相亲、和谐共处的现代滨水景观和城市风貌,见图1和图2。

故黄河,又称为古黄河,在徐州境内总长192km,市区长度16.4km。故黄河综合整治工程分三期进行,其中一、二期为市区段河道整治工程和水景观建设。范围为三环西路桥至汉桥,全长9.6km。整治内容为河道清淤、亲水设施和风光带建设。"一条风光带、三个风貌区"是水景观优美的主线,全方位建设三环西路桥——汉桥全程9.6km风光带,突出历史文化和民俗文化。其中,主要亲水设施包括:亲水平台建设、台阶设置、接转平台建设、亲水缓坡、沿线码头、栏杆、接点广场、沿岸服务设施和厕所等;古黄河风光带通过雕塑、小品、石刻和绿化等多种形式,以丰富古黄河历史文化内涵;在满足防洪功能的同时,注重设施的景观效果,科学选择绿化树种,为广大市民和游客提供了高水平的游憩场所。三大景区宛若镶嵌在项链上的三颗珍珠,奕奕闪光;碧波荡漾、垂柳依依的9.6km河道,宛如一条欢畅奔流的绿色生态长廊。

2 百步洪的下洪河段,过去是急流河滩,黄洪肆虐决堤的地方。如今河水温润,水面袅袅,垂柳依依,成为风景迷人的城市滨水景观

1 故黄河徐州市区下游段在和平桥至汉桥之间,又称为百步洪,俗称鸡嘴坝。长1.6km,水面宽阔,犹如平湖,风景秀美迷人。图中左侧的水中陆地是著名的"显红岛",偏于水面一侧,由一座石桥与河岸相连

城市河道整治与滨水环境设计实例·苏北故黄河徐州段治理工程

二、河道治理与亲水护岸

2006年3月先期实施建设的故黄河市区段河道整治工程(三环西路桥至汉桥,全长9.6km),总投资达9100万元,分为水面上河岸修整、边岸亲水设施和水下河道疏浚工程。其中,河岸修整、边岸亲水设施工程包括亲水平台建设、台阶设置、接转平台建设,沿线码头、河岸线硬化、接点广场,沿岸服务设施和厕所等设施建设,并已于2006年底全面完成。

通过对河道和沿岸进行大规模的功能和景观方面的改造,对河道进行了疏浚、加宽、护堤,对沿岸实行了截污改造和绿化美化。经过综合整治,故黄河防洪保安能力有了很大提高,已基本实现河内水流变清、河岸绿树成阴的绿色景观,已成为城市重要的风景旅游观光带。

1 故黄河市区段合群桥至西安路桥河段的改造,采用复合式的亲水护岸

2 从图1能看出,原护堤挡土墙和步道保留,这是正在进行的土方、土建施工

3 图2亲水护岸土建完工,但尚未实施园林绿化的河岸整治效果

4 在图3基础上完成河岸园林景观方案的竣工效果

5 图1、图2两桥之间亲水河岸的整体工程竣工后的滨水景观效果。堤上有散步道,堤下有亲水道和亲水平台的立体亲水河岸

6 图5中利用河岸与桥连接转角部位设置的亲水平台,使河岸底部临水处增加了亲水活动场所,堤下临水步道和平台设在常水位上方

7 纵向看图1河岸整治完工效果,上下两条水边散步道和两条滨水绿化带

8 故黄河市区段合群桥至西安路桥河岸改造后的整体效果

7 城市河道整治与滨水环境设计实例·苏北故黄河徐州段治理工程

9 合群桥至二环桥河段北岸改造,在原铺砌河岸基础上改造成复式亲水护岸

10 在原缓坡和陡坡铺砌护岸之间常水位上方,3m宽的临水散步道

11 图9河岸整治竣工后的滨水景观效果

12 图11竣工的河岸景观局部

13 图9竣工后的亲水散步道

14 合群桥至二环西路桥河段的北岸整治工程竣工后的整体效果

15 这是故黄河市区段西安路桥至庆云桥靠近西安路桥端的河岸改造,已完成土建部分的整治效果

16 图15园林绿化完毕,河岸全部竣工后的滨水景观效果

17 图16的亲水阶梯和平台景观局部

260

城市河道整治与滨水环境设计实例·苏北故黄河徐州段治理工程

18 从河岸纵向看图 16 的滨水景观效果

19 图 18 中凝碧的河水、袅袅的垂柳

20 庆云桥至西安路桥靠近庆云桥河段的改造，这是河床南岸的土建施工

21 这是图 20 土建工程完工后园林绿化尚未实施的河岸效果

22 图 21 河岸亲水步道、亲水平台和接转平台

23 图 25 竣工后的纵向河岸效果局部

24 图 25 的河岸堤上道路局部

25 这是继图 20、图 21 后实施完成园林绿化的河岸、河面的整体景观效果

261

7 城市河道整治与滨水环境设计实例·苏北故黄河徐州段治理工程

图 25 河堤上的彩砖铺贴的林阴散步道

图 26 反方向看到的堤路和河岸景观

图 26 的岸坡绿化局部

介于图 26 和图 30 之间的堤路和河岸局部

图 26 穿过疏林后较开阔的河堤步道和河岸景观

图 26 从西向东看到的林阴道效果

图 31 堤路与岸坡景观局部

城市河道整治与滨水环境设计实例·苏北故黄河徐州段治理工程

33 故黄河市区庆云桥至延平路桥靠近庆云桥河段北岸的改造工程

34 图33土建完工后的河岸效果

35 图34土建完工后的河岸局部

36 图33、图34河岸全部竣工后的景观效果

37 图36的河岸景观局部

38 市区矿山路桥至二环桥河段的改造

39 图38不同角度下的土建改造效果

40 图38河岸局部

41 图38土建改造的堤路、河岸和水边步道

42 图38、图41完全竣工后的河岸景观效果

7 城市河道整治与滨水环境设计实例·苏北故黄河徐州段治理工程

43 庆云桥至延平路桥靠近延平路河段改造

44 土建基本完工的河岸效果

45 图43中正在进行的土方、土建工程施工

46 图47的纵向河岸景观效果

47 图43~图45园林绿化完毕，全部竣工后的滨水景观效果

48 图47的远观滨水景观效果

49 故黄河市区青年路桥至济众桥河段的治理改造，也是市区两桥相距最近的河段

50 图49土方、土建工程刚完工的治理效果

51 图49、图50中园林绿化实施完毕的最后竣工效果

52 图51靠近济众桥一侧的河岸景观

53 图51河岸中的接转平台和亲水步道的景观局部

54 青年路桥至建国路桥河段完全竣工后的滨水景观效果

264

城市河道整治与滨水环境设计实例·苏北故黄河徐州段治理工程

55 故黄河建国路桥至和平桥河段改造工程,由于水面渐宽,且出了闹市区,采用了缓坡护岸

56 图55土建刚完工的大缓坡堤岸局部

57 纵向看到的图55的大缓坡堤岸改造效果

58 图55~图57园林绿化实施后,完全竣工的河岸景观效果

59 图58中由地被、灌木和乔木立体布置的河岸园林,具有滨水的植物群落景观效果

60 从和平桥栏处看图58的滨水景观

7 城市河道整治与滨水环境设计实例·苏北故黄河徐州段治理工程

61 市区二环西路桥至西苑桥河段改造

62 图61土建工程完工后的亲水河岸效果

63 这是从西苑桥向东看图61土建完工且第一期绿化后的改造效果

64 图63第一期绿化后的河岸效果局部

65 图61~图64土建完工后实施第一期初次绿化后的河岸效果

66 在图61的基础上，园林绿化实施完毕后的景观效果

67 图63园林绿化全部实施完毕的河岸景观效果

68 图67不同角度下的河岸景观效果

69 图68的滨水河岸景观局部

城市河道整治与滨水环境设计实例·苏北故黄河徐州段治理工程

70 纵向看到的图 **68** 的河带滨水景观

71 图 **70** 河岸绿化局部

72 图 61 河岸中段初次绿化后的效果

73 图 **70** 的一段河岸

74 图 **72** 中一个河岸接转平台和园林绿化全部竣工后的环境效果

75 图 **73** 的河岸局部

76 图 **75** 中的亲水台阶

77 图 **70** 的堤上园路

7 城市河道整治与滨水环境设计实例·苏北故黄河徐州段治理工程

78 故黄河市区西苑桥至三环西路桥的河段，也是这次改造范围的西端起始段

79 图 78 的河道，河岸较直，这是土建完工后初次绿化的河岸效果

80 纵向看图 79 的河岸改造效果

81 这是从三环西路桥向西苑桥方向看到的河岸初次绿化后的效果

82 在图 81 基础上园林绿化实施完毕后的河岸景观效果

83 在图 79 的基础上园林绿化完毕，全部竣工后的河岸景观效果

84 图 83 的不同角度下的河岸景观

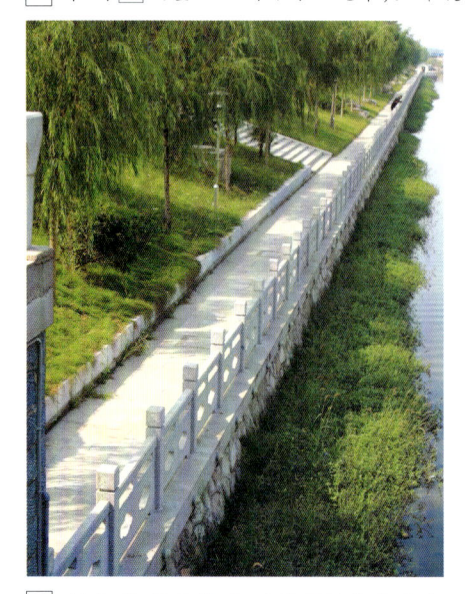

85 杨柳岸、临水步道、地被缓坡与水边水生植物

86 图 87 的河岸缓坡疏林景观局部

87 图 83 的河岸纵向景观效果

88 图 78 全部竣工后的两岸景观

268

城市河道整治与滨水环境设计实例·苏北故黄河徐州段治理工程

89 故黄河市区和平桥至汉桥间的河段改造,也是此次整治工程的末段,这是土建完工并初次绿化后的河岸效果

90 在图89的基础上实施园林绿化方案全部竣工后的河岸景观效果

91 图92纵向景观

92 图90的滨水环境,与堤岸街道、建筑融为一体

93 图92和平桥一侧的桥岸一角

94 这是靠近汉桥一侧的缓坡河岸植物景观

269

7 城市河道整治与滨水环境设计实例·苏北故黄河徐州段治理工程

三、故黄河公园及广场

故黄河公园又称古黄河公园，东起合群桥，西至二环西路桥，占地面积183亩，其中公园用地162亩，市场用地21亩，总建筑面积38327m²，绿化面积66362m²，总投资7200万元。整个公园建设以明清仿古建筑为主题，"一轴九区"景观贯穿整个公园，突出"开放、文脉、生态"的理念，营造古黄河公园亲水、透绿的景观效果。民俗表演场区和儿童活动区，也是市民休闲娱乐的主要场所。

按照一条景观轴线和九大景观区进行设计，以东坡文化作为公园设计的主线，彰显公园深厚的历史文化底蕴；同时体现生态优先、以人为本，将公园打造成为集游览、观赏、休闲、健身和服务等多功能为一体的区级综合性公园，不仅成为古黄河景观带的一个亮点，更为市民提供更加舒适的休闲娱乐的活动场所。

徜徉在古黄河公园里，看到的是满眼的绿色，我们仿佛忘却了城市的喧嚣，感受着那份幽静和雅致。据了解，这里种植了一百多种植物，其中还有一些珍贵树种。另外，公园中点缀其间的一组组明清仿古建筑，更是为公园增添了一抹亮色。

1 故黄河公园合群桥处东入口

2 与故黄河公园同步进行的河道、河岸改造治理，与公园环境融为一体

3 在图2土建基础上的饰面和初次绿化

4 在饰面施工中可先期移植应栽的植物

5 在图4基础上完成的饰面施工

6 图5饰面效果局部

7 图4中第一期植物栽种后的河岸效果

8 图4的局部

9 这是在图1~图8的基础上，实施园林绿化后且全部竣工后的故黄河公园滨水河岸景观，原有河岸大树基本保留

10 远观图9的滨水河岸景观

城市河道整治与滨水环境设计实例·苏北故黄河徐州段治理工程

11 这是故黄河公园东入口广场与滨水河岸的连接台阶施工现场

12 故黄河公园合群桥处东入口广场的土建施工现场

13 从故黄河公园最东端合群桥栏处看东入口广场及其施工过程

14 图11完全竣工后的入口广场及亲水台阶景观效果

15 图12中初具雏形的东入口广场土建施工

16 在图15基础上各项工程实施完毕后的东入口广场环境效果

17 东入口广场的景观环境

18 图15下沉式广场投入使用后的景观效果

19 图13全部竣工后的景观效果

20 图18的广场环境局部

7 城市河道整治与滨水环境设计实例·苏北故黄河徐州段治理工程

21 故黄河公园内的游园路施工

22 图 **21** 的施工现场局部，已完成路基施工，正在进行道牙的安装

23 工人在进行石材道牙拼装施工

24 在图 **22** 基础上进行的园路面层铺贴

25 在图 **21**～图 **24** 基础上完成各项作业和绿化施工后的道路环境效果

26 正在土建施工中的东入口道路

27 图 **26** 全部竣工后的景观效果

28 故黄河公园中区的道路铺装与景观环境，左侧是雅韵茶苑

29 故黄河公园西入口广场进入景区的道路

30 贯穿东西园区，中间与通向河边道路相交叉的路口环境

272

城市河道整治与滨水环境设计实例·苏北故黄河徐州段治理工程

31 建在故黄河公园中段的民俗文化馆，这是建造中的施工现场

32 全部竣工后民俗文化馆在公园环境中的景观效果

33 从水面上看民俗文化馆和长廊环境

34 图32面向民俗广场的建筑正立面

35 图32的建筑局部

36 从空中俯视民俗文化馆和长廊

37 与民俗文化馆错落相对的雅韵茶苑建筑及其环境

38 民俗文化馆建筑及其廊庭空间

39 从河边临水步道看民俗文化馆在滨水环境中的效果

7 城市河道整治与滨水环境设计实例·苏北故黄河徐州段治理工程

40 故黄河公园西首河岸边的下沉式滨水广场,图为土建施工现场

41 图 40 中刚具雏形的可就坐式立体花坛局部

42 图 40 的一个台阶入口

43 从水面观赏竣工后的滨水广场景观效果

44 图 48 的广场景观局部

45 从岸坡顶部看滨水的扇形广场环境

46 在图 40、图 41 基础上全部竣工后的景观效果

47 从外侧看图 46 下沉式广场及其水面的环境效果

48 从公园西入口道路看图 46 下沉式广场的整体环境

49 纵向看广场滨水环境和景石

城市河道整治与滨水环境设计实例·苏北故黄河徐州段治理工程

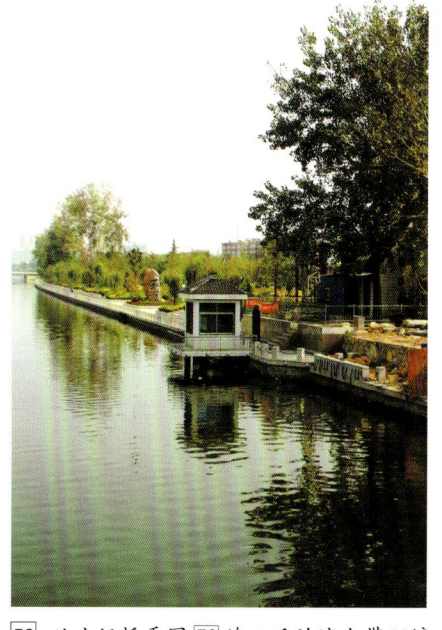

50 改造前的故黄河公园滨水带的环境

51 正在改造中的公园滨水环境

52 改造竣工后的滨水环境

53 从小汉桥看图 50 竣工后的滨水带环境

54 改造完成后,极具园林景观效果的滨水绿化带局部

55 竹阴下的临水散步道,环境幽美,情趣盎然

56 临水散步道与滨水绿化带的环境景观

57 图 53 滨水带环境局部

58 竹帘幽幽,帘外水色天光

275

7 城市河道整治与滨水环境设计实例·苏北故黄河徐州段治理工程

59 故黄河公园滨水带的土建施工

60 图59土建完成后的园林景观布置

61 全部竣工后的滨水绿化带与水面景观局部

62 滨水绿化带的坡面植物布置

63 地被、灌木和乔木立体布置的滨水绿化带

64 在坡顶纵向看滨水绿化带的园林景观

65 以地被为主，散植树木的滨水绿化带

66 坡顶游园路及其两旁的植物布置

67 以紫色草本为主布置的绿化带环境局部

68 从水面上看滨水绿化带的园林景观

69 保留原有大型杨树、增添垂柳和地被植物

70 一条从坡顶通向水边的小径

71 滨水绿化带的植物群落与水面景观效果

276

城市河道整治与滨水环境设计实例·苏北故黄河徐州段治理工程

72 土建施工中的滨水带亲水台阶
73 施工中的砖砌亲水台阶 
74 施工中的混凝土亲水台阶 
75 施工中的小园路与小台阶 
76 图74竣工后的环境效果 
77 图72基础上竣工后的台阶环境效果 
78 图73完工后的台阶局部环境效果 
79 图73全部竣工后的环境效果 
80 滨水带临水步道旁凹入土中的弧形休息坐椅,这是完成的土方形状 
81 在图80基础上完成的砖砌施工 
82 在图81基础上完成饰面、木作和环境绿化后的效果 
83 图82不同角度下的弧形休息椅 
84 从坡顶俯视弧形坐椅与水面 

277

7 城市河道整治与滨水环境设计实例·苏北故黄河徐州段治理工程

85 故黄河公园以景石与花坛为标志的中段主入口

86 图 **85** 的左侧入园通道环境

87 图 **85** 主入口后的环形路，中间是中心圆广场

88 从主入口东侧看中心圆广场环境

89 中心圆广场的整体环境

90 中心圆广场外围布局有疏林，这是广场东侧局部

91 图 **90** 的广场疏林局部

92 图 **90** 的环境局部

278

城市河道整治与滨水环境设计实例·苏北故黄河徐州段治理工程

93 中心圆广场的中间开敞部分
94 图93不同角度下的广场环境 
95 主入口东侧多向相通的园路 
96 由主入口右侧进入中心圆广场的道路环境 
97 从主入口右侧看入口通道与中心圆广场环境 
98 中心圆广场外围疏林与广场之间的花丛 
99 中心圆广场与东入口之间的民俗广场，由民俗文化馆和滨水长廊围合而成 
100 从民俗广场东侧看广场及其建筑环境 
101 长廊与广场局部 
102 在滨水长廊西侧看民俗广场景观环境

7 城市河道整治与滨水环境设计实例·苏北故黄河徐州段治理工程

103 俯视下的民俗广场环境局部

104 从长廊西侧看民俗广场环境

105 由东到西呈狭长布局的民俗广场

106 民俗广场一角

107 从东侧入口远观民俗广场及其建筑

108 传统宫灯造型的大型红柱灯作为广场入口

109 广场中心的疏林与树池坐椅

110 从民俗文化馆东廊看民俗广场及其建筑环境

城市河道整治与滨水环境设计实例·苏北故黄河徐州段治理工程

111 从水上看到的滨水长廊

112 紧临水边的滨水长廊局部

113 呈弧形的滨水长廊，成为公园主体建筑和市民休憩的好地方

114 滨水长廊外侧环境

115 远观花丛中的邀月亭和雅韵茶苑

116 掩映在林中的邀月亭

117 从主入口蜿蜒而出延伸至邀月亭和雅韵茶苑

118 遮遮掩掩的邀月亭近景

119 邀月亭及其环境的景观效果

7　城市河道整治与滨水环境设计实例·苏北故黄河徐州段治理工程

120 由中心圆广场通往下沉式广场的花廊

121 花廊一侧局部，待植物爬满后将更加迷人

122 花廊的外侧环境

123 廊柱与爬藤植物构成的空间

124 庇阴与休憩的好地方

125 正对公园中段主入口的新建廊桥

126 小廊桥与桥西滨水园区环境

127 从二环西路桥向东看西园区环境

128 图 **127** 不同角度下的环境景观

129 从小廊桥至二环西路桥的西园区滨水环境景观

四、百步洪公园及广场

百步洪，又称徐州洪，在今徐州市东南，为泗水所经，有激流险滩，位于现在徐州市区故黄河显红岛至汉桥一带，长约百步，所以称为百步洪。当年，百步长洪斗落而下，激起万丈水波，使这里成为四次决堤的地方，又因苏轼作《百步洪》诗文而闻名。元丰元年（1078年）秋，苏轼在徐州知州任上，曾与诗僧参寥一同放舟游于此。

百步洪段园林绿化和水景观尤其引人注目，水面宽阔，风景迷人，西岸广植草木，雪松滴翠，杨柳依依。东岸幢幢楼宇错落有致，绿波掩映。阳春三月，紫荆绯红，迎春绽金，草坪如茵，河水凝碧，一派盎然生机。

西岸主要水景观建筑包括百步洪广场、茶社、码头和记者林健身广场等。其中，百步洪广场位于和平桥桥台两侧。主体广场造型为椭圆形的下沉式广场，在广场临水侧设宽2.5m的观光平台，平台外侧装汉白玉栏杆。

东岸主要水景观包括春夏秋冬平面铺装景点、码头和戏水栈台等。其中，和平桥至显红岛间的滩地布置春、夏、秋、冬平面铺装景点，以不同的材质拼接不同的图案，体现主题。游船码头位于和平桥东、戏水栈台北，码头结构形式同西岸。

1 又称为下洪的百步洪河滩

2 往日的决口险滩，如今成为景观迷人的河岸亲水缓坡

3 初次改造后的百步洪西岸缓坡景观

4 在图3基础上全部竣工后的景观效果

5 图4不同角度下的河岸效果

6 图4缓坡疏林与地被

7 百步洪西岸的水边步道与缓坡

8 极具植物群落效果的缓坡景观

9 在靠近汉桥一侧由南向北纵向观赏的百步洪西岸缓坡与水面景观

7 城市河道整治与滨水环境设计实例·苏北故黄河徐州段治理工程

10 西岸中段缓坡土建整修后的河岸环境

11 泄水闸附近缓坡整修后的河岸环境

12 在堤岸上看图 **10** 缓坡与栽植的树林

13 从北往南看图 **10** 全部竣工后的缓坡景观

14 地被与疏林结合的缓坡

15 地被、灌木和乔木混植的百步洪西岸缓坡

16 图 **10** 边岸游船码头土建完工局部

17 图 **16** 全部竣工后的景观效果

18 图 **17** 局部

19 从缓坡顶看图 **17** 的环境

20 从坡顶看游船码头、边岸环境与河心显红岛的水陆景观

城市河道整治与滨水环境设计实例·苏北故黄河徐州段治理工程

21 刚完成砌台基础施工的边岸停车场

22 图21所处的边岸、水面环境

23 图21完全竣工后的效果

24 图23临水面的砌台墙体

25 从堤岸上看图23砌台停车场环境

26 从侧面看砌台停车场

27 在堤岸上的散步道纵向看砌台停车场环境

28 从缓坡临水处看砌台停车场在滨水岸边的环境效果

29 从图28的另一侧看停车场环境效果

30 即使离得很近,也看不到停车场内的车

31 砌台外墙仿石砖的筑砌及其缝处理,产生特殊的肌理效果,成为环境中的景观要素

7 城市河道整治与滨水环境设计实例·苏北故黄河徐州段治理工程

32 靠近和平桥西侧的百步洪公园北入口

33 与百步洪滨水广场相连的公园入口

34 从百步洪公园北入口看滨水广场

35 从和平桥上看百步洪滨水广场和公园

36 从滨水广场看百步洪公园北入口

37 百步洪广场的整体环境，这里曾是历史上故黄河决口的地方

38 百步洪广场及其水面环境，这里的变迁，见证了城市的兴衰

39 从河堤路向北看和平桥为背景的广场景观环境

城市河道整治与滨水环境设计实例·苏北故黄河徐州段治理工程

40 百步洪广场中心的方舞台

41 广场上的休憩花架

42 弧形斜坡花坛合围广场并向水面开敞,既美化护岸,又增加了广场的景观元素

43 花架外侧与斜坡花坛间的空间环境

44 在公园与广场之间入口看伸入水面的广场滨水环境

45 在公园观水廊亭下看公园入口与广场环境

46 在广场水边入口处看观水廊亭与公园滨水环境

7 城市河道整治与滨水环境设计实例·苏北故黄河徐州段治理工程

47 从百步洪公园内看观水廊亭及其滨水环境

48 面向河面的观水廊亭与水边散步道

49 建在坡上的观水廊亭，具有登临赏景、凭栏远眺之势

50 在观水廊亭一角看百步洪水岸与显红岛远景

51 百步洪东西河岸及其水面

52 观水廊亭南侧的平缓坡

53 与显红岛隔水相对的赏月亭

54 从观水亭内看百步洪景观

55 西岸的赏月亭、水中的显红岛和三孔石桥，构成百步洪水面横向景观线，景致优美迷人

城市河道整治与滨水环境设计实例·苏北故黄河徐州段治理工程

56 百步洪水面最宽阔处,显红岛偏于水面一隅

57 从游船码头处向北看公园环境,远处是赏月亭

58 在游船码头附近缓坡顶看公园及其水面景观

59 在赏月亭和游船码头之间向南看公园缓坡环境,远处是游船码头

60 百步洪中部河道转弯处的水岸景观

61 图60的公园坡环境局部

62 游船码头附近的水岸环境

63 游船码头与显红岛的水面环境

7 城市河道整治与滨水环境设计实例·苏北故黄河徐州段治理工程

64 沿石栏内水边表现地方历史文化的雕塑

65 从缓坡顶看游船码头附近的地被环境

66 从图 65 的缓坡下看坡岸园林环境

67 横跨缓坡的游船码头重檐柱廊

68 缓坡顶的游船码头重檐廊入口

69 游船码头南侧的公园滨水茶社

70 从公园茶社南侧看边岸、水面和显红岛

71 依坡而建的茶社，其屋顶布置成花坛，与边岸环境融为一体

290

城市河道整治与滨水环境设计实例·苏北故黄河徐州段治理工程 7

72 百步洪公园南首坡顶的记者林

73 从林中看水面景观

74 图 73 记者林下的河岸景观

75 记者林也是百步洪公园的南主入口

76 百步洪公园东岸缓坡环境局部

77 夕阳下的故黄河东西岸水面环境

78 东岸显红岛南侧的戏水栈台,池中常水位与故黄河相同

79 伸入水中的戏水栈台及其水岸环境,圆弧半径为 25m,栈道宽 1.5m,池中放置假山石,种植水生植物

80 图 79 的水池局部

291

7 城市河道整治与滨水环境设计实例·苏北故黄河徐州段治理工程

81 百步洪公园东岸显红岛南侧伸入水面的亲水栈道

82 图 83 的广场列柱局部

83 东岸显红岛南侧再现故黄河变迁和历代抗洪治水事迹的主题小广场，以列柱石刻浮刻为表现形式

84 公园东岸刚完成山石筑砌土建施工的山石护岸

85 在东岸戏水栈台南侧看故黄河两岸景观，远处是显红岛和三孔石桥

86 在图 84 基础上园林绿化实施完毕后的山石护岸环境效果

87 在东岸游船码头平台看百步洪宽阔的水面，远处是显红岛和三孔石桥

五、显红岛公园

显红岛位于故黄河汉桥、和平桥中间河心位置,原为古泗水中一处由急流冲刷泥沙沉积而成的沙洲,北宋苏轼在徐州时名为中洲,后因民间传说改为现名:熙宁十年黄河决口,苏轼带领州民抗洪,苏姑每日与兄嫂一道抗洪,听说河神托梦娶红衣女郎退洪水的传说,萌生了替哥哥分忧、解救徐州百姓的念头,为救满城百姓献身黄河,徐州百姓在沙洲上捞得苏姑红袍,因此后人将此沙洲改名为显红岛。

此次改造工程是在基本保持原有绿化不变的前提下,对原规划的景点、设施进行配套完善。工程包括:在显红岛的岛南、岛北建设供市民挡风避雨的休息水榭,岛西建亲水平台和木栈道,岛东建长40m、宽3m的拱桥,连接显红岛与岛东岸道路,在岛东建设休闲亲水平台。显红岛周围遍植垂柳、黄杨和其他花草灌木,为波光粼粼的水面平添了几分情趣,也给故黄河两岸的人民留下了一个美丽动人的传说。故黄河遗迹之所以尚存,显红岛之所以有着美丽的传说,在于苏轼抗洪保民、苏小妹舍身救民,如今的故黄河因苏轼抗洪安民而闻名,显红岛也因苏小妹投水保城传说而迷人。

1 在东岸赏月亭看夕阳下的显红岛,波光粼粼的水面下深藏着小岛的历史演变和许多神秘动人的传说

2 偏于东岸的显红岛在水中的景观效果

3 东岸与显红岛之间较狭窄的水面

4 在东岸北侧看显红岛、三孔石桥和水岸环境

5 与东岸相对的、石桥南侧显红岛的水岸景观环境

6 三孔石桥是陆路进入岛内的唯一通道,这是在石桥上看到的显红岛景观环境

7 石桥入口右侧,此次改造新建的仿古水榭

7 城市河道整治与滨水环境设计实例·苏北故黄河徐州段治理工程

⑧ 石桥入口左侧的Y形分叉路园林景观

⑨ 与图⑦岛北首水榭遥相呼应的南首水榭

⑩ 岛南端的石铺广场和水榭

⑪ 从西侧看岛南端水榭环境

⑫ 岛西边栈桥入口处的六角亭

⑬ 显红岛西岸的滨水园林环境

⑭ 环岛游憩路北端竹林幽径远处的六角亭成为极佳的对景

⑮ 显红岛西岸建在水上的亲水栈道和平台

⑯ 伫立岸边的六角仿古亭

294

城市河道整治与滨水环境设计实例·苏北故黄河徐州段治理工程

17 竹林幽境与六角红亭
18 从六角亭下看岛西岸的亲水平和栈道 
19 在六角亭下向北看水榭及其周围环境 
20 水榭与亲水栈道间的水庭空间 
21 岛北端水榭前的园林环境 
22 显红岛中心位置的绿地空间 
23 岛北端水榭通往亲水平台的曲廊空间 
24 从图 23 曲廊内看百步洪水面 
25 图 26 的水榭西立面 
26 由水榭和曲廊平行相连的水上平台，使平台路线形成环线相通 

295

7 城市河道整治与滨水环境设计实例·苏北故黄河徐州段治理工程

27 连接岛内外、主体刚完成的三孔石桥

28 三孔桥两侧的二道挡土墙

29 完全竣工后的三孔石桥环境效果

30 由三孔石桥相连的岛内外水岸景观环境

31 在故黄河东岸看三孔石桥及其水岸环境效果

32 铺砌完毕尚未实施绿化的山石驳岸

33 图32的纵向砌石效果

34 图32绿化完成后的驳岸效果

35 刚刚浇筑完成的岛东端的亲水栈道

36 图34山石驳岸的纵向环境效果

37 在图35基础上全部竣工后的环境效果，此外，这个亲水栈道还兼具泊船码头功能

38 在图29边岸向岛内看到的显红岛东端水环境

296

一、概述

泰州凤城河，原名环城河，2002年开始实施河道整治和滨水景观建设，2006年底全面竣工，范围包括东城河、西城河、南城河、北城河以及凤凰河部分。整治工程以"接通海陵文脉，传承泰州历史"为理念，即以生态环境风光带为基础，以悠久的泰州历史文化带为灵魂，以创新、丰富、互动的旅游项目为支撑，成为集防洪、生态、旅游、环保、休闲和人文等于一体的城市风光带。

在植被设计上以环城河为绿化生态轴线，向两边进行绿化渗透，林、水、人紧密结合。整个公园的植物规划分为疏林草地绿化区、广场休闲绿化区、湿地景观绿化区和休闲景观绿化区等区域。每个区域根据自身的特点配以相适应的主调树种、基调树种和辅助树种来达到各区域迥然不同的植物景观效果。

泰州凤城河风景区是以泰州护城河为主体兴建的风景区，包括环城河及其周围共256.8ha的范围。现风景区内已建成的景点有梅园、柳园、泰山公园、滨河绿地广场。建成后的环城河风景区将凸现泰州"双水绕城"、"水城一体"的独特格局，2007年10月被正式列入国家水利风景区。

① 露天文化活动营
② 观水大平台
③ 水景观走廊
④ 梅园
⑤ 凤凰灯塔
⑥ 桃园
⑦ 宋城遗址
⑧ 凤城名人园
⑨ 柳园
⑩ 滨水公园
⑪ 盐税文化走廊
⑫ 枫叶岛
⑬ 绿岛
⑭ 杨柳岸
⑮ 生态树林
⑯ 坡子街商业区

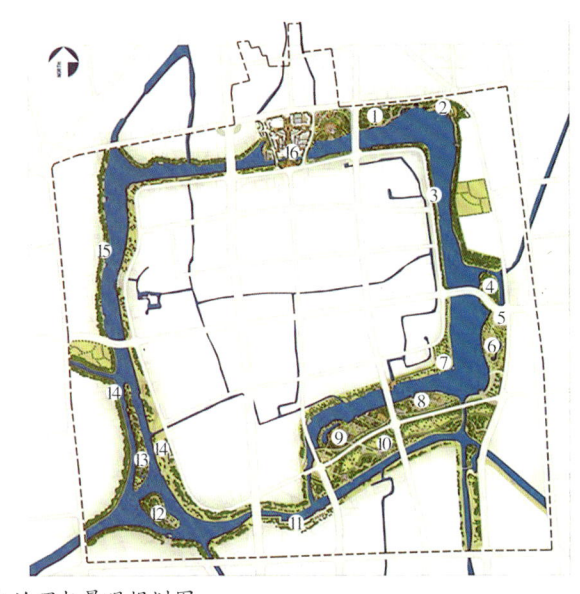

1 泰州凤城河（环城河）综合治理与景观规划图

2 鼓桥大桥西侧的水岸景观环境

3 坡子街商业区的水岸环境

4 东河一期完成的亲水河岸及其景观环境

7 城市河道整治与滨水环境设计实例·泰州凤城河治理及景观工程

二、东河滨水公园

东河滨水公园为环城河一期工程，位于环城河东侧，占地面积43.55ha，水体面积26.74ha，按人均80m²计算，能同时容纳5500人。该公园主要景点分布在环城河东北侧，基本多为城市旧住宅区，地势较平坦，与原东河游园区有明显的高差关系，主要表现在不同高度的防洪坝处。因此，整个公园竖向规划是在保留现有城河、局部堆山、土方平衡的这一原则下进行。对整个公园地形不做重大改造，对于公园北侧相对平坦处，采取局部堆山来增加地形的变化，而在公园东南侧与西侧尽量保持地形现状。

[1] 正常水位环境下叠石山处的亲水木栈道和平台

[2] 与图[1]相比，高水位下的亲水木栈道和平台

[3] 与图[1]、图[2]相比较，这是枯水期的环境状况

[4] 与图[1]相比，枯水位使栈道远离了水面，但却使平缓的亲水边岸显露出来

[5] 枯水期使具有多种功能的亲水环境远离了水面

[6] 由于设计时考虑了枯水期的出现，原本围合的亲水面在水退去后，又兼具活动广场的作用

[7] 从图[1]和图[2]可以看出，常水位和高水位时是亲水环境，枯水期时铺石河底成了可供活动的场所

[8] 从图[3]栈道的另一端看枯水期的环境

298

城市河道整治与滨水环境设计实例·泰州凤城河治理及景观工程

9 从图 16 亲水建筑下看滨水公园的水岸景观环境

10 进入东河滨水公园的一个桥洞入口

11 从岸顶看图 10 桥洞与水边散步道

12 东河滨水岸边的亲水平台

13 从相反方向看图 12 的亲水平台

14 远观滨水公园和亲水建筑

15 从图 16 建筑下看公园水岸环境

16 图 14 滨水公园亲水建筑近景

7　城市河道整治与滨水环境设计实例·泰州凤城河治理及景观工程

17 从疏林缓坡顶延伸至坡底的亲水栈道及其景观环境

18 图 **17** 接近水边的亲水栈道和水岸环境

19 种植在常水位处的水边鸢尾草

20 虽然是喜湿植物，但枯水期仍能生存

21 从岸顶看图 **17** 的疏林缓坡和纵横亲水木栈道景观环境

22 从水边看图 **17** 枯水期的环境景观

23 从图 **17** 中与高程亲水平台连接处看纵横亲水木栈道

300

城市河道整治与滨水环境设计实例·泰州凤城河治理及景观工程

24 从高程亲水平台看疏林缓坡亲水环境
25 滨水公园主入口广场水中的圆弧亲水平台，在枯水期完全显露 
26 圆弧形亲水平台在枯水期成为上下二级活动场所 
27 亲水平台的一个栈道入口 
28 圆弧亲水平台及其水岸环境景观 
29 图 28 圆弧平台与边岸间跨桥 
30 圆弧平台开口外的水面环境 
31 纵向看图 24 亲水平台边岸环境 
32 从岸顶看坡下主入口广场与圆弧平台及水面 
33 图 29、图 32 中常水位下跨桥的环境效果 

301

7 城市河道整治与滨水环境设计实例·泰州凤城河治理及景观工程

34 圆弧平台围合的凹入小水面

35 枯水期平台下铺装河底成了活动场地

36 图35的局部

37 滨水公园中段的民俗文化广场

38 图37表现河道变迁、地域文化的浮雕

39 在图37另一端入口看文化广场环境

40 滨水公园的主入口广场一侧的景观环境

41 图38位于民俗文化广场浮雕上方的广场空间

42 图41中的建筑、柱廊和景观元素

43 图40的广场环境局部

44 图40的广场阶梯式花坛

45 广场台阶上的坐凳

46 图38的广场一角

47 图41广场的一角休憩区

302

三、坡子街绿地广场

广场位于市中心商业区，南傍城河，西临坡子街步行街，东接鼓楼大桥，北依市区干道东进路，是凤城河风景区的重要组成部分。广场由中心广场、水上广场和地下商场三个部分组成。中心广场主要景观有花池、花坛、树池、林阴步道、观景花台、健身廊、儿童游戏场、旱喷水池等。坡子街绿地广场占地7.16ha，其中园林占地48714m²，景观建筑物为1153m²。

广场通过多向入口，形成汇聚人流的中心观演广场。临水一侧设计了3个亲水空间，河面上布置一座大型音乐喷泉。广场分成4个功能区，设置10个主要景观点。以乡土树种为主的植物造景，采用组团式，营造出多层次、多景观的生态绿化环境，成为市民健身、休闲和赏景的好去处。

[1] 从空中俯视的中心广场和水上景观

[2] 在商业步行街看中心广场和水面

[3] 广场土建施工的现场

[4] 广场铺装饰面阶段施工现场

[5] 图1鼓楼帆影前的圆形观演广场，中心池中设置了组合喷泉

[6] 从鼓楼大桥纵观绿地广场滨水区景观，远处是鼓楼帆影

[7] 图6由缓坡草地、疏林、花坛、护岸和散步道组成的滨水环境

7　城市河道整治与滨水环境设计实例·泰州凤城河治理及景观工程

8 从边岸看中心观演广场和帆影张拉膜伞

9 广场一角花坛式休憩区

10 广场最外围的花坛式观坐席

11 按花坛形式设计的观坐席局部

12 具有民族文化内涵的龙腾浮雕列柱

13 在岸顶纵向看滨水绿地和中心观演广场

14 图16雕塑局部

15 图16雕塑侧面

16 伸入水面的圆形水上广场

17 中心观演广场下临水的散步道

18 环绕中心观演广场的石铺彩纹铺地

城市河道整治与滨水环境设计实例·泰州凤城河治理及景观工程

19 中心观演广场临水右侧的圆池疏林小景,与中心圆广场异曲同工

20 图19树景局部

21 绿地广场水岸局部

22 以疏林草地为主体的园区

23 图22绿地中的观赏栈道局部

24 其中一个观赏栈桥的入口

25 从栈桥上看绿地中的活动广场

26 疏林、绿地景观环境局部

27 绿地中由方树池组合的规则式花坛区

28 图27的一个局部

主要参考书目

1. 毛培琳. 水景设计. 北京:中国林业出版社,1998
2. 薛健等. 室内外设计资料集. 北京:中国建筑工业出版社,2002
3. Anthony Archer-Wills. 园林水景设计. 伦敦:Conram Octopus 出版社,2000
4. 詹姆士·埃里森. 园林水景. 伦敦:Intenpet Publishing Inc,2001
5. R W Hemphill,M E Bramley. 河渠护岸工程. 北京:中国水利水电出版社,2000
6. [日]河川治理中心. 滨水地区亲水设施规划设计. 北京:中国建筑工业出版社,2005
7. [日]河川治理中心. 护岸设计. 北京:中国建筑工业出版社,2004
8. 朱钧珍. 园林理水艺术. 北京:中国林业出版社,1998
9. 樋口正一郎. 水景艺术. 东京:柏书房株式会社,2001
10. 唐学山,李雄等. 园林设计. 北京:中国林业出版社,2002
11. 孟兆祯,毛培琳等. 园林工程. 北京:中国林业出版社,1996
12. 彭一刚. 中国古典园林分析. 北京:中国建筑工业出版社,1986
13. 建筑设计资料集编委会. 建筑设计资料集. 第二版. 北京:中国建筑工业出版社,1994
14. 薛健等. 世界园林、建筑与景观. 北京:中国建筑工业出版社,2003
15. 张丙印,倪广恒等. 城市水环境工程. 北京:清华大学出版社,2005
16. 赵运林,邹东生. 城市生态学. 北京:科学出版社,2005

薛健环境艺术设计研究所简介

该研究所是薛健建筑装饰设计事务所从事专业学术研究的机构,由著名设计师及工程施工专家薛健教授牵头,由5所专业院校、十几个设计院所的20余名专家学者、设计师组成,属非营利性的专业学术研究所。该所旨在研究总结中国环境艺术的理论与实践经验,大力促进中国环境艺术理论与施工作业水平的提高。该所已经编著出版了20余部具有权威性的设计与施工指导性专著,完成了几十项大型工程和十几项标志性国家工程项目,积累了丰富的设计施工经验,取得了丰硕成果,特别是创新了许多规范性的装修施工作法,并已被广泛应用。

主要学术成果

自1990年以来,先后编著出版了环境艺术与园林景观等专业著作20余部,发表论文80余篇。其中,主要有历时3年集体编著的我国环境艺术设计领域第一部百科全书《装饰装修设计全书》、《室内外设计资料集》,装饰装修指导性工具书《装修设计与施工手册》以及个人专著《世界景园》、《世界城市景观》、《世界住宅》、《环境小品》、《国外室内外环境景观设计丛书》、《装修构造与作法》、《现代室内设计艺术》、《日本环境展示艺术》、《家具设计》、《易居精舍》和《国外建筑入口环境》、《景观与环境设计丛书》等。目前与美国和欧洲的十几家有影响的设计机构(事务所)和专业院校建立了学术交流与协作关系。

主要设计作品

十多年来,先后完成(或参与完成)了几十项大型工程的设计与施工,其中主要有北京光大购物商场室内设计、北京紫竹宾馆室内装修设计、北京云岫山庄古建筑装修及庭园设计、北京长城饭店分店装修设计与施工、北京剧院室内装修设计、中国国际贸易中心商场室内设计、北京亚运村宾馆室内装修设计、山东齐鲁宾馆室内装修设计、舜耕山庄装修改造设计与施工、山东润华世纪大酒店装修设计与施工、山东万博大酒店装修设计与施工、济南贵友大酒店装修设计、济南中银大厦装修设计、中国驻波兰大使馆室内设计、南京金谷大厦室内设计、南京鸿运宾馆室内设计、南京鼓楼商场装修设计、江苏食品大楼室内外设计与施工、徐州银河乐园室内装修设计与施工、湖南泰之岛广场商场室内设计、湖南芙蓉宾馆改造装修、江西铜鼓宾馆室内设计、长沙地税局大厦装修设计、兰州植物园规划设计、北京雾灵山森林公园园林设计等等。

薛健环境艺术设计研究所
地址:江苏徐州南郊泰山村8-021号(中国矿业大学西侧500米)
邮政编码:221008
电话:徐州(0516)83882446　13852032906
　　　北京 13811078300
E-mail:Xjworks@pub.xz.jsinfo.net